煤层气渗透率的表征与建模

Zhejun Pan(澳)　Luke D. Connell(澳)　等 著

王勃　孙粉锦　穆福元　杨焦生　赵洋
王玫珠　　Zhejun Pan(澳)　郑贵强　　译著

中国矿业大学出版社

内容提要

煤层气体吸附/解吸产生膨胀/收缩效应影响有效应力,从而影响煤储层渗透率。本书采用实验室测试、现场测试、理论分析、X-射线计算层析成像、声波发射和超声技术等多种手段,分析了三轴应力、气体组分、水分含量、孔隙结构等因素对渗透率的影响,得到割理压缩系数、杨氏模量、泊松比、两相流体、润湿相饱和度、孔隙率等与煤岩渗透率演化的相关关系,建立了煤岩渗透率模型,相关理论对提高煤层气采收率与CO_2储存具有重大意义。

本书适合煤层气勘探开发及相关领域的科研人员、工程技术人员、教育工作者及学生使用。

图书在版编目(CIP)数据

煤层气渗透率的表征与建模 / (澳)潘哲君等著;王勃等译著. —徐州:中国矿业大学出版社,2017.4
 ISBN 978-7-5646-3274-8

Ⅰ. ①煤… Ⅱ. ①潘… ②王… Ⅲ. ①煤层-地下气化煤气-渗透率-研究 Ⅳ. ①P618.11

中国版本图书馆 CIP 数据核字(2016)第 243858 号

书　名	煤层气渗透率的表征与建模
著　者	Zhejun Pan(澳)　Luke D. Connell(澳)等
译　者	王　勃　孙粉锦　穆福元　杨焦生　赵　洋 王玫珠　Zhejun Pan(澳)　郑贵强
责任编辑	潘俊成　孙建波
出版发行	中国矿业大学出版社有限责任公司 (江苏省徐州市解放南路　邮编 221008)
营销热线	(0516)83885307　83884995
出版服务	(0516)83885767　83884920
网　址	http://www.cumtp.com　E-mail:cumtpvip@cumtp.com
印　刷	徐州中矿大印发科技有限公司
开　本	787×1092　1/16　印张 14　字数 367 千字
版次印次	2017 年 4 月第 1 版　2017 年 4 月第 1 次印刷
定　价	56.00 元

(图书出现印装质量问题,本社负责调换)

序

随着世界经济对能源需求的不断增长和低碳社会的逐渐到来,开发利用非常规油气资源将成为必然趋势。煤层气作为非常规天然气发展的重要领域之一,凸显出越来越重要的地位。我国埋深 2 000 m 以浅的煤层气地质资源约为 30 万亿 m³,经济可采量约为 4 万亿 m³。经过 20 年的发展,初步实现了煤层气的规模开发,截至 2015 年年底煤层气产量达到 44 亿 m³,同时在煤层气勘探开发理论方面成果卓著。但与世界上取得煤层气大规模开发的美国、澳大利亚等国相比,还存在一定的差距。因此,需要借鉴、引进、消化和吸收其先进的理论及技术方法。而基于此,本书以煤层气勘探评价、煤产能及采收率预测的核心参数之一——渗透率为主题,阐述应力敏感性、基质膨胀与收缩效应对渗透率的作用机理,对于渗透率改造和采收率提高的研究与生产实践,意义重大。

本书精选了澳大利亚联邦科学与工业研究组织的研究人员 Zhejun Pan 和 Luke D. Connell 及其合作者过去十年中在煤层气渗透率研究方面取得的重要研究成果,翻译整理成书。本书内容涵盖了煤层气渗透率的实验室表征技术方法、建模计算、气体吸附引起的膨胀实验测量以及机理模型的建立等方面。

本译著理论功底深厚,是从事煤层气勘探开发的研究人员及在校研究生非常好的参考书,对于深化煤层气渗透率的理论认识、指导煤层气储层评价研究及开展煤层气生产的开创性工作具有重要的启迪作用。

前　言

　　我国已在高煤阶煤层气勘探开发中取得重要突破，但中低煤阶煤层气在储层特征、孔径结构、储层物性、赋存状态等诸多方面有别于高煤阶煤层气。为了提升我国中、低煤阶煤层储层物性及其表征的研究理论和技术水平，笔者检索并筛选了近年来国外在煤层气渗透率方面的重要文献9篇，编译成《煤层气渗透率的表征与建模》一书，以借鉴和吸收国外关于储层渗透率表征与建模的先进技术方法，旨在为我国中、低煤阶储层物性精细评价研究提供借鉴，对于推动我国"十三五"中低煤阶煤层气勘探开发具有一定的现实指导意义。

　　全书分为三部分，一是煤层渗透率的分析模型与实验数据综述，共1篇：

　　《煤储层渗透率的分析模型和实验数据综述》论文中综合评述了25年来针对煤层渗透率及模型开发所开展的研究成果，包括有效应力和煤层膨胀/收缩对煤层渗透率的影响、煤层渗透率特征和渗透率模型的建立方法等。

　　二是煤层渗透率、气体吸附膨胀的实验室表征技术方法，共4篇：

　　《煤层气抽采及注气提高采收率过程中煤储层渗透率变化的实验室表征》论文中提出了一种针对Palmer-Mansoori和Shi-Durucan渗透率模型的实验室表征方法，并将其应用于提高煤层气采收率(ECBM)和二氧化碳(CO_2)封存过程中的储层模拟。

　　《有效应力系数和吸附引起的应变对煤层渗透率演化的影响：实验观察》论文中针对煤样在不同的围压和孔隙压力下，采用非吸附性气体和吸附性气体进行了一系列实验。探讨了在应力边界控制条件下，注入吸附性气体时，气体的体吸附引起的应变对渗透率的影响机理。

　　《煤基质中湿度对气体扩散和流动的影响》论文中研究了湿度对CH_4和CO_2吸附率的影响。结果显示，基质中的湿度对气体吸附率有显著影响；湿度会导致煤膨胀/收缩以及力学特性的变化，从而影响储层条件下煤的渗透率。

　　《裂隙煤渗透率演化—三轴约束与X—射线计算层析成像、声发射和超声波技术耦合》论文通过X—射线计算层析成像技术(X—射线CT)、声发射(AE)技术以及P波速度的耦合分析来探讨应力和损伤对渗透率变化的影响，研究煤样从应变发生到断裂过程的三维裂缝网络演化。

　　三是煤层渗透率机理模型及建模计算，共4篇：

　　《三轴应力应变条件下的煤岩渗透率分析模型》论文提出了两种基于一般线性多孔弹性介质的本构方程的渗透率模型，并对模型进行了实验验证。

　　《气体吸附引起煤膨胀的理论模型》论文利用能量平衡法推导了用于描述在吸附和应变平衡下吸附引起煤膨胀的理论模型，能够描述煤在不同气体和极高压条件下的膨胀行为。

　　《煤各向异性膨胀模型及其在煤层气生产和注气增产过程中对渗透率的影响》论文结合煤力学特性和结构的各向异性进一步发展了上文提出的模型，使之可应用于描述煤膨胀和渗透率的各向异性。

《一种改进的针对煤储层相对渗透率模型》论文对常规的多孔介质两相流相对渗透率模型进行了改进,以描述煤储层的相对渗透率。同时,开展煤层水—气两相流的耦合数值模拟,将相对渗透率模型分别表示为浸润相饱和度的一元函数以及浸润相饱和度与渗透率比率的二元函数,进而分析了孔隙率变化引起的相对渗透率变化对浸润相饱和度和产气量的影响。

参加翻译工作的有王勃、穆福元、杨焦生、赵洋、王玫珠、郑贵强等,最后由穆福元、王勃、杨焦生对译文进行了审校。在此对给予本书翻译做出贡献的有关人员表示衷心的感谢!

由于译者水平所限,书中难免有不妥或不当之处,恳请读者斧正。

感谢以 Zhejun Pan、Luke D. Connell 等为代表的作者的大力支持,感谢 Elsevier 的鼎力相助。

译 者

2016 年 10 月

目 录

煤储层渗透率的分析模型和实验数据综述 …………………………………………… 1

煤层气抽采及注气提高采收率过程中煤储层渗透率变化的实验室表征 …………… 70

有效应力系数和吸附引起的应变对煤层渗透率演化的影响：实验观察 …………… 88

煤基质中的水分对气体扩散和流动的影响 …………………………………………… 104

裂隙煤渗透率演化—三轴约束与X—射线计算层析成像、声发射和超声波技术耦合 … 119

三轴应力应变条件下的煤岩渗透率分析模型 ………………………………………… 140

气体吸附引起煤膨胀的理论模型 ……………………………………………………… 160

煤各向异性膨胀模型及其在煤层气生产和注气增产过程中对渗透率的影响 ……… 172

一种改进的煤储层相对渗透率模型 …………………………………………………… 192

煤储层渗透率的分析模型和实验数据综述

Zhejun Pan, Luke D. Connell

王勃 译　孙粉锦 校

摘要：与其他储层一样，渗透率是煤层中气体运移的关键控制因素。在气体生产期间，煤储层的绝对渗透率会显著变化，通常是先降低，然后随着储层压力和气体含量的降低而不断增加。在注CO_2提高煤层气采收率期间渗透率会急剧降低。为了预测气体运移，煤层渗透率模型必须包含上述行为的机制。与其他裂缝性储层类似，煤储层的渗透率随着有效应力的增加以指数方式降低。但煤层的特性是：随气体解吸而收缩，随气体吸附而膨胀。在煤储层内部，膨胀/收缩效应导致地质力学响应，从而使有效应力变化，进而导致渗透率发生变化。建立煤层渗透率模型以涵盖有效应力和煤层膨胀/收缩影响的做法可以追溯至25年前。自此以后，研究人员建立了大量渗透率模型。最近几年，越来越多的机构对煤层渗透率行为和模型开发展开研究，这个方向受到广泛关注。本文综述了煤层渗透率的特点和建立渗透率模型的方法。由于用于测试模型的现场和实验数据非常重要，因此本文也予以详细概述。本文同时建议了未来一些潜在的研究方向。

1 引言

煤层产生和储存煤层气（Clarkson 和 McGovern，2005；Gash 等，1992）。煤层甲烷（CBM）或瓦斯（CSG）主要通过吸附方式储存于煤基质中。生产煤层气应先降低储层压力，使气体解吸成游离态，然后游离气体通过基质扩散至裂缝系统，该裂缝系统称为"裂隙"（Pan 等，2010b；Lu 和 Connell，2007）。普遍假设气体在裂隙中的流动是达西流，并假设基质中的达西流可以忽略不计（Puri 等，1991）。因此，渗透率主要受裂隙控制（Palmer，2009；Reid 等，1992；Sparks 等，1995）。由于许多煤储层中都存在水和气，因此裂隙中存在两相流，有效气体渗透率是相对气体渗透率和绝对渗透率的函数（Clarkson 等，2008a；Kissell 和 Edwards，1975）。尽管相对渗透率和毛细管压力是决定煤层中气体流量的重要特性（Dabbous 等，1976；Gash，1991；Ham 和 Kantzas，2008；Mazumder 等，2003；Meaney 和 Paterson，1996；Ohen 等，1991；Paterson 等，1992；Plug 等，2008；Puri 等，1991；Reznik 等，1974），但是本文主要关注绝对渗透率，出于简化需要，本文将绝对渗透率称为渗透率。煤层渗透率的复杂性表现为在气体生产期间，受孔隙压力和气体解吸引起的基质收缩影响（Gray，1987）。因此，一个模型能否精确模拟主要取决于是否能呈现这些特性。当注入N_2和CO_2等气体以提高储层气体的采收率时，渗透率变化对煤层气增产也有重要作用（Puri 和 Yee，1990）。由于在相同的压力下煤层吸附的CO_2多于甲烷，因此注入CO_2不仅能够提高甲烷产量，而且也是减少温室气体的可行措施（Reznik 等，1984）。

与其他天然裂缝储层一样，煤层渗透率也由许多裂缝特性决定，包括尺寸、间距、连通性、孔径和矿物填充程度以及方向布局（Laubach 等，1998）。因为煤化过程中会产生裂隙，所以渗透率也与煤岩类型和煤阶有关。例如 Clarkson 和 Bustin(1997)发现,对于其研究的煤样来说,渗透率从高到低的顺序为:亮煤、带状煤、纤维状煤、带状暗煤和暗煤。煤是有裂隙孔隙结构的软岩体,因此渗透率对有效应力较为敏感。有效应力增加时,渗透率以指数方式降低,这种关系经过大量的实验室(Seidle 等,1992;Somerton 等,1975)和现场数据验证(Enever 和 Hennig,1997;Sparks 等,1995)。但是,渗透率随有效应力降低的行为会被煤因气体解吸导致基质收缩的特性所抵消(Gray,1987)。在产气过程中,渗透率可能先降低,然后当基质收缩作用超过裂隙压缩作用时渗透率会回升。相比之下,注气提高煤层气生产期间因 CO_2 吸附而导致气体含量增加会造成煤膨胀和渗透率降低(van Bergen 等,2006)。常规天然气储层的渗透率模型不包括膨胀/收缩对渗透率的影响,因此不适用于煤储层。为了正确说明流体流动特性,煤层渗透率模型应考虑应力以及煤膨胀/收缩作用。

现有包含有效应力和膨胀/收缩影响的多种渗透率模型。虽然也有一些渗透率经验模型,但本文的重点在于总结那些基于理论的解析模型,其中一个关键是表现应力特性,需要对地质力学过程进行描述。为了使模型易于控制,最好使用简洁的函数形式,因此开发模型时引入了简化条件。最初 Gray(1987)引入了单轴应变和恒定垂直应力条件,大大简化了渗透率模型。Palmer-Mansoori(1998)以及 Shi-Durucan(2004a)提出的渗透率模型均使用了此简化方法并且被广泛应用。

近年来,有大量模型解释了更复杂条件下的煤层渗透率特性(Connell 等,2010a、2010b;Gu 和 Chalaturnyk,2010;Izadi 等,2011;Liu 和 Rutqvist,2010;Liu 等,2010;Ma 等,2011;Pan 和 Connell,2011;Wang 等,2009;Wu 等,2010)。另外一些模型中,对 CBM 和 ECBM 过程,采用了流动和地质力学耦合模型来研究地质力学过程对渗透率的影响(Connell,2009;Connell 和 Detournay,2009;Gu 和 Chalaturnyk,2006、2010;Wei 和 Zhang,2010;Zhao 等,2004;Zhu 等,2007)。

验证煤层渗透率模型的关键在于将其应用于相关问题并与已观察到的特性进行对照。许多渗透率模型都是针对解释储层条件下的渗透率特性,但现场数据是难以获得并且具有非常大的不确定性。虽然利用煤样更容易获得实验结果,但是所用的模型需要适用的测试条件。举例来说,单轴应变和恒定垂直应力条件下推导出的模型不适用于静水应力条件下的实验。因此,用于验证渗透率模型的数据应该从符合该模型条件的实验中得到。

Palmer(2009)综述了四种广泛使用的渗透率模型,Ma 等人(2011)在介绍自己的模型时也概述了已有的渗透率模型,Liu 等人(2011a)也提出了煤层气体流动多过程的概述。这一极其活跃的研究领域目前已发表了大量论文,需要一篇综述文章给读者提供参考。因此,本文针对煤层渗透率模型进行了全面综述,依次介绍了渗透率建模的理论依据,包括所用的假设和边界条件;概述了用于模型测试和验证的信息,并提出了煤层渗透率模型研究的潜在方向。

2 煤层渗透率模型的开发

双孔隙率模型是适用于煤的一般概念的模型,认为气体大部分储存于煤基质中,天然裂缝系统中为达西流。含裂缝介质的流动能力几乎完全取决于裂缝的数量、开度以及流动方向的连续性(Somerton 等,1975)。渗透率可以用于度量流动能力,它与孔隙尺寸(孔隙率)、连续性、连通性、壁粗糙度(Brown,1987)以及曲率(Tsang,1984)等一系列孔隙特性直接相关。绝对渗透率是岩体的固有性质,但是由于煤层渗透率对应力极为敏感,因此提到绝对渗透率时必须说明应力条件。煤层中的气体有效渗透率更加复杂,它与绝对渗透率、裂隙中水/气饱和度、气体吸附引起的膨胀/收缩以及 Klingkenberg 效应有关(Klinkenberg,1941)。

2.1 与渗透率有关的孔隙率或应力

图 1 为煤自然裂隙系统的平面概念图。裂隙(割理)分为两种:面割理和端割理,它们通常相互垂直并垂直于煤层平面(Close,1993;Nelson,2000;Pattison 等,1996)。

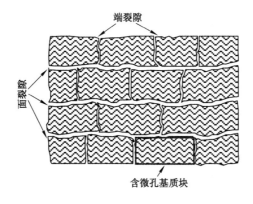

图 1 煤层结构的平面图(据 Harpalani,1999)

火柴棒概念模型被广泛用于煤层裂隙系统以及推导渗透率模型。图 2 为火柴棒模型的广义形式以及 Reiss(1980)使用的两个裂隙系统的模型。在此概念模型中,裂隙系统的流动可以用立方定律描述,它是平行板之间流动的直接延伸(Bai 和 Elsworth,2000)。对于一组平行裂隙,如果它们与笛卡儿主轴对准,有均匀的开度 b_i 和间距 a_i,立方定律可以写为:

$$q_j = -\frac{b_i^3}{12\mu a_i}\frac{\partial p}{\partial x_j} \tag{1}$$

其中,μ 是黏度系数;p 是压力;x_j 是笛卡儿坐标轴,$j=1,2,3$。

方程(1)适用于流动方向为 j 方向。

考虑到表面粗糙度、曲率等,裂隙孔径 b_i 是有效开度,通常小于表面开度或力学机械开度(Bai 和 Elsworth,2000;Gu 和 Chalaturnyk,2010)。

根据方程(1),渗透率为:

$$k_i = \frac{b_i^3}{12a_i} \tag{2}$$

或

$$\frac{k_i}{k_{i0}} = \left(\frac{b_i}{b_{i0}}\right)^3 \tag{3}$$

其中,下标 0 代表参考状态,假设开度小于间距。

对于图 2(a)所示的各向异性情况,孔隙率方程可以写为:

$$\varphi = \frac{b_1}{a_1} + \frac{b_2}{a_2} + \frac{b_3}{a_3} \tag{4}$$

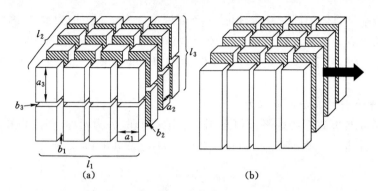

图 2 理想的煤层裂隙系统几何结构(据 van Golf-Racht,1982)
(a)各向异性(3 个裂隙组);(b)各向同性(2 个裂隙组)

在各向同性条件下,将 $\varphi = \dfrac{3b}{a}$ 代入方程(2),从而获得:

$$k = \frac{1}{96}a^2\varphi^3 \tag{5}$$

对于火柴棒模型中 2 组裂隙的情况,$\varphi = \dfrac{2b}{a}$ 和渗透率关系为(Reiss,1980):

$$k = \frac{1}{48}a^2\varphi^3 \tag{6}$$

因为裂隙特性具有极大的变化性,所以煤层裂隙结构肯定比图 2 所示的简单概念模型复杂得多,在实际使用中取适当的平均值。

2.1.1 孔隙度与渗透率的关系

根据方程(5)或方程(6),很容易得出参考状态下的渗透率变化:

$$\frac{k}{k_0} = \left(\frac{a}{a_0}\right)^2 \left(\frac{\varphi}{\varphi_0}\right)^3 \tag{7}$$

其中,下标 0 指参考状态。若因膨胀/收缩和压缩而变化的基质尺寸改变相比于孔隙率变化可以忽略不计,则:

$$a \approx a_0 \tag{8}$$

因此,方程(7)可以简化为:

$$\frac{k}{k_0} = \left(\frac{\varphi}{\varphi_0}\right)^3 \tag{9}$$

方程(9)被广泛用于孔隙率造成的渗透率变化(Cui 和 Bustin,2005;Palmer 和 Mansoori,1996、1998)。

关于孔隙率模型的一个重要问题是这些模型如何考虑裂隙系统的各向异性。绝对渗透率存在各向异性,但由于上述推导孔隙率的方程无方向性,因此无法表现渗透率变化的方向性。

2.1.2 应力与渗透率的关系

方程(9)中的裂隙孔隙率必须通过流动实验获得,它代表有效孔隙率。另一种方法是使用应力与渗透率之间的关系,其表达式中不涉及孔隙率。Cui 和 Bustin(2005)推导出了应力与渗透率关系通用表达式,对孔隙率 $\varphi = V_p/V_b$ 求偏导得到:

$$\frac{\mathrm{d}\varphi}{\varphi} = \mathrm{d}\varepsilon_b - \mathrm{d}\varepsilon_p \tag{10}$$

其中，V_p 是裂隙体积；V_b 是总体积；$\mathrm{d}\varepsilon_p = -\mathrm{d}V_p/V_p$ 是孔隙应变的微分；$\mathrm{d}\varepsilon_b = -\mathrm{d}V_b/V_b$ 是总应变的微分。

结合方程(10)给出下列关系式：

$$\frac{\varphi}{\varphi_0} = \exp\left[-\left(\int_{\varepsilon_{p0}}^{\varepsilon_p} \mathrm{d}\bar{\varepsilon}_p - \int_{\varepsilon_{b0}}^{\varepsilon_b} \mathrm{d}\bar{\varepsilon}_b\right)\right] \tag{11}$$

根据 Zimmerman 等人(1986)和 Jaeger 等人(2007)的结论得出：

$$\mathrm{d}\varepsilon_b = C_{b\sigma}(\mathrm{d}\sigma - \mathrm{d}p) + C_m \mathrm{d}p, \mathrm{d}\varepsilon_p = C_{p\sigma}(\mathrm{d}\sigma - \mathrm{d}p) + C_m \mathrm{d}p \tag{12}$$

其中，$C_{b\sigma} = -(\partial V_b/\partial\sigma)_p/V_b$；$C_{p\sigma} = -(\partial V_p/\partial\sigma)_p/V_p$；$\sigma$ 是平均应力；C_m 是基质压缩系数。

将方程(12)代入方程(11)，然后再代入方程(9)，得出：

$$k = k_0 \exp\left\{-3\left[\int_{(\sigma_0, p_0)}^{(\sigma, p)} (C_{p\sigma} - C_{b\sigma})(\mathrm{d}\bar{\sigma} - \mathrm{d}\bar{p})\right]\right\} \tag{13}$$

由于 $C_{b\sigma} \ll C_{p\sigma}$ 并且假设恒定的压缩系数，因此得出 Cui 和 Bustin(2005)的方程：

$$k = k_0 \exp\{-3C_{p\sigma}[\sigma - \sigma_0 - (p - p_0)]\} \tag{14}$$

Seidle 等人(1992)推导出了用于分析静水压力下实验室渗透率测定的模型，它与方程(14)的关系式类似。在 Shi-Durucan(2004a)模型中，使用了 Seidle 等人(1992)的模型，该模型假设渗透率是水平有效应力的函数，与火柴棒模型的垂直面裂隙和端裂隙的假设一致，作用于裂隙上的应力改变裂隙开度，且垂直应力不变。但只有当有效应力中的 Biot 系数等于 1 时，方程(14)才等于 Shi-Durucan(2004a)模型所用的方程。

用水平应力代替平均应力并引入裂隙压缩系数 c_f，方程(14)变成：

$$k = k_0 \exp\{-3c_f[\sigma_h - \sigma_{h0} - (p - p_0)]\} \tag{15}$$

其中，$c_f = C_{pp} = (\partial V_p/\partial p)_\sigma/V_p$。当 Biot 系数等于 1 时，$C_{p\sigma} = -C_{pp}$。

Liu 和 Rutqvist(2010)基于裂隙即使在无限高应力下依然保持一些开度的假设，得出了应力与渗透率的关系：

$$b = b_r + b_f \mathrm{e}^{-c_f\sigma} \tag{16}$$

其中，b_r 是残余裂隙开度；b_f 是裂隙开度的应力敏感部分。根据方程(16)和方程(3)，渗透率变化可以被描述为：

$$\frac{k}{k_0} = \left(\frac{\eta + \mathrm{e}^{-c_f\sigma}}{\eta + \mathrm{e}^{-c_f\sigma_0}}\right)^3 \tag{17}$$

其中，$\eta = b_r/b_f$。当残余裂隙开度为零或忽略不计时，方程(17)简化为方程(15)。

将方程(15)与变化孔压或围压下的渗透率实验结果进行拟合，可以估计裂隙压缩系数。Seidle 等人(1992)将公式(15)以及在变孔压、常围压下注水所测定的渗透率进行了拟合，其他一些研究人员也使用了类似的方法(Harpalani 和 McPherson，1986)进行了研究。但是，由于有效应力系数或 Biot 系数通常小于 1(Chen 等，2011；Zhao 等，2003)，因此均假设其为 1 的话会高估有效应力变化而低估裂隙压缩系数。Pan 等人(2010a)测量了常孔压、变围压下的气体渗透率，保持孔隙压力恒定，渗透率测量不受气体吸附引起的膨胀作用并且消除了 Biot 系数的潜在影响，因此有效应力仅受到围压变化的影响。

Palmer-Mansoori(1996，1998)的模型中，将固体压缩系数和膨胀作用忽略不计，裂隙压缩系数的定义如下：

$$c_f = \frac{1}{\varphi M} = \frac{(1+\nu)(1-2\nu)}{(1-\nu)E\varphi} \qquad (18)$$

其中,M 是约束的轴向模量;ν 是泊松比;E 是杨氏模量。

因此,裂隙压缩系数是裂隙孔隙率的函数,假设其他地质力学特性恒定,裂隙压缩系数随着孔隙率的增加而增加。如果考虑固体压缩系数和基质收缩时,裂隙压缩系数会变得更加复杂。另外,实验室应力—渗透率测量获得的裂隙压缩系数随气体类型和应力而变化(Durucan 和 Edwards,1986;Pan 等,2010a;Robertson 和 Christiansen,2007),但是恒定裂隙压缩系数便于应用,经常被假设为常数(Seidle 等,1992;Shi-Durucan,2004a)。基于裂隙压缩系数的应力被应用于描述现场测量的渗透率(Shi-Durucan,2009、2010)。但是,裂隙压缩系数与气体类型和应力的关系尚不清楚。

2.2 煤基质膨胀/收缩作用

煤层在气体吸附时膨胀,解吸时收缩,这种吸附引起的煤基质体积变化是煤储层的特有现象。实验室结果表明,煤的体积可以膨胀几个百分点(Chikatamarla 等,2004;Cui 等,2007;Day 等,2008;Durucan 等,2009;Harpalani 和 Chen,1995、1997;Harpalani 和 Schraufnagel,1990;Karacan,2003、2007;Levine,1996;Moffat 和 Weale,1955;Reucroft 和 Patel,1983、1986;Robertson 和 Christiansen,2005;St. George 和 Barakat,2001;van Bergen 等,2009;Wang 等,2010;Zarebska 和 Ceglarska-Stefanska,2008)。在储层内部,因为初始裂隙孔隙率通常小于 1%,所以这对裂隙孔隙率具有重大影响,进而对渗透率产生重大影响(Palmer 和 Reeves,2007)。

2.2.1 膨胀在渗透率与应力关系中的作用

在第 2.1.2 节,渗透率的指数模型是从孔隙率定义中导出的,参见方程(10)。Cui 和 Bustin(2005)推导了包含煤膨胀效应的方程。根据 Connell 等人(2010a),方程(10)中的微分可以被分成一个力学分量(上标 M)和一个膨胀分量(上标 S),书写如下:

$$d\varepsilon_b = d\varepsilon_b^M + d\varepsilon_b^S, d\varepsilon_p = d\varepsilon_p^M + d\varepsilon_p^S \qquad (19)$$

在 Cui 和 Bustin(2005)研究中,假设煤块膨胀应变和孔隙膨胀应变相等(即 $d\varepsilon_b^S = d\varepsilon_p^S$),因此将方程(19)代入方程(10)时,这两个应变互相抵消。Connell 等人(2010a)假设两个应变通过常量 γ 呈线性相关,得出以下方程:

$$k = k_0 \exp\{-3[C_{p\sigma}(\sigma - \sigma_0 - (p - p_0)) + (1-\gamma)\bar{\varepsilon}_s]\} \qquad (20)$$

其中,ε_s 是基质块膨胀应变。

2.2.2 渗透率模型膨胀/收缩的地质力学响应

考虑吸附引起膨胀/收缩与岩石的热膨胀类似(Palmer 和 Mansoori,1996、1998)。采用此类比,可以修改标准的地质力学公式,使其包含膨胀/收缩应变效应。然后将得到的地质力学关系和之前章节中所述的渗透率模型一起用于提出应变和压力综合效应的渗透率模型(Cui 和 Bustin,2005;Shi 和 Durucan,2004a)。Shi-Durucan(2004a)从各向同性线性孔弹性理论的本构关系中导出了渗透率模型,假设吸附引起的膨胀相当于热膨胀。采用 Cui-Bustin(2005)的形式,可以写为:

$$\bar{\sigma}_{ij} = \frac{E}{1+\nu}(\bar{\varepsilon}_{ij} + \frac{\nu}{1-2\nu}\bar{\varepsilon}_b\delta_{ij}) + \alpha\bar{p}\delta_{ij} + K\bar{\varepsilon}_s\delta_{ij} \qquad (21)$$

其中,变量上方的横线表示增量;δ_{ij} 是克罗内克符号;α 是 Biot 系数;K 是体积模量;E 是杨氏模量；ν 是泊松比；ε_s 是基质吸附应变，$\overline{\varepsilon}_s = \overline{\varepsilon}_{xx}^s + \overline{\varepsilon}_{yy}^s + \overline{\varepsilon}_{zz}^s$。

采用 Cui-Bustin(2005)的方法，Connell(2009)将方程(21)重写为以下形式：

$$\overline{\sigma}_{xx} = \overline{\sigma}_{yy} = \frac{\nu}{1-\nu}\overline{\sigma}_{zz} + \frac{E}{1-\nu}\overline{\varepsilon}_{xx} + \frac{E}{1-\nu}\overline{\varepsilon}_{xx}^s + \frac{1-2\nu}{1-\nu}\alpha\overline{p} \quad (22)$$

假设膨胀应变是各向同性的，这个方程说明了各种效应对应力的作用。

上文所示的渗透率模型基于各向同性假设。最近，出现了一些考虑各向异性的研究。各向异性对应的较普遍的应力—应变关系如下所示(Jaeger 等，2007；Pan 和 Connell，2011)：

$$\overline{\varepsilon}_{ij} = \frac{\overline{\sigma}_{ij}^e}{E_i}\delta_{ij} - \sum_{j=x, j\neq i}^{z}\left[\nu_{ji}\frac{\overline{\sigma}_{ji}^e}{E_j}\right] + \overline{\varepsilon}_{ij}^s\delta_{ij} + \alpha_T\overline{T}\delta_{ij} \quad (i=x,y,z) \quad (23)$$

其中，σ_{ij}^e 是有效应力；ε_{ij}^s 是吸附引起的膨胀应变；α_T 是热膨胀系数；T 是温度。

方程(23)可以简化成 Shi-Durucan(2004a)对各向同性煤储层的应力—应变关系。在方程(23)中，方向性膨胀应变被视作同热膨胀有相同的效果。

还有一些人用其他方法来建立渗透率模型中的膨胀应变。例如，在 Liu 等人(2010)提出的模型中，气体吸附引起的方向渗透率通过一个弹性模量降低率 R_m 与方向性应变相关联。这是煤块的弹性模量与煤基质模量的比率($0 < R_m < 1$)，它代表裂缝系统和基质之间的总应变分配。Liu 等人(2011b)认为，渗透率首先受内部裂缝边界条件控制，然后受外部边界条件控制，具体取决于基质膨胀过程。

2.2.3 建立膨胀/收缩应变模型

气体吸附的表面上或测得的膨胀应变包含两个效应：气体吸附所致的膨胀以及围压与孔隙压力差值所致的压缩效应。为了估算，采用方程(21)所导出的模型的膨胀应变，测得的应变应减去这些压缩效应。许多提供了膨胀应变测量值的文献中没有考虑到孔隙或围压的效应，而是简单提供了测得的应变值。

Gray(1987)在他的渗透率模型中采用了膨胀/收缩应变与压力之间的线性关系。Levine(1996)发现线性关系会高估来自膨胀/收缩的影响，尤其是在高压下以及采用朗缪尔形式方程来表示测得的膨胀行为时，有：

$$\varepsilon = \frac{\varepsilon_1 p/p_{SL}}{1 + p/p_{SL}} \quad (24)$$

其中，ε_1 是拟合朗缪尔形式方程的最大膨胀应变；p_{SL} 是等温膨胀的朗缪尔压力常数(在下文要提供的某些模型中，被 $B = 1/p_{SL}$ 取代)。表示膨胀应变的朗缪尔形式方程已得到了广泛使用(Palmer 和 Mansoori，1998；Shi 和 Durucan，2004a)，为了描述混合气体吸附引起的膨胀，Mavor 和 Gunter(2006)提出了一个扩展的朗缪尔形式方程。

另一种方法是将测得的应变与气体量相关联。Sawyer 等人(1990)采用了膨胀应变与总吸附量之间的线性关系。Harpalani 和 Chen(1995)发现体应变与吸附的气体体积成比例。Seidle 和 Huitt(1995)也采用了一个与气体量的线性关系来表示基质收缩行为，可以表示为：

$$\varepsilon = \alpha V_a \quad (25)$$

其中，ε 是膨胀应变；α 是膨胀或者吸附比率；V_a 是总吸附量。许多研究人员(Connell，2009；Connell 和 Detournay，2009；Cui 和 Bustin，2005；Shi-Durucan，2005)将膨胀应变和总吸附量之间的这种线性关系应用于他们的渗透率模型中。

所有这些方法均有简单的函数形式,并且可以直接应用于渗透率模型中,然而它们是经验方法,仅能应用于特定压力范围内。Moffat 和 Weale(1955)的测量结果显示,膨胀应变随着气体压力增加而增加,达到最大值时开始下降,在高压下吸附趋于平稳。此外,在考察Levine(1996)的实验数据时,Pekot 和 Reeves(2002、2003)发现,测得的膨胀应变随着气体种类的不同而不同,即使吸附量相同,将此现象称为差异膨胀。因此,膨胀与吸附量成比例的这种说法很有问题。当描述混合气体吸附引起的煤膨胀时,这些经验模型可能导致很大误差(Mitra 和 Harpalani,2007)。

因此,带有简单数学形式的理论膨胀模型在渗透率建模中至关重要。现有一些描述吸附引起膨胀的理论模型,如 Pan 和 Connell(2007)提出了一个基于吸附热力学和弹性理论的模型,采用了 Scherer(1986)提出的结构模型。通过假设吸附所致的表面能变化等于煤固体的弹性能变化,来描述气体吸附引起的膨胀。Pan 和 Connell 膨胀模型能够基于一组煤特性参数和不同气体的吸附等温线来描述不同气体引起的煤膨胀。采用相同一组煤特性参数和混合气体吸附等温式,此模型可以很容易地描述混合气体吸附引起的煤膨胀。经证明Pan-Connell 模型可以精确描述混合气体中煤膨胀的实验测量值(Clarkson 等,2010),并且此模型具有简单的解析形式,很容易应用于渗透率模拟中。此模型和 Palmer-Mansoori(1998)渗透率模型一起被用于精确描述圣胡安盆地 CBM 井的生产数据,此井生产出高浓度的二氧化碳和甲烷(Clarkson 等,2010)。但是,Pan 和 Connell 模型仅适用于煤储层条件以及气体吸附在煤表面情况,温度升高时煤特性可能发生改变(Larsen,2004)。因此,若气体和煤相互作用超出物理吸附,则膨胀机制将变得更复杂。采用朗缪尔吸附模型来描述吸附量时,Pan 和 Connell 煤膨胀模型可以表示为:

$$\varepsilon = RTL\ln(1+BP)\frac{\rho_s}{E_s}f(x,\nu_s) - \frac{P}{E_s}(1-2\nu_s) \qquad (26)$$

其中,ε 是膨胀应变;ρ_s 是煤固体密度;E_s 是煤固体的杨氏模量;x 是煤结构参数;ν_s 是煤固体的泊松比;f 是描述煤结构的函数。

$$f(x,\nu_s) = \frac{[2(1-\nu_s)-(1+\nu_s)cx][3-5\nu_s-4(1-2\nu_s)cx]}{(3-5\nu_s)(2-3cx)} \qquad (27)$$

其中,c 是常量,$c=1.2$;x 通过以下方程与微孔的孔隙率相关联:

$$\varphi = 1 - 3\pi x^2(1-cx) \qquad (28)$$

其中,φ 是微孔的孔隙率。

Vandamme 等人(2010)研究出一个框架,用于描述多孔介质中流体吸附在孔隙表面导致的宏观应变。框架利用热力学方法在分子尺度直接得到的结果来计算宏观应变,作者将渗流力学扩展到表面能和表面应力。它们的焦点在于吸附如何改变表面应力,以及如何通过分子模拟来估算吸附行为。开发的膨胀模型可以表示为:

$$\Delta\varepsilon = -\frac{p}{K_s} + \alpha_\varepsilon \Gamma_F^{max} \int_{\bar{\mu}_F=-\infty}^{\mu_F(p)} \frac{1}{1+f_F e^{-\bar{\mu}_F/RT}} d\bar{\mu}_F \qquad (29)$$

其中,p 是压力;K_s 是固体体积模量;α_ε 是材料常参数;Γ_F^{max} 和 f_F 是确定吸附等温线形状的两个参数;μ_F 是孔隙流体的化学势能(Vandamme 等,2010)。

Yang 等人(2010)采用 QSDFT 理论研究储层条件下煤吸附甲烷,主要焦点在于吸附作用引起的变形,可能导致膨胀或收缩,具体取决于压力、温度和孔隙尺寸。根据孔隙宽度有两个不同的变形行为:第一类是在整个压力范围内的单调膨胀,此行为的特点是孔最小尺寸小于 0.5 nm,无法容纳超过一层的甲烷;第二类先膨胀后在低压下收缩,这些孔可以容纳整数(2~6)的吸附层(Yang 等,2010)。Yang 等人(2010)建立了不同孔隙尺寸下甲烷含量与施加的压力及煤层深度之间的关系。他们发现,煤变形取决于煤层深度,并且在不同深度处,膨胀或收缩具体取决于孔隙尺寸分布。他们的模型可以表示为:

$$\varepsilon = \frac{\varphi}{k}\overline{f_s} \tag{30}$$

其中,φ 是孔隙率;k 是弹性模量,它与体积模量 K 通过方程 $K=k/\varphi$ 相关联;f_s 是溶解压力,其定义如下:

$$f_s = \frac{1}{A}\left(\frac{\partial \Omega}{\partial H}\right)_{T,\mu,A} - p_\infty \tag{31}$$

其中,A 是表面积;Ω 是自由能;H 是孔隙宽度;T 是温度;μ 是化学势能;p_∞ 是流体压力。

$$\Omega[\{\rho_i(r)\}] = F_{\text{int}}[\{\rho_i(r)\}] + \sum_i \int dr \rho_i(r)[\psi_i(r) - \mu_i] \tag{32}$$

其中,F_{int} 是固有亥姆霍兹自由能;ρ_i 和 μ_i 分别是局部数量密度和分量 i 的化学势能;ψ_i 是局部外势能(Yang 等,2010)。

对于某些煤层而言,膨胀/收缩有强烈的各向异性,相比平行于煤层的方向,在垂直于煤层的方向上有更大膨胀量(Day 等,2008 年;Levine,1996;Majewska 和 Zietek,2007)。基于 Pan 和 Connell(2007)研究的煤膨胀模型,Pan 和 Connell(2011)研究了一个各向异性煤膨胀模型,假设膨胀各向异性是煤力学特性和基质结构的各向异性所致,模型通过一组描述煤特性、基质结构和不同气体吸附等温线的参数能够精确描述实验数据。此模型也被用于描述文献中的各向异性膨胀实验结果,模型可以很好地吻合测量结果。各向异性煤膨胀模型被应用于一个各向异性渗透率模型,以描述煤层气开采及提高煤层气采收率的渗透率行为。若考虑各向异性膨胀得到的渗透率与假设各向同性显著不同,则具有强烈各向异性膨胀的渗透率模型需要考虑到各向异性行为(Pan 和 Connell,2011)。

2.3 渗透率模型开发的储层条件

正如前面章节讨论的那样,可以从裂隙孔隙率或应力变化来推导渗透率模型,这两种方法均将应变视作一个中间变量。难点在于描述储层条件下的地质力学行为,并要确保渗透率模型的简明方式。简化地质力学最广泛应用的假设是单轴应变($\overline{\varepsilon}_{xx} = \overline{\varepsilon}_{yy} = 0$)和恒定上覆岩层应力($\overline{\sigma}_{zz} = 0$)(Gray,1987)。通过这两个假设,可以将各向同性和等温条件的方程(22)简化如下:

$$\overline{\sigma}^e_{xx} = \overline{\sigma}^e_{yy} = -\frac{\nu}{1-\nu}\overline{p} + \frac{E}{1-\nu}\varepsilon^s_{xx} \tag{33}$$

其中,Biot 系数 $\alpha=1$。

Cui 和 Bustin(2005)以及 Connell(2009)提出了一个基于方程(33)形式的应力表达式,其中包含 Biot 系数:

$$\overline{\sigma}_{xx} = \overline{\sigma}_{yy} = \frac{1-2\nu}{1-\nu}\alpha\overline{p} + \frac{E}{1-\nu}\varepsilon^s_{xx} \tag{34}$$

也有基于其他假设的渗透率模型,例如定体积假设。通常基于孔隙率应用各种假设得到渗透率模型。

2.4 渗透率模型

已有的一些渗透率模型考虑了地质力学效应和吸附引起的煤膨胀。本节对各向同性渗透率模型进行了简要综述,下一节对各向异性渗透率模型进行简要综述。本文没有讨论渗透率经验模型,诸如 Harpalani 和 Zhao(1989)模型。

2.4.1 Gray

Gray(1987)提出了首个煤层渗透率模型,采用应力方法来考虑地质力学效应和吸附引起的膨胀/收缩行为:

$$\sigma_h^e - \sigma_{h0}^e = -\frac{\upsilon}{1-\upsilon}(p-p_0) + \frac{E}{(1-\upsilon)}\frac{\Delta\varepsilon_S}{\Delta p_S}\Delta p_S \tag{35}$$

其中,σ_h^e 是有效水平应力;Δp_S 是等效吸附压力变化量;$\frac{\Delta\varepsilon_S}{\Delta p_S}$ 是等效吸附压力的单位变化导致的应变。方程(35)采用了与方程(15)类似的方程来表示应力变化和渗透率的关系。

2.4.2 Sawyer 等人

Sawyer 等人(1987、1990)提出了一个基于孔隙率变化的 ARI 模型(Palmer,2009):

$$\varphi = \varphi_0[1+c_p(p-p_0)] - c_m(1-\varphi_0)\frac{\Delta p_0}{\Delta C_0}(C-C_0) \tag{36}$$

其中,c_p 是孔隙压缩系数;c_m 是基质压缩系数;f_0 是初始孔隙体积;p_0 是初始储层压力;C 是储层气体含量;C_0 是原始储层气体含量。

Pekot 和 Reeves(2002、2003)将此模型进行扩展,考虑了相同压力下不同气体引起的膨胀不相同,有:

$$\varphi = \varphi_0[1+c_p(p-p_0)] - c_m(1-\varphi_0)\frac{\Delta p_0}{\Delta C_0}[(C-C_0)+c_k(C_t-C)] \tag{37}$$

其中,c_k 是偏膨胀系数;C_t 是储层总气体含量。利用方程(9)来表示孔隙率和渗透率的关系。

2.4.3 Seidle 和 Huitt

Seidle 和 Huitt(1995)提出了一个基于孔隙率变化的模型,但是仅考虑了煤膨胀/收缩的影响:

$$\varphi = \varphi_0 + \varphi_0(1+\frac{2}{\varphi_0})\varepsilon_l\left[\frac{Bp_0}{1+Bp_0} - \frac{Bp}{1+Bp}\right] \tag{38}$$

采用方程(9)来表示孔隙率和渗透率的关系。

2.4.4 Harpalani 和 Chen

Harpalani 和 Chen(1995)利用火柴棒几何结构,开发了一个渗透率模型。假设膨胀发生在定体积内,有:

$$\frac{k_{new}}{k_{old}} = \frac{\left(1+\frac{2l_m^*\Delta p}{\varphi_0}\right)^3}{1-l_m^*\Delta p} \tag{39}$$

其中,k_{new} 是压力 p 下的渗透率;k_{old} 是初始渗透率;l_m^* 是水平方向上煤基质块的尺寸改变;f_0 是初始孔隙率。Ma 等人(2011)将 $l_m^*\Delta p$ 和膨胀/收缩应变、孔隙压力变化关联如下:

$$l_m^*\Delta p = -1 + \sqrt{1+\left(\varepsilon_l\frac{Bp_0}{1+Bp_0} - \varepsilon_l\frac{Bp}{1+Bp}\right)} + \frac{1-\upsilon}{E}(p-p_0) \tag{40}$$

然后,将方程(40)代入方程(39)中,以计算孔隙压力变化和膨胀/收缩应变相关的渗透率。

2.4.5 Levine

Levine(1996)提出了一个模型,表示新的裂隙开度等于之前的裂隙开度加上裂隙受压缩所致的闭合开度和基质收缩所致的开度:

$$\frac{b_{\text{new}}}{a} = \frac{b_{\text{old}}}{a} + \frac{1-2\nu}{E}(p-p_0) + \frac{\varepsilon_1 p_{50}}{(p_{50}+p)^2}(p-p_0) \tag{41}$$

其中,b_{new} 是新的裂隙开度;a 是裂隙间距;b_{old} 是初始裂隙开度;p_{50} 是膨胀/收缩应变的朗缪尔参数。渗透率通过以下方程得到:

$$k = \frac{(1.013 \times 10^9) b_{\text{new}}^3}{12a} \tag{42}$$

若考虑火柴棒几何结构,则 b/a 是裂隙孔隙率。因此,此模型是一个基于孔隙率的模型,方程(42)可以转化为方程(9)。

2.4.6 Palmer 和 Mansoori

Palmer 和 Mansoori(1996、1998)假设单轴应变和恒定垂直应力条件,开发了一个渗透率模型,导出了孔隙压力、煤膨胀/收缩与裂隙孔隙率变化的简洁关系:

$$\varphi = \varphi_0 [1 - c_m(p-p_0)] + c_1(\frac{K}{M}-1)[\frac{Bp}{1+Bp} - \frac{Bp_0}{1+Bp_0}] \tag{43}$$

其中,φ 是孔隙率;φ_0 是参考的孔隙率;c_1 和 B 是描述吸附应变的朗缪尔形式方程的拟合参数;K 是体积模量;M 是约束轴向模量(Palmer 和 Mansoori,1996、1998)。

$$c_m = \frac{1}{M} - \left[\frac{K}{M} + f - 1\right] c_r \tag{44}$$

$$M = \frac{E(1-\nu)}{(1+\nu)(1-2\nu)} \tag{45}$$

$$K = \frac{E}{3(1-2\nu)} \tag{46}$$

其中,f 是从 0~1 的分数;c_r 是颗粒压缩系数;E 是杨氏模量;ν 是泊松比。然后利用方程(9)来表示渗透率和孔隙率的关系。Palmer 等人(2007)修改了原始 P&M 模型,利用一个新定义的 c_m 函数来计算绝对渗透率的指数增长:

$$c_m = \frac{g}{M} - \left[\frac{K}{M} + f - 1\right] c_r \tag{47}$$

其中,g 是一个与天然裂隙方向有关的几何参数。

2.4.7 Gilman 和 Beckie

Gilman 和 Beckie(2000)提出了一个简化的数学模型,把单个裂隙视作一个弹性体,研究其在正应力分量变化下的行为。其他假设包括:一个相对规律的裂隙系统,甲烷以吸附态存在,甲烷从基质释放进入裂隙是一个极其缓慢的过程,解吸引起渗透率显著变化。利用单轴应变假设和 Terzaghi 公式,孔压变化和膨胀应变引起的有效应力变化(x 方向)可以表示如下:

$$\Delta \sigma_x^e = -\frac{\nu}{1-\nu} \Delta p + \frac{E}{1-\nu} \alpha_s \Delta S \tag{48}$$

利用以下方程将渗透率与应力变化相关联:

$$\frac{k}{k_0} = \exp(-\frac{3\Delta\sigma_x^e}{E_F}) \tag{49}$$

其中，E_F 与杨氏模量类似，但是针对裂隙 E 是煤块的杨氏模量；ΔS 是吸附物的变化量；a_s 是体积膨胀/收缩系数（假设吸附量和膨胀应变之间具有线性关系）。方程(48)的形式与 Shi-Durucan(1987)的方程(50)和 Gray(1987)的方程(35)形式基本相同。

2.4.8 Shi 和 Durucan

Shi-Durucan(2004a、2005)从各向同性孔隙线弹性理论的本构方程导出了渗透率模型。他们也假设了单轴应变和恒定垂直应力条件，模型如下：

$$\sigma_h^e - \sigma_{h0}^e = -\frac{\nu}{1-\nu}(p-p_0) + \frac{E\varepsilon_s}{3(1-\nu)} \tag{50}$$

Shi-Drucan 模型采用了方程(15)和方程(50)来联系渗透率和有效应力。方程(15)中的裂隙压缩系数 c_f 与裂隙有效水平应力变化率相关(Shi-Durucan,2004a)。

2.4.9 Cui 和 Bustin

Cui 和 Bustin(2005、2007)利用孔隙线弹性理论（经修改后包含煤膨胀作用）导出了基于应力的渗透率模型。从方程(22)中开发出了两个模型，假设单轴应变和恒定垂直应力。一个模型是基于应力的渗透率行为，另一个模型基于孔隙率变化。应力变化如下：

$$\sigma - \sigma_0 = -\frac{2(1-2\nu)}{3(1-\nu)}[(p-p_0) + K(\varepsilon_s - \varepsilon_{s0})] \tag{51}$$

方程(51)将平均应力变化、三个主轴平均值记为 $\sigma_{xx}=\sigma_{yy}$ 和 $\sigma_{zz}=0$。此平均应力的表达式被代入上文所示的指数渗透率关系中，这个渗透率关系是被 Cui 和 Bustin 从孔隙率的全导数和 Jaeger 等人(2007)压缩系数关系中重新推导出来的。方程(51)与某些其他模型中采用的假设条件形成对比，即它只考虑水平应力（垂直作用于裂隙）对渗透率的影响。

从孔隙率全导数关系中开发出的基于孔隙率的模型，其前提假设为：在方程(51)的平均应力下，孔隙率的量级较小。

$$\varphi = \varphi_0 + \frac{(1-2\nu)(1+\nu)}{E(1-\nu)}(p-p_0) - \frac{2}{3}(\frac{1-2\nu}{1-\nu})(\varepsilon_s - \varepsilon_{s0}) \tag{52}$$

采用方程(9)和方程(52)来表示与渗透率的关系。

2.4.10 Robertson 和 Christiansen

Robertson 和 Christiansen(2006)提出了变应力条件下的渗透率模型。概念模型为双轴或流体静围压下的立方体模型，考虑了膨胀/收缩对渗透率的影响。模型如下：

$$\frac{k}{k_0} = e^{3\left\{c_f(P-P_0) + \frac{3}{\varphi_0}\left[\frac{(1-2\nu)}{E}(P-P_0) - \frac{\varepsilon_{max}P_L}{(P_L+P_0)}\ln(\frac{P_L+P}{P_L+P_0})\right]\right\}} \tag{53}$$

裂隙压缩系数定义如下(Mckee 等,1988)：

$$c_f = \frac{c_0}{\alpha(\sigma-\sigma_0)}[1-e^{-\alpha(\sigma-\sigma_0)}] \tag{54}$$

其中，α 为裂隙压缩系数随着有效应力增加而下降的速率(Mckee 等,1988)。

2.4.11 Liu 和 Rutqvist

Liu 和 Rutqvist(2010)开发了一个基于单轴应变和恒定围压应力条件的煤层渗透率模型。他们引入了一个内部膨胀应力概念，来考虑基质膨胀/收缩对裂隙开度的影响，考虑到裂隙未能完全割断整个基质，造成基质块的部分分离。此应力变化可以表示如下：

$$\Delta\sigma = -\frac{\nu}{1-\nu}\Delta P + \frac{E(\Delta\varepsilon_s - \Delta\varepsilon_f)}{1-\nu} \tag{55}$$

其中：

$$\Delta\varepsilon_f = \frac{1}{2}\varphi_0(1-e^{-c_f\Delta\sigma}) \tag{56}$$

采用方程(15)来表示应力和渗透率的关系。

2.4.12 Liu 等人

Liu 等人(2010b)认为裂隙没有造成相邻基质块之间的完全分离,基质之间通过岩桥联系。他们考虑了岩桥以及岩桥之间非接触部分的膨胀应变作用。这两个膨胀分量产生竞争性影响:岩桥膨胀增加了孔隙率和渗透率,但是非接触部分基质膨胀降低了孔隙率和渗透率。此裂缝渗透率被表示为：

$$\frac{k_f}{k_{f0}} = \left[1 + \frac{(1-R_m)}{\varphi_{f0}}(\Delta\varepsilon_v - \Delta\varepsilon_s)\right]^3 \tag{57}$$

其中,$\Delta\varepsilon_v$ 为体积应变;φ_{f0} 是初始裂缝孔隙率;R_m 是岩块模量与基质模量的比值(Liu 和 Elsworth,1997)。

这项研究中也阐述了渗透率变化的原因,包含因基质膨胀和有效应力变化所致的裂隙开度的减小以及流体压力和围压变化所致的有效应力下降,定义如下：

$$\frac{k}{k_0} = \frac{k_{m0}}{k_{m0}+k_{f0}}\left(1+\frac{R_m}{\varphi_{m0}}\frac{p_m}{K}\right)^3 + \frac{k_{f0}}{k_{m0}+k_{f0}}\left[1+\frac{(1-R_m)}{\varphi_{f0}}(\Delta\varepsilon_v - \Delta\varepsilon_s)\right]^3 \tag{58}$$

其中,下标 m 和 f 分别指基质和裂隙。

2.4.13 Connell 等人

Connell 等人(2010a)提出了三轴应变应力条件下的分析渗透率模型,从一般孔隙线弹性理论本构定律中推导,包含三轴应力应变下气体吸附引起的膨胀影响。他们区分了煤基质、孔隙(或裂隙)和煤块的吸附应变。此模型通过方程(22)中得到,它描述了不同三轴条件下的实验室渗透率测量值。

(1) 非静水围压约束

$$k = k_0 \exp\left\{-3\left[C_{pc}^M\left(\frac{1}{3}(2\tilde{p}_r + \tilde{p}_z) - \tilde{p}_p\right) - (1-\gamma)\tilde{\varepsilon}_s\right]\right\} \tag{59}$$

其中,C_{pc}^M 是裂隙压缩系数;p_r 是径向围压;p_z 是轴向围压;p_p 是孔隙压力;γ 是基质膨胀应变占体膨胀应变的比例;ε_s 是吸附引起的体积应变;上方的"～"代表相比于原始状态的增量。

(2) 无围压约束($\tilde{p}_r^* = \tilde{p}_z^* = \tilde{p}_p$)

$$k = k_0 \exp[3(1-\gamma)\tilde{\varepsilon}_s] \tag{60}$$

(3) 刚性围压约束

① 全刚性围压约束,任何方向上均没有体应变：

$$k = k_0 \exp\left\{-3\left[-C_{pc}^M((\alpha+1)\bar{p}_p + K\bar{\varepsilon}_s) - (1-\gamma)\bar{\varepsilon}_s\right]\right\} \tag{61}$$

其中,α 是 Biot 系数。

② 刚性侧限约束,径向上没有应变：

$$k = k_0 \exp\left\{-3\left[C_{pc}^M\left[-\frac{(2\alpha+3)}{3}\bar{p}_p + \frac{2K}{3}\bar{\varepsilon}_s + \frac{3-\nu}{3(1-\nu)}\bar{p}_z^*\right] - (1-\gamma)\bar{\varepsilon}_s\right]\right\} \tag{62}$$

③ 刚性端面约束,轴向上没有应变：

$$k = k_0 \exp\left\{-3\left[C_{pc}^M\left[\frac{2(1+\nu)}{3}\overline{p}_r^* - \left(\frac{\alpha E}{9K}+1\right)\overline{p}_p - \frac{E}{9}\overline{\varepsilon}_s\right] - (1-\gamma)\overline{\varepsilon}_s\right]\right\} \quad (63)$$

2.5 考虑各向异性的渗透率模型

上文导出的渗透率模型中假设各向同性渗透率行为,事实上渗透率通常是各向异性的,因为面割理和端割理特性和原位各向异性应力条件不同。从图1可以看出,面割理和端割理方向上的孔隙与基质尺寸不同,而且面割理和端割理系统的连通性很不同,导致了渗透率的各向异性。Koenig 和 Stubbs(1986)报道了一个 17∶1 的水平渗透率比。Wold 和 Jeffrey (1999)进行了一个四井注入干扰试验,来测量煤层渗透率的各向异性,发现不同煤层以及同一煤层内的不同区域也会出现显著的渗透率各向异性。

渗透率各向异性在确定生产井的最佳布局上有重要作用,尤其是水平井方向和 CBM 生产率方面(Chaianansutcharit 等,2001;Wold 和 Jeffrey,1999)。此外,水力裂缝趋向于在最大应力方向上传播,通常与主要构造方向和最大渗透率方向平行。若忽略渗透率各向异性,可能导致压裂设计不科学以及低效气井布局。对于 CBM 水平井以及煤矿瓦斯排放孔,通常可以利用各向异性来选择方向,对具有主要水平渗透率方向进行垂直钻探(Sung 和 Ertekin,1987;Wold 和 Jeffrey,1999)。

2.5.1 Gu 和 Chalaturnyk

现有一些描述各向异性渗透率的模型。Gu 和 Chalaturnyk(2005、2010)开发了基于孔隙率的渗透率模型并应用于耦合流动和地质力学模拟中。为了描述各向异性,面裂隙和端裂隙开度以及基质间距不同,不连续的煤体(包含裂隙和基质)被视为等效弹性连续介质,考虑了渗透率的各向异性、气体解吸/吸附导致的基质收缩/膨胀、由于温度变化和力学参数导致的热膨胀,渗透率可表示为:

$$\frac{k_i}{k_{i,0}} = \frac{\left(1+\dfrac{a_j}{b_{m,j}}\Delta\varepsilon_{f,j}\right)^{3n_j}}{1+(\Delta\varepsilon_{L,j}^t - \Delta\varepsilon_{f,j}) + \dfrac{b_{m,j}}{a_j}\Delta\varepsilon_{L,j}^t} \quad (i,j=x,y;i\neq j) \quad (64)$$

$$\Delta\varepsilon_{L,i}^t = \Delta\varepsilon_{LS,i} + \Delta\varepsilon_{LD,i} + \Delta\varepsilon_{LT,i} \quad (65)$$

$$\Delta\varepsilon_f = \frac{(\Delta b_m)_n}{a} \quad (66)$$

其中,a 为煤基质宽度;b 为裂隙开度;$\Delta\varepsilon_L^t$ 为线性应变总变化量;$\Delta\varepsilon_{LS}$ 为有效应力导致的线性应变变化量;$\Delta\varepsilon_{LD}$ 为气体吸附导致的线性应变变化量;$\Delta\varepsilon_{LT}$ 为温度变化导致的线性应变变化量(Gu 和 Chalaturnyk,2005)。

2.5.2 Wang 等人

Wang 等人(2009)提出包括结构和力学特性的各向异性模型,来描述煤渗透率的方向性。在约束和应力条件下,煤储层中出现的力学变形和膨胀变形都考虑在内。力学变形是利用一般应力—应变关系描述的压力变形,非力学变形是类比于热膨胀/收缩的吸附引起的膨胀/收缩。引入依赖于煤特性和吸附特性(诸如煤型和煤阶)及气体类型的应变系数,以提高无约束(或静水压)下与实验的一致性。渗透率模型描述如下:

$$\Delta\varepsilon_i = \frac{\sigma_i - \sigma_{i0}}{E_i} - \sum_{j=x,j\neq i}^{z}\left[\nu_{ji}\frac{\sigma_j - \sigma_{j0}}{E_j}\right] + \lambda\sum_{n=1}^{n_c}\alpha_{sn}(q_\mu - q_{\mu 0})_n \quad (i,j=x,y,z) \quad (67)$$

$$k_j = k_{j0} \sum_{i=x, i\neq j}^{z} [\zeta_i (1-\Delta\varepsilon_i)^3] \quad (68)$$

其中,λ 是应变系数;a_{∞_n} 是 n 组分气体的基质膨胀/收缩系数;q_n 气体吸附量;ζ 是形状系数(Wang 等,2009)。

2.5.3 Liu 等人

Liu 等人(2010)提出了一个各向异性渗透率模型,适用于包括原位应力条件至常体积条件的全部边界条件。在此模型中,气体吸附引起的方向渗透率通过一个弹性模量降低比 R_m 与方向性应变相关联。R_m 指煤体弹性模量与煤基质模量($0<R_m<1$)的比率,代表了裂缝系统与基质的总应变分配。煤渗透率主要由裂隙决定。

推导出的方向渗透率表达式如下:

$$\frac{k_i}{k_{i0}} = \sum_{i\neq j} \frac{1}{2} \left[1 + \frac{3(1-R_m)}{\varphi_{f0}} \Delta\varepsilon_{ej}\right]^3 \quad (69)$$

其中,φ_{f0} 是初始裂隙孔隙率;$i,j=x,y,z$(Liu 等,2010)。

2.5.4 Wu 等人

Wu 等人(2010)扩展其之前的工作,提出了气体吸附引起的渗透率各向异性,适用于包括原位应力条件至常体积条件的全部边界条件。与 Gu 和 Chalaturnyk 的工作(2010)形成对照,表达式为:

$$\frac{k_i}{k_{i0}} = \sum_{i\neq j} \frac{1}{2} \left[1 - \frac{1}{\varphi_{f0} + \frac{3K_f}{K}} \left(\frac{1}{3}\alpha_T \Delta T + \frac{1}{3}\Delta\varepsilon_s - \frac{1}{K}\Delta\sigma_{ei}\right)\right]^3 \quad (i,j=x,y,z) \quad (70)$$

其中,φ_{f0} 为初始裂隙孔隙率;ΔT、$\Delta\varepsilon_s$、$\Delta\sigma_{ei}$ 分别指温度变化、吸附引起的应变和有效应力(Wu 等,2010)。

2.5.5 Pan 和 Connell

Pan 和 Connell(2011)提出了各向异性渗透率模型,结合同一个理论的各向异性煤膨胀模型,以评估膨胀各向异性对渗透率各向异性的影响。此方法与之前的研究形成对比,之前的研究在各向异性渗透率模型中应用各向同性煤膨胀。这项工作的出发点是正交对称性、基质膨胀各向异性的孔弹性本构方程(Jaeger 等,2007),应变和应力关系为:

$$\Delta\varepsilon_i = \frac{\Delta\sigma_i}{E_i} - \sum_{j=x,j\neq i}^{z} \left[\nu_{ji} \frac{\Delta\sigma_j}{E_j}\right] + \Delta\varepsilon_i^s + \alpha_i \Delta T \quad (i=x,y,z) \quad (71)$$

Gu 和 Chalaturnyk(2010)推导出了与方程(71)相似的方程,以描述各向异性应变与应力关系。方程(71)可被简化为 Shi-Durucan(2004a)的各向同性应力—应变方程,渗透率与应变的关系可表示为:

$$k_i = k_{i0} e^{-3c_f(\sigma_i-\sigma_{i,0})} \quad (i=x,y) \quad (72)$$

3 模型测试

从前述章节可以看出,现有大量煤层渗透率模型并且不断有新模型出现。煤层渗透率模型研究,有两个重要作用:一是模型开发可实际解释储层或实验室测试的渗透率行为;二是提高对渗透率演变机制的基本理解。因此,这些模型侧重于理论。当建立新模型时,实验验证是确保模型成功的一个重要部分,包括假设分析以及观察结果的匹配。

验证渗透率模型最直接的方法是将模型预测值与试井的渗透率测量值进行对比。另一种方式是通过储层模拟拟合历史生产数据或增产煤层气中 CO_2 注入数据。但是，由于模型包含许多过程，如相对渗透率、储气行为等，因此其中的不确定性可能使渗透率模型的测试复杂化。在某些地区，CBM 生产数据被视为商业机密，在出版物中限制使用此类数据。但 ECBM 数据通常可以获得，因为数个此类项目已公开。实验室测量值更易获得，一般可替代现场测量值进行模型验证。但是，实验室难以复制储层条件，特别是应力状态，当使用实验室测量值对渗透率模型进行验证时，必须考虑并提出边界条件和其他假设的差异。

3.1 储层渗透率的测试

渗透率现场测量值，尤其是采气过程中的测量值未在文献中有妥善记载。常见的公开数据是圣胡安盆地数据，是许多渗透率模型验证的依据。在本章中，将对不同数据进行综述。

3.1.1 黑勇士盆地的渗透率数据

黑勇士盆地生产煤层气的早期工作由美国矿务局领导，煤矿瓦斯危害不严重。1980 年以来，该盆地的煤层气进行了商业化生产，现在仍是世界上产气最多的地点之一。现有 4 180 口气井，截至 2004 年 19 个井区已产出 3.4 Bcm（Bcm = $10^9 m^3$）（Pashin, 2007）。在 1971 年，开采了位于亚拉巴马州黑勇士盆地的首个煤层气井，1976 年开始大规模钻井项目。截至 1996 年 12 月，在阿拉巴马已钻超过 4 500 口煤层气井，其中大多数井不与煤矿开采有直接关系（Bodden 和 Ehrlich, 1998）。

通过对 Cedar Cove 和 Oak Grove 地区渗透率数据与应力数据相关联，对渗透率与最小有效原位应力之间的关系进行了研究。Cedar Cove 渗透率值从注水/压降试井的后期获得；Oak Grove 渗透率数据来源于段塞测试，类似于钻杆测试（DST）。Cedar Cove 和 Oak Grove 的渗透率与最小有效应力关系分别如图 3 和图 4 所示。尽管原始数据比较分散（竖线表示±标准偏差），但平均值仍可体现渗透率随应力增加而减少的趋势（Sparks 等, 1995）。

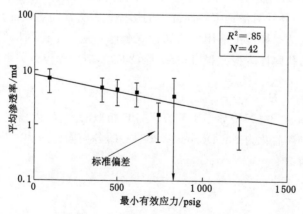

图 3　Cedar Cove 地区煤层渗透率与最小有效应力的关系（据 Sparks 等, 1995）

这些渗透率与有效应力之间的关系遵从指数形式的方程（15）。但是，气体抽采导致的煤收缩影响并未考虑，因为这个区域的井没有投入生产。

3.1.2 澳大利亚煤盆地渗透率数据

图 5 为 Enever 和 Hennig（1997）对澳大利亚主要煤盆地试井项目的渗透率测量值进行

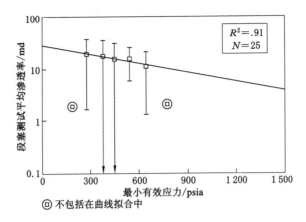

图 4　Oak Grove 地区煤层渗透率与最小有效应力的关系（据 Sparks 等,1995）

的总结。因为区域范围大且有不同的影响因素,因而数据具有较大的分散性。渗透率与有效应力有明显的指数关系,遵循方程(15)。Enever 和 Hennig(1997)将黑勇士盆地的 Cedar Cove 和 Oak Grove 数据进行了对比,但没有考虑气体解吸对基质收缩的影响。

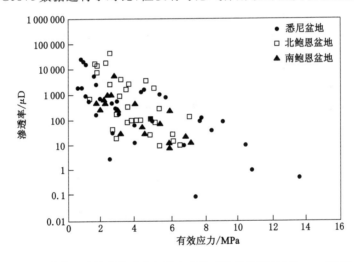

图 5　澳大利亚煤盆地试井中渗透率与最小有效应力的关系（据 Enever 和 Hennig,1997）

3.1.3　圣胡安盆地渗透率数据——巴伦西亚峡谷气井

圣胡安盆地位于科罗拉多州和新墨西哥州,是世界主要的 CBM 生产盆地。对位于巴伦西亚峡谷的圣胡安盆地弗鲁特兰地层的三口气井进行测试,获得了一组渗透率数据。此三口气井(VC 29-4,VC 32-1 及 VC 32-4)位于科罗拉多州拉普拉塔县,分别对这三口气井进行了裸井钻杆测试(DST),生产后期进行了关井测试,对气体和水的有效渗透率和绝对渗透率进行了估计。根据测量值发现,绝对渗透率随气体的生产而显著增加,产气率比早期的生产记录多出许多倍。巴伦西亚峡谷(VC)的三口气井,其绝对渗透率随气体的生产而增加的证据有两个:首先是开采期间获得的绝对渗透率估计值;其次是来源于恒定产气率期间增加的井底压力。此观察结果与恒定绝对渗透率的达西定律所预测的结果相反,达西定律认为当产气率不变且储层压力减少时,井底压力逐渐减小(Mavor 和 Vaughn,1998)。

表1概括了三个VC气井的测试结果,也总结了绝对渗透率比率和压力估计值比率。Palmer和Mansoori模型被Mavor和Vaughn(1998)用于描述渗透率行为,结果如图6所示。尽管使用Palmer和Mansoori模型对VC 32-1井渗透率比率进行了校准,但也可进行更多调整而解释VC 32-4井和VC 29-4井的渗透率比率(Mavor与Vaughn,1998)。

表1　巴伦西亚峡谷试井所测得的绝对渗透率概况(据Mavor和Vaughn,1998)

气井	测试日期	测试类型	平均压力/psia	压力海拔/ft ASL[a]	绝对渗透率/md	气相有效渗透率/md	水相有效渗透率/md	绝对渗透率与DST渗透率比值	压力系数
VC29-4	3/10/93	开井DST测试	775.9	4 896.3	16.6	0.0	16.6	1.0	1.0
VC29-4	3/31/96	关井	359.1	4 896.3	67.9	40.5	1.7	4.09	0.46
VC32-1	11/24/90	开井DST测试	956.7	4 526.7	17.2	0.0	17.2	1.0	1.0
VC32-1	10/28/94	关井	527.0	4 526.7	46.7	28.4	1.1	2.72	0.55
VC32-4	12/5/92	开井DST测试	929.8	4 581.0	19.5	0.5	13.7	1.0	1.0
VC32-4	3/6/96	关井	382.9	4 581.0	137.7	96.9	1.3	7.06	0.41
VC32-4	4/3/96	关井	382.5	4 581.0	137.9	95.9	1.5	7.07	0.41

[a] 海平面以上英尺。

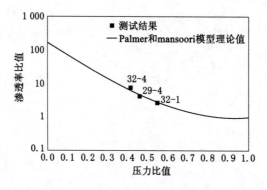

图6　巴伦西亚峡谷试井得出的渗透率比率(据Mavor和Vaughn,1998)

渗透率与压力测量值不能单独可靠地验证渗透率模型,需要通过拟合诸如煤膨胀/收缩行为来确定一系列特性。因为无法获得更多的弗鲁特兰煤层膨胀测量值用于分析渗透率,所以Mavor和Vaughn(1998)假设煤膨胀行为与Levine(1996)在伊利诺斯州煤层测得的行为相似。Shi-Durucan(2004a)也使用此数据来验证其模型。

3.1.4　圣胡安盆地渗透率数据

McGovern(2004)报告了一组六口井的渗透率曲线,显示其绝对渗透率(相对于其在800 psi储层压力的值)随着储层压力从800 psi下降而呈指数增长。Clarkson和McGovern(2003)提出了基本相似的一组数据,但参考压力是600 psi(Shi-Durucan,2010)。

如图7所示,此组数据被广泛用于测试各种渗透率模型,诸如Shi-Durucan(2005、2010)、Palmer(2009)、Ma等人(2011)的模型。

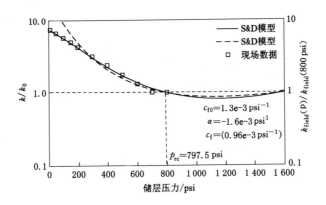

图 7　圣胡安盆地煤层气井压力与渗透率比率的关系(据 Shi-Durucan,2010)

3.1.5　圣胡安盆地东北部的渗透率数据

Gierhart 等人(2007)概述了圣胡安盆地东北部加密井的渗透率测量,如图 8 和图 9 所示。图 8 表示对 28 口井进行压力测试(PBU)的结果,每口井测两次:一次是在井投用后 3 个月,一次是 3 年后,两个测值都已校正为绝对渗透率。测试来自部分抽采后的新井(2000～2001 年)。尽管数据相当分散,但是渗透率随压力下降而上升这一大趋势比较明显(Palmer,2009)。图 9 为对 10 口井进行 PBU 测试得出的渗透率结果,其中每口井有 3 个数据点。Shi-Durucan(2010)对 10 口井的压力/渗透率数据进行了数字化处理,数据见表 2。

表 2　东北部气田渗透率测量(据 Shi-Durucan,2010)

编号	储层压力(psi) / 渗透率(mD)		
	1st point	2nd point	3rd point
A-1	923 / 3.9	693 / 4.9	568 / 5.6
A-2	791 / 3.1	601 / 10.2	439 / 30.5
A-3	730 / 1.6	628 / 2.5	488 / 3.2
A-4	703 / 7.2	452 / 16.5	352 / 20.6
A-5	669 / 1.7	510 / 2.7	441 / 2.9
A-6	655 / 4.0	439 / 18.5	300 / 28.3
A-7	499 / 9.3	431 / 11.4	276 / 11.6
A-8	4 490 / 9.3	417 / 9.6	320 / 16.2
A-9	464 / 10.6	360 / 14.5	298 / 23.5
A-10	432 / 11.5	306 / 24.3	284 / 28.8
B-1	1165 / 8.2	422 / 36.2	—
B-2	177 / 26.9	100 / 43.8	—

3.1.6　圣胡安盆地渗透率数据

Clarkson 等人(2007、2008a、2008b、2010)报告了弗鲁特兰 CBM 井的生产数据,通过历史拟合发现,气体有效渗透率从 100 psi 到 932 psi 增长了 10 倍(图 10)。

对 10 年以上的生产数据进行了分析,其中基质收缩对渗透率变化产生重大影响。Shi-

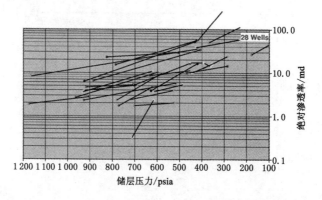

图 8　绝对渗透率与压降关系：东北部 28 口加密井，每口井测量两次（据 Palmer,2009）

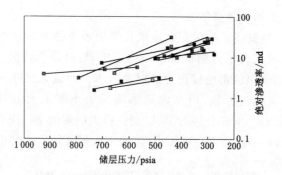

图 9　绝对渗透率与压降关系：东北部 10 口加密井，每口井测量三次（据 Palmer,2009）

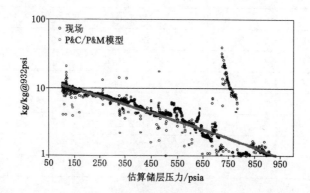

图 10　从气田数据中估算的气体渗透率（据 Clarkson 等,2007）；
初始压力下原位数据中估算的渗透率为基础渗透率（据 Clarkson 等,2008a）

Durucan(2010)也采用了该数据组。

3.2　CBM 生产数据的历史拟合

渗透率可以通过模拟以及对生产数据历史拟合进行估算。在 CBM 生产数据的历史拟合中，将储层模拟结果与生产数据对比，以测试渗透模型。正如早先指出的那样，由于储层模型包括相对渗透率、储气行为等许多过程，因此其中的不确定性可能会使渗透模型测试更加复杂。本节对这方面的研究文献进行了综述。

3.2.1 圣胡安盆地北部 Cedar Hill 气田

Cedar Hill 位于新墨西哥州圣胡安县的东北部。CBM 生产来自上白垩统弗鲁特兰地层基部的煤层(Young 等,1991)。1977 年 5 月,Cedar Hill 气田的第一口井 Cahn 1 开始产气。其他 6 口生产井于 1977 年 5 月到 1985 年 12 月之间开始产气。Young 等人(1991)报告了 Cahn 1、Schneider B-1s 和 State BW-1 三口生产井的产气率,但未提供后期投入生产的其他几口井的数据。Cahn 1、Schneider B-1s 和 State BW-1 三口压力监测井的布置见图 11 所示。

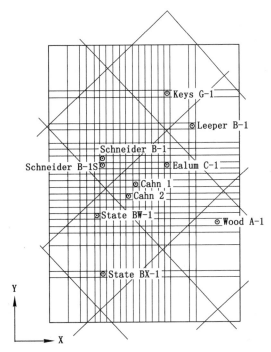

图 11 Cedar Hill 气田的气井布置图(据 Young 等,1991)

利用这些数据,就可以通过历史拟合来匹配渗透率。由于这是一个多井数据组,因此还可以从历史拟合中确定渗透率各向异性。利用单井生产历史拟合很难可靠匹配渗透率各向异性,通常需要数口井的观察结果。Young 等人(1991)发现,方向渗透率比率大约为 2~4。Young 等人(1991)报告了 Cahn 1、Schneider B-1s 和 State BW-1 三口井的产水率和产气率。这些都可用于历史拟合产气过程中的储层渗透率行为。

3.2.2 圣胡安盆地 Boomer B #1 井

Palmer 和 Mansoori(1996)提出了 Boomer B #1 井的 CBM 生产数据。图 12~图 14 分别表示从套管压力计算出的产气率、产水率及井底压力。气体产量随时间而急剧增加是 Boomer 井的一大特性。这一行为较为异常,因为降水处理似乎不能解释强烈的产气反应(Palmer 和 Mansoori,1996)。另外,当减少套管压力时(见图 14),气体产量明显上升,比忽略基质收缩效应时预期的还大(Palmer 和 Mansoori,1996)。

Palmer 和 Mansoori(1996)利用他们的渗透率模型进行历史拟合来确定特性参数,模拟结果与生产观察十分吻合,见图 13 和图 14 所示。最优渗透率行为在图 15 中标为案例 1,

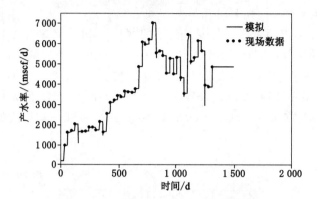

图 12　气井 B #1 的产气率(据 Palmer 和 Mansoori,1996)

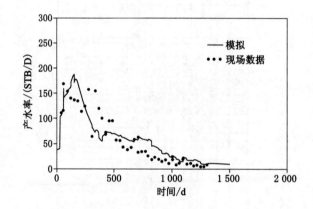

图 13　气井 B #1 的产水率(据 Palmer 和 Mansoori,1996)

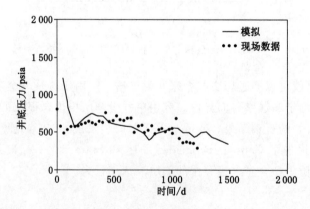

图 14　气井 B #1 的井底压力(据 Palmer 和 Mansoori,1996)

模拟出了储层压力下降期间渗透率明显回弹的行为。因此模型需要包含一个当储层压降时绝对渗透率随之上升的机制(例如基质收缩)(Palmer 和 Mansoori,1996)。Shi-Durucan(2004a)也利用了图 15 中案例 1 曲线来匹配他们的渗透率模型。

3.2.3　圣胡安盆地巴伦西亚峡谷区 VC 32-1 井

Mavor 和 Vaughn(1998)描述了 VC 32-1 井的产气率和产水率及井底压力,见图 16 和

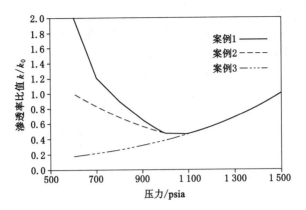

图15　拟合生产数据的渗透率曲线(据 Palmer 和 Mansoori,1996)

17 所示。在 70~165 d 内产气率相对稳定(见图 16),图 17 中的井底压力随着时间上升(Mavor 和 Vaughn,1998),Mavor 和 Vaughn(1998)发现绝对渗透率增加是最可能的原因。

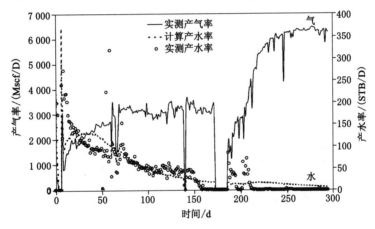

图16　气井 VC 32-1 的产气率和产水率(据 Mavor 和 Vaughn,1998)

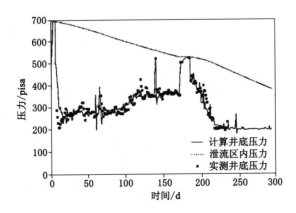

图17　气井 VC 32-1 的井底压力(据 Mavor 和 Vaughn,1998)

3.2.4 加拿大西部盆地马蹄峡谷

Gerami 等人(2008)表述了加拿大西部沉积盆地马蹄峡谷煤层中气井的压力和产气率,见图 18 所示。因为该井不产水,所以不涉及相对渗透率,简化了历史拟合(Gerami 等,2008)。Gerami 等人(2008)提供了温度、压力、厚度、孔隙率和朗缪尔体积与压力等储层特性,作为他们分析的一部分。这些特性如表 3 所列,但是未报告膨胀/收缩等其他参数。

表 3　　马蹄峡谷煤储层特性(据 Gerami 等人,2008)

温度/K	289
初始储层压力/kPa	1 413
煤的密度/(kg/m³)	1 468
Langmuir 压力/kPa	4 652
Langmuir 体积/(std m³/m³)	13.49
厚度/m	8.99
井半径/m	0.091 4
孔隙率(—)	0.005
初始水饱和度(—)	0.1

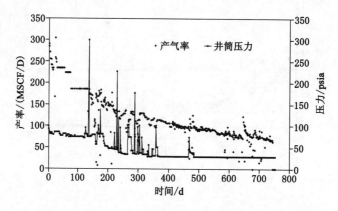

图 18　马蹄峡谷煤层的生产历史(据 Gerami 等,2008)

3.3　ECBM 现场数据

对于煤层气生产,煤基质收缩导致的渗透率变化对后期生产造成影响。而对于注气提高煤层气生产,煤膨胀引起的渗透率下降在 CO_2 注入的前期就可以观测到。这是因为在明显高于最初储层压力的情况下注入了 CO_2,且 CO_2 和比甲烷具有更强的吸附能力,所以会造成明显的渗透率和注射率下降。气体注射率可以定义为注气速度除以注入气体所需的井底压差(Mavor 和 Gunter,2004)。在许多 CO_2-ECBM 气田试验中观察到了渗透率及注射率下降,这些数据清楚表明了渗透率对基质膨胀/收缩的反应,这些数据对渗透率模型测试来说很重要。

3.3.1　圣胡安盆地 Allison 单元 CO_2-ECBM

圣胡安盆地 Allison 区块是世界上第一个也是目前为止最大的一个试验性 CO_2-ECBM 试点,在 6 年内注入了大约 336 000 t CO_2。该气田于 1989 年开始生产,1995 年开始采用

CO_2 注入技术。2001 年中期暂停 CO_2 注入,以评估对甲烷采收率的影响(Reeves 等,2003)。

尽管该区块有许多井,但是 CO_2 注入试点区仅由 16 口 CBM 生产井和 4 口 CO_2 注入井以及 1 口压力观测井(POW#2)组成,如图 19 所示。试点区中心为五个 CBM 生产井,间隔为 320 英亩(井 130、114、132 和 120 在四角,井 113 在中央),四口 CO_2 注入井在四角的生产井连线上(注入井与生产井之间间隔 160 英亩)。POW#2 位于中央井网的东部边界,剩下的 CBM 生产井围绕着这个中央井网(Reeves 和 Oudinot,2005a)。

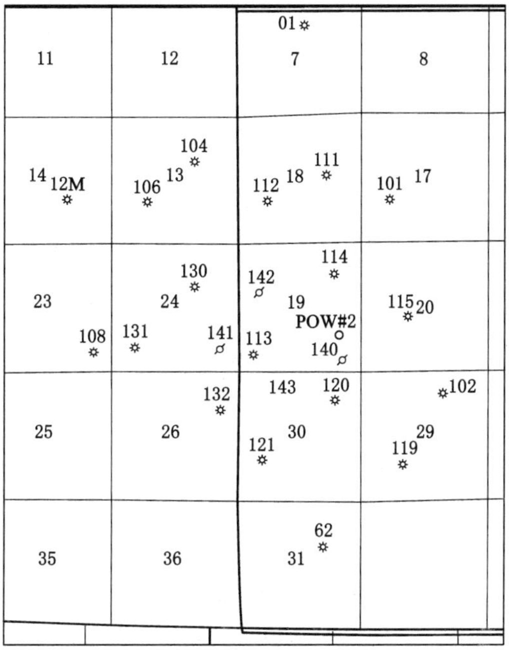

图 19 Allison 单元生产井(红色)/注入井(绿色)的井网(据 Reeves 和 Oudinot,2005a)

研究区域的生产历史见图 20 所示。注入 CO_2 开始时,中央的五口生产井已经关闭,以

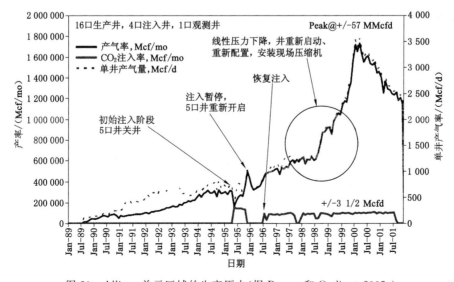

图 20 Allison 单元区域的生产历史(据 Reeves 和 Oudinot,2005a)

便于 CH_4/CO_2 交换。6 个月后，CO_2 注入暂停约 6 个月，在此期间五口生产井从新开启，图 20 清楚标识了这些活动。在 CO_2 注入开始后立即实施了与 CO_2-ECBM 无关的增产活动，包括对井进行重新启动和重新配置、减少因中央压缩造成的管线压力、安装现场压缩机。

注入井♯143 的注入速率和压力历史如图 21 所示。以恒定的压力注入允许速率变化。早期的注入速率降低大概是因为煤膨胀和渗透率降低导致的，后期注入速率反弹是由于总体储层压力降低和注入井附近发生的基质收缩（Reeves 和 Oudinot，2005a）。

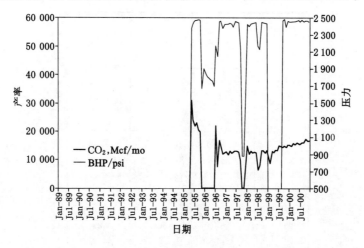

图 21　注入井♯143 的注入及压力历史（据 Reeves 和 Oudinot，2005a）

Reeves 等人（2003）对 Allison 的 ECBM 数据做了记录，并进行了储层模拟，用 CO_2 吸附引起膨胀而造成渗透率损失的模型来匹配现场数据。其他研究人员也进行了储层模拟，利用不同渗透率模型描述膨胀导致渗透率降低的行为（Shi-Durucan，2004b）。

3.3.2　圣胡安盆地 Tiffany 单元 N_2-ECBM

Tiffany 单元 ECBM 试点位于科罗拉多州北部的拉普拉塔县，靠近新墨西哥州边界。尽管该单元由许多井组成，但是 N_2 注入试点区仅由 34 口 CBM 生产井和 12 口注入井组成，如图 22 所示（Reeves 和 Oudinot，2005b）。

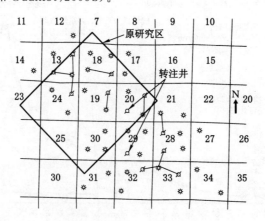

图 22　Tiffany 单元的井网（据 Reeves 和 Oudinot，2005b）

研究区域的生产历史见图 23 所示。于 1983 年开始生产，1998 年 1 月开始注入 N_2。在注入 N_2 之前，每口井生产率约为 5 MMcfd 或 150 Mcfd。四年间歇性地注入 N_2 后，于 2002 年 1 月暂停注入，对结果进行评估。由于供给约束，仅在冬季注入 N_2。其中一口注入井的注入速率和压力见图 24 所示。在注入 N_2 初期，甲烷生产率从 5 MMcfd 增至 27 MMcfd，超过了 5 倍。随后关闭生产井，注入 N_2 过程的反应也很明显（Reeves 和 Oudinot，2005b）。与 Allison 单元的 CO_2-ECBM 不同，Tiffany 单元的渗透率提高了，因为 N_2 的吸附能力不如 CH_4，所以产生了净基质收缩效应（Oudinot 等，2007）。

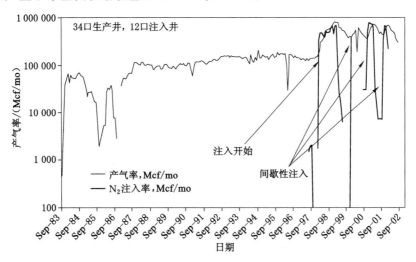

图 23　Tiffany 单元的生产历史（据 Reeves 和 Oudinot，2005b）

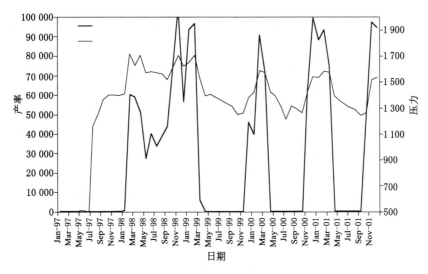

图 24　Tiffany 单元注氮速率和压力历史（据 Oudinot 等，2007）

3.3.3　加拿大阿尔伯塔 Fenn 和 Big Valley 的 CO_2/N_2-ECBM

阿尔伯塔研究理事会进行了大量的现场试验，包括位于阿尔伯塔省 Fenn 和 Big Valley 镇附近穿越 Mannville 河煤层的两口气井。在第一口气井中（FBV 4A），12 次独立充注循环中共注入 91 500 m³ CO_2 蒸气。各充注循环的注入时间为 4~7 h 不等,注入速率约为 30 L/min。虽然 CO_2 降低了绝对渗透率,但现场试验中注入能力实际上提高了。CO_2 渗透进煤层后,气井恢复生产,然后测试 CO_2 驱替效率以及 CO_2 储存能力。14 个月后,使用欠平衡钻井设备注入 83 500 m³ 烟气,之后进行注气生产测试。第二口气井(FBV 5)在第一口气井北部 487 m 处。在注入 75 483 m³ 的 53%~47% N_2 和 CO_2 混合物之前,进行氮气注入测试。该混合气体渗透进煤层后,气井恢复生产(Mavor 和 Gunter,2004)。注入能力与注入总量的关系如图 25 所示。

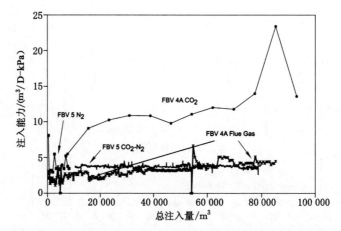

图 25　注入率比较(据 Mavor 和 Gunter,2004)

普遍认为,CO_2 吸附作用导致的煤膨胀会阻碍 CO_2 的注入,现场试验的结果却相反:CO_2 比弱吸附能力的 N_2 注入能力更强,这可能是煤弱化的结果(Mavor 和 Gunter,2004)。Mavor 和 Gunter(2004)提供了煤储层参数,可进行历史拟合来验证渗透率模型。

3.3.4　日本夕张市 CO_2/N_2-ECBM

在日本北海道的夕张市附近进行了一个 CO_2-ECBM 项目。煤层深 900 m,厚 5~6 m。在 2004 年 5 月~2007 年 10 月进行单井和多井(包括一口注入井及一口生产井)试验。注入井 IW-1 中进行了多次单井测试,包括初次注水试验和一系列 CO_2 注入试验(Fujioka 等,2010;Yamaguchi 等,2006)。继 IW-1 试验后,在 2004 年和 2005 年分别进行了两次多井测试,以探究 CO_2 注入对产气的影响。2004 年进行的第一次多井测试包括气井 PW-1 的两个 35 d 左右的生产周期,一个周期是在注入 CO_2 之前,另一个周期是在注入 CO_2 后不久。注入 15 d 内注入速率如图 26(a)所示,从 1.76 t/d 至 2.87 t/d(896~1 460 m³/d)。在 2005 年进行的第二次测试中,保持了更长的注入周期(40 d),注入速率从 1.69 t/d 增加至 3.50 t/d(861~1 781 m³/d),如图 27(a)所示。这两次试验中测得的井底压力如图 26(b)和 27(b)所示。鉴于在 2004 年 CO_2 注入井底压力从 14.1 MPa 稳步上升至 15.5 MPa,在 2005 年测试期间井底压力几乎保持恒定,约为 15.5 MPa(Shi 等,2008)。

原位试验最初目的之一是为了观察气井 PW-1 的 CO_2 突破,但是没有观察到。因此,2006 年春天在夕张市进行了一次氮气驱替现场试验,包括三个注入阶段:N_2 驱替前注入 CO_2 建立基准注入能力、氮气驱替以及 N_2 驱替后注入 CO_2。将气体注入 IW-1 的同时,PW-1 中会产出气和水。图 28 显示了注入计划和 CO_2 或 N_2 的每日注入量以及整个试验期间的

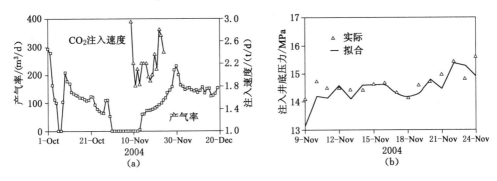

图 26　2004 年多井测试结果(据 Shi 等,2008)
(a) CO_2 注入速度和产气率;(b) 注入井的井底压力

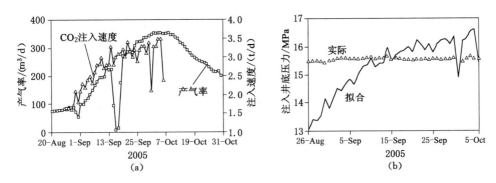

图 27　2005 年多井测试结果(据 Shi 等,2008)
(a) CO_2 注入速度和产气率;(b) 注入井的井底压力

产气率,可以看出,产气率会随着 N_2 注入以及 CO_2 注入而显著增加。进行氮气驱替前,在 30 d 内分三个阶段注入液态 CO_2,平均速率为每天 2.30 t。之后将总计 31.94 t/25 500 m³ (1 t=800 m³)的 N_2 注入 IW-1 中,速率逐日增加,从不到 1 t/d 到近 7 t/d(最后一天仅注 10 h),注入时间为 9 d。图 29 显示了生产井 PW-1 中的 N_2 早期突破(Shi 等,2008)。

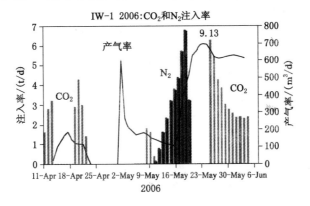

图 28　CO_2/N_2 日注入量以及产气率(据 Shi 等,2008)

推测 CO_2 的低注入能力是由煤膨胀导致的渗透性降低引起的。氮气驱替试验中 CO_2 的注入速率被提高了,但只是暂时提高。而且,在反复注入 CO_2 和 N_2 之后,渗透率并没有恢复

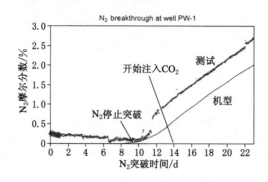

图 29　N_2 突破时间和摩尔分数(据 Shi 等,2008)

到初始值。同时表明,煤基质膨胀可能会在注入井附近创造一个高应力区。Shi 等人(2008)模拟了 CO_2 的注入行为,并证明了渗透率降低是由于煤膨胀造成的。Yubari 等人(2011)对夕张市现场试验附近的煤样,研究了 CO_2 和 N_2 引起的煤膨胀。

3.3.5　RECOPOL CO_2-ECBM

在波兰上西里西亚煤盆地进行了一次 ECBM 现场试验。煤层气井 MS-4 经过清理修复,于 2004 年 5 月恢复生产,作为基准产量。新的注入井距离生产井 150 m 外。2004 年 8 月在三个石炭系层首次注入 CO_2,深度间隔在 900～1 250 m 之间。采取若干措施进行连续注入,于 2005 年 4 月在压裂作业刺激后达成。2005 年 5 月,以约 12～15 t/d 的速率进行连续注入,共有 692 t CO_2 被注入储层中。与基准产量相比,甲烷的产量显著增加,原因在于图 30 所示的注入活动。图 31 中显示了生产气体的成分,自 2004 年 11 月起,观察到产出气体中的 CO_2 含量缓慢上升(最高 10%),并超出了基准含量,这可能是由于注入的 CO_2 所致。在二月下旬,CO_2 含量下降到 3% 左右,但仍比基准含量高。2005 年 4 月压裂作业之后 CO_2 快速突破。但甲烷的整体抽采率较低,可能与进出煤层的扩散速率较低有关(van Bergen 等,2006)。

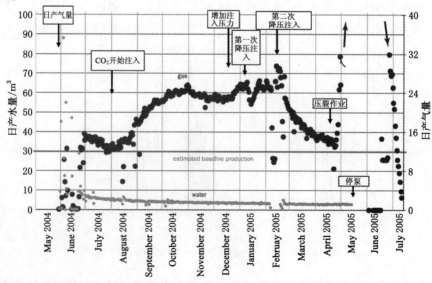

图 30　MS-4 气井 2004 年 5 月～2005 年 4 月之间的气体与水日产量(据 van Bergen 等,2006)

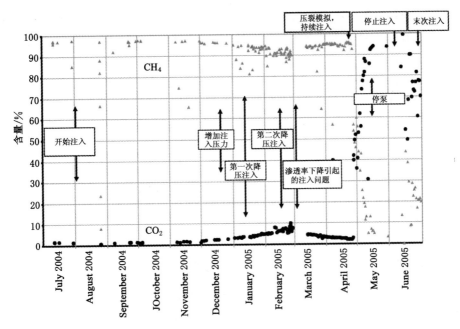

图 31 MS-4 气井产气成分（据 van Bergen 等，2006）

2004 年 7 月初第一次进行注水试验，2004 年 8 月初首次注入液态 CO_2，一开始无法连续注入。注入速率（约 0.01 m^3/min）所需的压力高于最初预期的注入压力，因此于井口处以最大 9 MPa 的压力间歇泵送，从而实现 CO_2 的注入，然后再降压。12 月下旬，较完善的注入设备允许在井口处以更高的压力注入，可高达 14 MPa（2 031 psi）。尽管如此，仍无法建立连续注入。注压和降压周期内的注入速率约为 1～1.3 t/d。2005 年二月中旬到三月之间，停止注入，以便有较长的压降周期来确定渗透率，数据清楚表明渗透率随时间减少。注入能力降低大概因为煤接触 CO_2 后出现膨胀。图 32 显示了 2005 年 4 月压裂作业之前和之后的井口压力历史（van Bergen 等，2006）。一些数据，特别是压裂作业之前的数据，可用于校准渗透率模型。

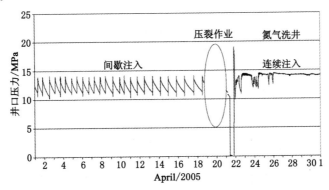

图 32 注入井口的压力，包括压裂之前的间歇注入和压裂之后的连续注入（van Bergen 等，2006）

3.3.6 圣胡安盆地 Pump Canyon 的 CO_2-ECBM/储存

作为碳封存西南地区的组成部分，新墨西哥州 Pump Canyon 的 CO_2-ECBM/封存示范项目的目标是:通过小规模地质封存示范来证明深部不可采煤层可以有效封存CO_2(Oudinot等,2009)。在新墨西哥州北部圣胡安盆地 CBM 高产区钻探了新的注入井。2008 年 7 月 30 日开始注入,2009 年 8 月 12 日结束注入。图 33 显示了注入速率、井口压力和注入压力,共有 18 407 t CO_2 被注入。此次试验中明显可见注入速率有所降低。CO_2 的注入速率在早期为 3 000 Mcf/d 以上,在注入 8 个月后减少到约 500 Mcf/d,平均初始渗透率大约为 550 md。推测注入能力下降是由于 CO_2 吸附在煤层上导致的基质膨胀和渗透率降低(Oudinot等,2009)。

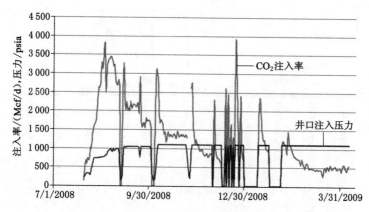

图 33　圣胡安盆地 Pump Canyon 中 CO_2-ECBM/储存的
注气速率和井口压力(据 Koperna 等,2009)

3.3.7　中国沁水盆地 CO_2-ECBM

在中国山西省沁水盆地南部,对气田的单井进行了 CO_2 注入,评估无烟煤中的 ECBM 过程。气田共有 9 口气井,在注 CO_2 之前,气井自 2003 年 10 月 28 日起已产气 134 d。2004 年 4 月 6 日开始注入 CO_2,液态 CO_2 的注入压力大约为 8 MPa,低于压裂压力。192 t 的 CO_2 通过 13 个周期成功注入到煤层内,每日注入 13~16 t 的 CO_2。在注入周期之间的渗透期对关井/压降数据进行评估。4 月 18 日完成 CO_2 注入。关井后进行了一个约 40 d 的渗透期,使 CO_2 渗透平衡(Wong 等,2007)。图 34 为注入历史。

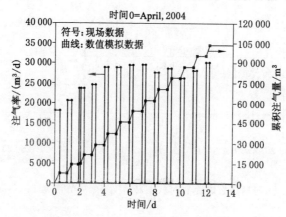

图 34　液态 CO_2 的注入历史(据 Wong 等,2007)

气井自 2004 年 6 月 22 日开始产气,共 30 d。由于一些操作问题,气井在生产过程中曾有一段时间关井。生产速率显示于图 35 中。气井于 2004 年 8 月 2 日关井以获取储层性质和气井附近条件,独立式压力表于 2004 年 8 月 18 日收回。井底压力如图 36(据 Wong 等, 2007)。

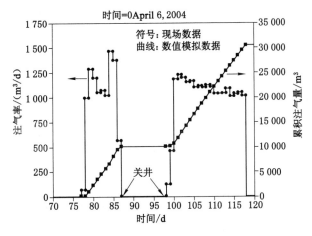

图 35　注气后的生产历史(据 Wong 等,2007)

图 36 中可以观察到井底压力明显恢复,可能是因为 CO_2 吸附引起的煤膨胀造成渗透率下降。产气成分如图 37 所示,对于解释储层行为和验证渗透率模型十分重要。

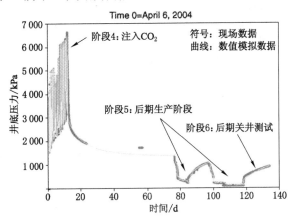

图 36　井底压力(据 Wong 等,2007)

3.4　渗透率实验室数据

实验室测量提供了一种调查渗透率行为的经济有效方法。然而,实验室测量根据小样品进行,不能代表现场煤层的特性(Wold 等,2008)。此外,实验室条件往往与现场条件不同,因此应谨慎使用实验数据来验证渗透率模型。不过,实验室条件能够很好控制,常常能提供更为完整的数据组,因此在提高对渗透率行为的理解方面发挥重要作用,且对渗透率模型的建立有帮助。在早期的实验室测量中,重点使用空气或水分析渗透率—应力行为。近年的测量通常使用气体,对渗透率和膨胀/收缩均进行测定。实验室数据有助于对应力及气体吸附膨胀对渗透率的影响进行模拟。

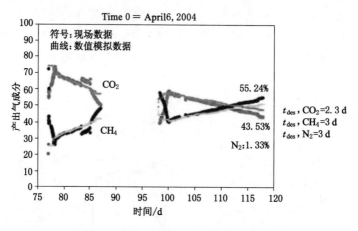

图 37　产气的成分(据 Wong 等,2007)

3.4.1　Dabbous 等人的数据

Dabbous 等人(1974)在不同上覆岩层、不同平均流体压力下对 Pittsburgh 和 Pocahontas 煤层的大量煤样进行了空气和水的渗透率实验。Pocahontas 煤易碎,Pittsburgh 煤不易碎(Dabbous 等,1974)。为了调查上覆应力对渗透率的影响,进行了加载和卸载循环并测量渗透率。使用空气测量两个 Pittsburgh 煤样的结果显示在图 38 中,观察到有较强的渗透率滞后现象。Dabbous 等人(1974 年)研究的其他多数煤层也有类似行为。图 38 中明显可见,随着上覆岩层压力升高,渗透率下降变快。最大压力加载曲线的斜率不为零,表明渗透率会在更高的上覆岩层压力继续下降(Dabbous 等,1974)。较强的滞后性意味着裂隙压缩系数在加载和卸载循环间不同。如图 38 所示,在 36 h 应力释放之后,渗透率略有恢复。

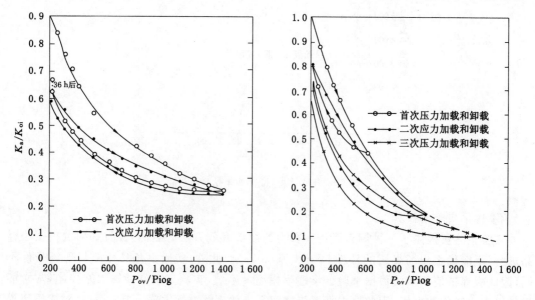

图 38　Pittsburgh 煤层的渗透率滞后行为和
上覆岩层压力的影响(据 Dabbous 等,1974)

3.4.2 Somerton 等人的数据

Somerton 等人(1975)对 Pittsburgh 煤层、弗吉尼亚州 Pocahontas 煤层以及 Lower Freeport 煤层样品的渗透率与静水应力关系进行了研究,使用 N_2 和 CH_4 在各应力条件下测定渗透率。使用 N_2 分析煤样的渗透率和应力关系,如图 39 所示。显示渗透率与应力有很强的相关性,与应力历史也有关。渗透率越低的样品,渗透率降低得越多,与 Somerton 等人(1975)的观察结果一致,归因于孔隙率和孔隙压缩系数。

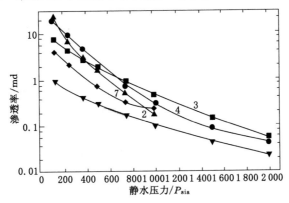

图 39　Pittsburgh 煤层的渗透率—静水应力(据 Somerton 等,1975)

表 4 列出了使用 CH_4 分析煤样的渗透率—应力关系。样品对 CH_4 的渗透率通常比对 N_2 的渗透率低,如表 5 所示。表 4 中渗透率降低了 20%~40%,高于预期。原因在于分子直径或裂隙表面上的气体吸附作用(Somerton 等,1975)。样品在实验过程中反复加载,12 号 Pittsburgh 煤样在用氮气重新测试时,渗透率增加,这可能是由于加载导致额外的压裂(Somerton 等,1975)。

表 4　　样品对甲烷的渗透率—应力关系(据 Somerton 等,1975)

加载条件	最大主应力/psi	平均应力/psi	样品1	样品2	样品3	样品4	样品5	样品6	样品7	样品8	样品9	样品10	样品11	样品12	样品13
实验1 静水荷载	260	260	7.34	11.2	0.501	49.9	0.156	1.71	0.35	26.2	0.52	1.89	35.1	2.88	78.5
	521	521	3.92	4.4	0.165	33.2	0.058	0.90	0.121	13.9	0.32	1.16	21.2	1.66	73.7
	781	781	1.76	2.3	0.117	19.3	0.022	0.43	0.050	6.86	0.14	0.53	9.0	0.79	43.3
	1 042	1 042	1.30	1.4	0.113	12.0	0.012	0.16	0.022	3.91	0.07	0.29	6.8	0.59	
	1 562	1 562	0.58		0.011	6.1		0.03	0.005	1.46	0.03	0.12	2.7	0.26	
	2 083	2 083	0.28			3.0		0.01	0.001	0.73	a				
实验2 轴向最大主应力	260	170	8.51	92.2	0.312	51.2	0.215	1.84	0.264	10.60	45.9	2.59	9.0	1.76	52.1
	521	340	5.82	61.5	0.180	33.0	0.114	0.85	0.235	6.84	33.6	1.55	5.1	1.02	21.1
	781	510	4.22	41.7	0.091	23.9	0.060	0.58	0.140	5.46	28.1	1.08	3.9	0.67	15.7
	1 042	680	3.04	32.0	0.055	17.7	0.038	0.43	0.090	4.03	25.9	0.63	3.4	0.46	
	1 562	1 020	1.60	17.7	0.026	10.2	0.012	0.18	0.034	2.46	15.4	0.40	1.3	0.24	
	2 083	1 360	0.98	11.1		7.7	0.005	0.07	0.016	1.58	11.0	0.29			

续表 4

加载条件	最大主应力/psi	平均应力/psi	样品1	样品2	样品3	样品4	样品5	样品6	样品7	样品8	样品9	样品10	样品11	样品12	样品13
实验3 径向最大主应力	260	215	3.14	36.1	0.211	36.5	0.344	0.47	0.155	7.44	139.9	1.31	25.1	1.27	58.5
	521	430	1.74	24.7	0.105	33.6	0.144	0.38	0.078	3.81	57.3	0.79	16.8	1.23	53.1
	781	645	1.05	15.2	0.033	13.9	0.058	0.13	0.037	2.50	35.7	0.47	14.8	0.96	39.7
	1 042	860	0.65	9.8	0.018	10.1	0.030	0.07	0.019	1.75	26.8	0.27	11.9	0.73	31.3
	1 562	1 290	0.31	5.7		5.2	0.008	0.02	0.005	0.82		0.12	7.1	0.54	19.4
	2 083	1 720				3.9	0.003			0.44			4.5	0.35	11.6
实验4 静水荷载	260	260	2.57	25.5	0.183	27.6	0.099	0.33	0.155	7.47	18.2	1.08	23.0	0.90	43.7
	521	521	1.24	14.7	0.054	16.5	0.036	0.20	0.082	3.80	13.2	0.65	18.6	0.77	28.9
	781	781	0.76	9.3	0.022	10.7	0.013	0.09	0.029	1.90	9.3	0.39	11.3	0.47	17.3
	1 042	1 042	0.49	10.6	0.013	7.4	0.006	0.04	0.016	0.33	7.5	0.24	8.9	0.31	12.1
	1 562	1 562	0.27	7.1	0.004	4.0	0.002	0.01	0.004	0.01	4.6	0.14	4.0	0.12	7.3
	2 083	2 083				2.8		0.004						0.90	43.7

a 破裂的 Hassler 套管;试验样品改变。

表 5　　　　气体类型对渗透率的影响(据 Somerton 等,1975)

静水应力/psi	N_2渗透率/md	CH_4渗透率/md	N_2渗透率/md
Pittsburgh No. 12			
260	0.143	0.139	0.235
521	0.059	0.034	0.093
1042	0.011	0.009	0.023
Greenwich No. 2			
260	24.4	14.5	24.8
521	15.3	9.5	14.5
1042	9.3	5.2	9.4

3.4.3 Rose 和 Foh 的数据

对圣胡安盆地、Piceance 盆地和 Appalachian 盆地的煤样进行液体渗透率测量,是净应力的函数(Rose 和 Foh,1984)。样品的描述列于表 6。在不同围压(P_c)和流体压力(P_f)下,测量不同样品的渗透率。例如,对于圣胡安盆地煤样的渗透率测量,流体压力恒定,而对于 Piceance 盆地的煤样测量,围压恒定(Rose 和 Foh,1984)。实验结果列于表 7 中,并绘制在图 40 中。对于其中一些样品,渗透率随应力几乎呈指数下降。对于 2 号和 4 号样品,渗透率在较低的应力中比在较高的应力中下降得更快,这表明对一些煤层而言,裂隙的压缩系数随应力改变。绘制图 40 时,假设 Biot 系数为 1。

表 6　　　　　　　　　　　煤样描述(据 Rose 和 Foh,1984)

编号	盆地	煤层	深度/英尺	煤阶	岩芯方向
1	San Juan	Menefee(top)	露天	次烟煤	层理面
2	Piceance	Cameo	2767	烟煤	面割理
3	Piceance	Cameo	2766	烟煤	层理面
4	Appalachina	Pittsburgh	300	烟煤	端割理

表 7　　　　　　　　　　　渗透率—应力关系(据 Rose 和 Foh,1984)

No.	P_c		P_f		$P_c - P_f$		k
	psia	MPa	psia	MPa	psia	MPa	md
1	564	3.89	306	2.11	258	1.78	3.23E−02
	634	4.37	306	2.11	328	2.26	2.74E−02
	637	4.39	307	2.12	330	2.28	2.58E−02
	632	4.36	291	2.01	341	2.35	2.32E−02
	806	5.56	305	2.10	501	3.45	1.44E−02
	953	6.57	306	2.11	647	4.46	6.90E−03
	974	6.72	310	2.14	664	4.58	7.90E−03
	1 160	8.00	312	2.15	848	5.85	2.90E−03
	671	4.63	323	2.23	348	2.40	1.48E−02
2	2 751	18.97	1 535	10.58	1216	8.38	8.30E−06
	2 485	17.13	1 500	10.34	985	6.79	9.60E−06
	2 252	15.53	1 443	9.95	809	5.58	1.33E−05
	1 885	13.00	1 346	9.28	539	3.72	3.89E−05
	1 864	12.85	1121	7.73	743	5.12	1.77E−05
3	2 627	18.11	1 619	11.16	1 008	6.95	2.34E−04
	2 596	17.90	1 345	9.27	1 251	8.63	1.45E−04
	2 643	18.22	1 340	9.24	1 303	8.98	1.50E−04
	2 613	18.02	1 068	7.36	1 545	10.65	8.70E−05
	2 601	17.93	757	5.22	1 844	12.71	3.90E−05
	2 627	18.11	476	3.28	2 151	14.83	1.90E−05
	2 601	17.93	151	1.04	2 450	16.89	9.00E−06
	2610	18.00	154	1.06	2 456	16.93	9.00E−06
	2 607	17.97	150	1.03	2 457	16.94	9.00E−06
	2 748	18.95	1426	9.83	1322	9.11	4.80E−05
	2 753	18.98	1 522	10.49	1 231	8.49	5.00E−05

续表 7

No.	P_c		P_f		$P_c - P_f$		k
	psia	MPa	psia	MPa	psia	MPa	md
4	315	2.17	156	1.08	159	1.10	1.80E+00
	310	2.14	106	0.73	204	1.41	1.50E+00
	400	2.76	154	1.06	246	1.70	9.00E−01
	397	2.74	108	0.74	289	1.99	7.00E−01
	504	3.47	208	1.43	296	2.04	5.00E−01
	481	3.32	158	1.09	323	2.23	5.00E−01
	482	3.32	158	1.09	324	2.23	5.00E−01
	480	3.31	106	0.73	374	2.58	4.00E−01
	642	4.43	163	1.12	479	3.30	3.00E−01
	638	4.40	99	0.68	539	3.72	2.00E−01

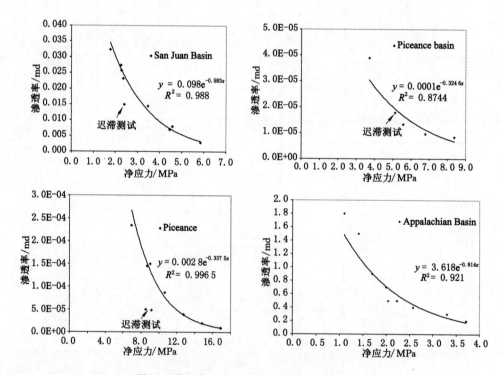

图 40　渗透率—应力关系（据 Rose 和 Foh,1984）

McKee 等人(1988)研究了这些渗透率—应力数据,并推导出了方程(54)来描述与应力相关的裂隙压缩系数。

3.4.4　Durucan 和 Edwards 的数据

Durucan 和 Edwards(1986)对土耳其与英国的煤样进行了研究,用混凝土浇筑无明显裂缝的煤块,并用 38 mm 的金刚石钻头平行于层面取芯,再加工为 76 mm 长的圆柱样品,以适合于三轴压力室。另外也进行了近似分析与单轴抗压强度测试,结果如表 8 所示。

表 8　　煤样的结构与力学特性(据 Durucan 和 Edwards,1986)

煤样品	煤矿	挥发分(干燥)/%	固定碳(干燥)/%	灰分(干燥)/%	水分/%	单轴抗压强度(MN/m²)	弹性模量(10^2 MN/m²)	描述
Acilik	Kozlu, Zonguldak, Turkey	23.31	68.74	7.95	0.60	10.98	4.76	割理、裂隙发育,无明显裂缝
Caydamar	Kozlu, Zonguldak, Turkey	28.70	67.56	3.74	0.39	8.18	2.90	割理、裂隙发育,无明显裂缝,有光泽
Barnsley	Yorkshire Main, Doncaster, U.K.	33.74	71.07	5.19	8.13	18.21	4.00	裂缝发育,无光泽
Cockshead	Wolstanion. Stoke-on-Tren, U.K.	34.62	62.65	2.73	1.42	17.11	2.72	割理、裂隙发育,部分裂缝发育,有光泽
Banbury	Wolstanton, Stoke-on-Trent, U.K.	36.43	58.47	5.10	1.60	6.32	2.00	割理、裂隙发育,部分裂缝发育
Dunsil	Furnace Hillock, Chesterfield, U.K. (O.C.S.)[a]	39.94	54.46	5.60	6.51	39.81	3.64	裂缝发育,无光泽
Deep Hard	Cotgrave, Nottingham, U.K.	43.52	49.65	6.83	11.22	24.74	3.81	部分存在割理、裂隙,部分裂缝发育

[a] Open Cast Site.

传统实验装置通过两端的球面压板施加轴向应力(σ_1),这两个压板也作为进气口与出气口,试样与压板间有不锈钢网盘。采用手动液压泵施加径向应力(σ_3)。实验气体为氮气。通过 0～2.8 MPa 的压力计检测上游气体的压力,使用两个流通能力分别为 2～25 cm³/min 与 40～500 cm³/min 的流量计测量下游的氮气流量(Durucan 和 Edwards,1986)。

实验发现,样品的渗透率与应力密切相关,随应力的增加而降低。相同水平应力作用下,不同煤样的渗透率下降程度不同。对煤样品进行加载或卸载时,观察到两种主要的结构变化模式,分别取决于力学强度与应力作用下细裂缝的传播程度。具有高弹性与无明显裂缝的煤通常在一系列加载/卸载循环后无结构变化。而高度开裂与/或低力学强度的易碎煤通常在实验室应力条件下产生微小裂缝。因此,煤样的渗透率变化仅由孔隙与裂隙的压缩造成,或者由压缩与微致裂共同造成[图 41(b)](Durucan 和 Edwards,1986)。

如图 41 中的应力—渗透率曲线所示,渗透率先骤降,后因应力的增加而缓慢降低。有人认为,开始的骤降主要是低应力作用下现有微裂缝的突然闭合所致。因此只有这些曲线的后部分才可以表示应力作用下渗透率的实际行为(Durucan 和 Edwards,1986)。

图 42 为 Acilik 和 Banbury 样品首次加载的应力—渗透率曲线。虽然各样品的应力—

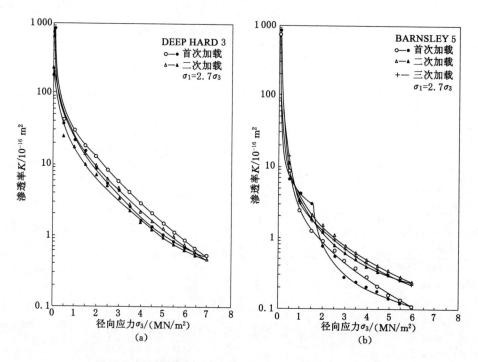

图 41 应力对渗透率的影响(据 Durucan 和 Edwards,1986)
(a) Acilik 煤;(b) Banbury 煤

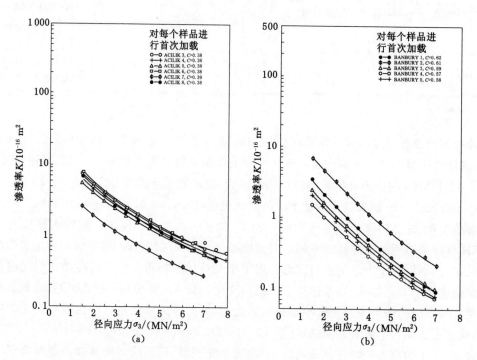

图 42 首次加载的应力—渗透率曲线(据 Durucan 和 Edwards,1986)
(a) Acilik 煤;(b) Banbury 煤

渗透率曲线不同,但梯度相似且与煤的特性相关(Durucan 和 Edwards,1986)。

3.4.5 Seidle 等人的数据

Seidle 等人对勇士盆地与圣胡安盆地的煤样用水进行了渗透率—应力实验,结果分别如表9和表10所示。

表 9　圣胡安盆地煤样(据 Seidle 等,1992)

煤样 1		煤样 2		煤样 3		煤样 4		煤样 5		煤样 6	
s_h/psi	k/md	s_h/psi	k/md	s_h/psi	k/md	s_h/psi	k/md	s_h/psi	k/md	s_h/psi	k/md
300	1.5	300	0.28	0	11.6	0	3.87	0	5.93	0	5.14
600	1.1	600	0.12	434	1.06	250	0.27	190	2.21	373	0.61
900	0.73	895	0.042	557	0.680	613	0.033	445	0.450	547	0.320
1 200	0.50	1 200	0.025	651	0.380	876	0.041	699	0.120	738	0.190
1 500	0.24	1 500	0.015	871	0.220					850	0.150
1 800	0.18	1 800	0.007								
2 100	0.12	2 100	0.005								

表 10　勇士煤样(据 Seidle 等,1992)

s_h/psi	250	530	750	1 000	1 750
k/md	0.64	0.35	0.25	0.19	0.12

图43和图44分别绘制了圣胡安盆地与勇士盆地样品的渗透率—应力关系。尽管按 Seidle 等人(1992)的推导结果来说,渗透率应随应力呈指数递减,但实验结果显示渗透率—应力呈非指数关系,这是因为裂隙压缩系数不是常数,正如 Palmer(2009)所指出的:或由于计算净应力时设 Biot 系数为 1 所致。

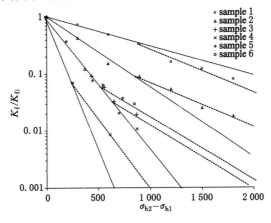

图 43　圣胡安盆地渗透率—应力数据(据 Seidle 等,1992;Palmer,2009)

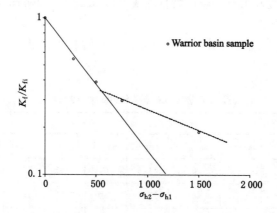

图 44　圣胡安盆地渗透率—应力数据(据 Seidle 等,1992)

3.4.6　Harpalani 和 Chen 的数据

Harpalani 和 Chen(1997)使用完好的圣胡安盆地煤块制备直径 8.9 cm 的煤样进行了渗透率测量。整个实验过程中,有效应力保持 5.4 MPa,温度恒定为 44 ℃。首先使用氦气获得 Klinkenberg 修正系数,氦气压力从 5.2~0.34 MPa 不等。样品内压力梯度保持在 0.21~0.26 MPa 之间。氦气的渗透率与孔隙压力关系如图 45 所示。

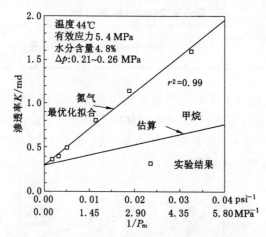

图 45　渗透率与平均气体压力倒数的关系(氦气数据通过实验测得,
甲烷数据通过估算得到)(据 Harpalani 和 Chen,1997)

图 46 表示了煤样对 93% CH_4、5% CO_2 与 2% N_2 的气体混合物的渗透率变化,并考虑了气体滑脱与基质收缩效应。氦气测得滑脱效应如图 46 中最底部曲线所示。减去滑脱效应获得的收缩效应如图 46 的中部曲线所示。可以发现,气体压力从 6.2 MPa 降到 0.62 MPa,渗透率增加了约 17 倍;其中 12 倍是由于基质收缩,5 倍是由于气体滑脱。当气体压力大于 1.7 MPa 时,基质收缩效应占主要部分。当气体压力低于 1.7 MPa 时,气体滑脱与基质收缩效应都对渗透率起重要作用(Harpalani 和 Chen,1997)。

3.4.7　Robertson 的数据

Robertson 取 Powder River 盆地 Anderson 煤层的次烟煤与 Uinta-Piceance 盆地 Gil-

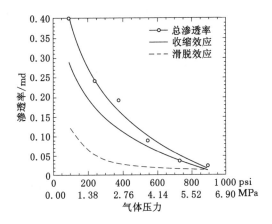

图 46　压降引起的渗透率变化（据 Harpalani 和 Chen,1997）

son 煤层的高挥发性烟煤进行研究。平行于层理面钻取岩芯,岩芯直径为 2 英寸。在 80°F 温度下使用气体测量渗透率。改变上覆荷载重复实验,直到渗透率滞后现象减为最低或消除,获得随净应力(上覆压力)变化的可重复渗透率曲线,结果如图 47 所示。图 47 表明 Anderson 01 岩芯(a)与 Gilson 02 岩芯(b)的渗透率滞后现象随重复实验而减小(Robertson,2005 年)。可从图 47 所示的结果中得到裂隙压缩系数。

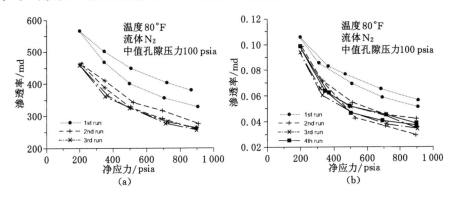

图 47　渗透率实验结果显示渗透率滞后现象随重复的实验逐渐减小（据 Robertson,2005）

另一系列实验,围压恒定在 1 000 psia,改变孔隙压力。高净应力作为初始应力条件,与变上覆压力实验(要求较低的初始孔隙压力)一致。由于孔隙压力发生变化,所以气体的吸附作用与由此导致的应变依据气体种类的不同,在不同程度上影响渗透率。对渗透率进行了实时监控,在渗透率趋于平衡后改变压力(Robertson,2005),结果如图 48 所示。

通过光学法,使用与渗透率实验中同一煤块的样品测量气体吸附引起的线性应变。在 1 000 psia(6.8 MPa)压力下,注入 CO_2、CH_4 及 N_2 对两个煤样进行了无约束应变测量(Robertson,2005)。对比不同气体吸附作用导致的应变曲线,发现 CO_2 吸附会导致最大应变,然后是 CH_4 及 N_2,如图 49 所示。处于不同气体中的两块煤,其膨胀曲线的朗缪尔形式方程参数如表 11 所示。

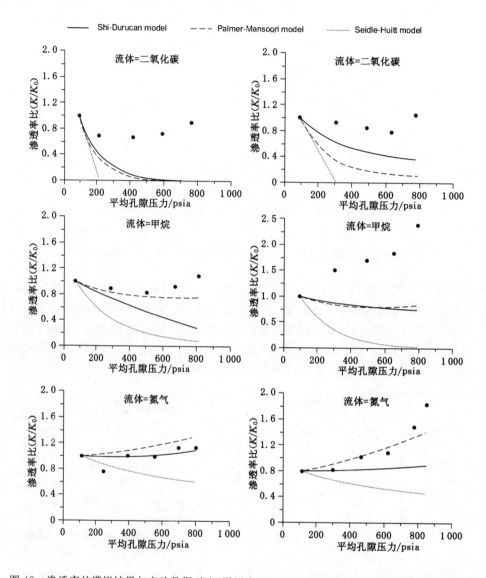

图 48 渗透率的模拟结果与实验数据对比(围压为 1 000 psia,温度为 80°F)(据 Robertson,2005)

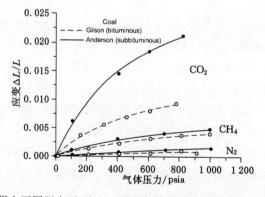

图 49 两种煤在不同压力下,注入三种纯气体的应变曲线(据 Robertson,2005)

表 11　80°F(26.7°C)下，Anderson 煤与 Gilson 煤吸附应变的朗缪尔常数（据 Robertson，2005）

气体	煤	S_{max}	P_L/psia
CO_2	Anderson	0.034 47	529.19
	Gilson	0.015 96	581.32
CH_4	Anderson	0.007 77	618.98
	Gilson	0.009 58	1 070.82
N_2	Anderson	0.004 29	1 891.44
	Gilson	0.001 12	348.41

图 49 中实心圆为 Anderson 煤的应变数据，虚心圆为 Gilson 煤的应变数据，曲线为使用朗缪尔形式方程的拟合结果。

Robertson(2005)也报告了混合气体（51% N_2 + 49% CO_2）吸附引起的膨胀应变，如图 50 所示。但是，并未报告纯气体或混合气体的等温吸附线，因此无法研究吸附量与膨胀应变之间的关系。

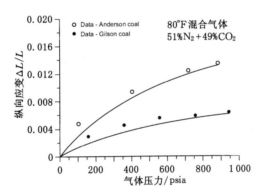

图 50　吸附 51% N_2 与 49% CO_2 的混合气体造成的 Anderson 煤与 Gilson 煤应变（据 Robertson，2005）

使用三个渗透率模型（即 Shi-Durcan、Palmer-Mansoori 及 Seidle-Huitt 模型）来拟合渗透率实验结果，如图 48 所示（Robertson，2005）。模型并未取得很好的拟合，原因是实验条件不同于模型中假设的单轴条件，实验中无侧限约束，并不能如模型预期那样闭合裂隙。因此，实验数据表现了更大的反弹，但是模型可以预测渗透率随孔隙压力增加而递减的趋势。

3.4.8　Mazumder 等人的数据

本项工作测量了两个煤样，分别来自英国南威尔士煤田（Selar Cornish）与德国 Warndt Luisenthal（万德—路易森塔尔）煤田（Mazumder 等，2006）。样品特性如表 12 所示。

表 12　样品特性（据 Mazumder 等，2006）

样品	煤阶 R_{max}/%	长度/mm	半径/mm	特定表面积/(m²/g)	微孔体积/(cm³/g)
Selar Cornish	2.41	268	72	208	0.071
Warndt Luisenthal	0.71	154	74.78	104	0.035 45

实验测量了两个煤样随孔隙压力变化的渗透率。Warndt Luisenthal 煤的有效应力保持在 6 MPa 左右,Selar Cornish 煤的有效应力保持在 4 MPa 左右,结果如图 51 所示。有效应力恒定时,渗透率随孔隙压力增加。这与 Harpalani 和 Chen(1997)的结果形成了对比,Harpalani 和 Chen 表明,有效应力恒定条件下,渗透率随孔隙应力递减。

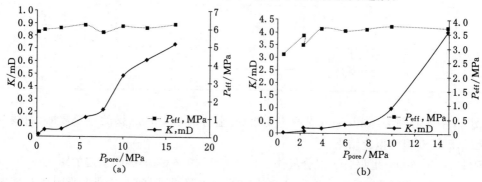

图 51　渗透率与孔隙压力的关系(据 Mazumder 等,2006)
(a) Warndt Luisenthal 煤;(b) Selar Cornish 煤

注氦气进行测试(用于估算煤的力学特性)后,测量了煤样的膨胀情况(Mazumder 等,2006),这样就可以从总应变中筛选出吸附应变。注氦气实验结果如图 52 所示。通过注 CO_2 确定在 4 MPa 恒定有效应力下膨胀与平均孔隙压力的关系。两个煤样的膨胀结果如图 53 所示。但是,测得的应变无法通过朗格缪尔形式方程进行匹配(图 53 中标识的理论应变)(Mazumder 等人,2006 年)。

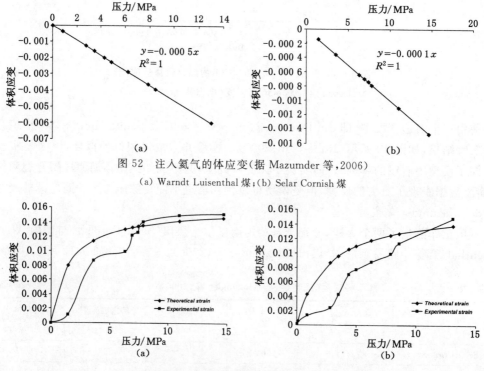

图 52　注入氦气的体应变(据 Mazumder 等,2006)
(a) Warndt Luisenthal 煤;(b) Selar Cornish 煤

图 53　实验应变与理论应变(据 Mazumder 等,2006)

3.4.9 Pini 等人的数据

Pini 等人(2009)使用瞬态法在静水压力下测得了煤样的气体渗透率。He、N_2 及 CO_2 均以 10~80 bars 的压力,在 60~140 bars 的围压下注入。注氦气用以确定煤样的力学特性参数,注 N_2 及 CO_2 的实验用以研究吸附膨胀作用对流动的影响。所用的煤来自苏尔其斯煤区(意大利撒丁岛)Monte Sinni 煤矿。

实验采用瞬态法,因其在高压实验中测量压力而非流速,这项技术已被广泛用于测量岩石的渗透率,尤其是低渗透率岩石(Pini 等,2009)。结果表明,渗透率随有效压力的减少而增加。注入吸附性气体时,吸附膨胀造成渗透率下降,CO_2 的吸附膨胀作用比 N_2 明显。He、CO_2 及 N_2 的渗透率与膨胀应变的结果分别如图 13~图 15、表 13~表 15 所示。Pini 等人(2009)也测量并报告了样品的吸附结果。

表 13　45 ℃下注氦气时,各瞬时步骤末获得的孔隙率与渗透率数据(据 Pini 等,2009)

P_c/bars	P_{aq}/bars	ε/%	$k/\times 10^3$ mdarcy
60	20.0	1.48	5.01
	35.1	1.97	11.82
	35.5	1.98	12.07
100	9.3	0.56	0.28
	10.0	0.57	0.29
	20.1	0.69	0.51
	24.1	0.75	0.65
	25.6	0.77	0.70
	34.2	0.90	1.15
	34.6	0.91	1.17
	39.4	1.00	1.55
	40.0	1.01	1.60
	41.3	1.03	1.72
	54.9	1.34	3.74
	55.8	1.36	3.93
	57.5	1.41	4.32
	71.1	1.83	9.42
	72.8	1.88	10.36
	74.2	1.94	11.24
140	20.0	0.32	0.05
	32.7	0.41	0.11
	33.1	0.41	0.11

表 14　45 ℃下注 CO_2 时，各瞬时步骤末获得的孔隙率与渗透率数据（据 Pini 等，2009）

P_c/bars	P_{aq}/bars	ε/%	$k/\times 10^3$ mdarcy
50	4.8	1.08	1.95
	18.3	0.98	1.45
75	15.3	0.67	0.46
	18.3	0.61	0.35
100	4.9	0.42	0.11
	9.3	0.39	0.09
	10.1	0.39	0.09
	17.6	0.38	0.08
	21.9	0.38	0.09
	22.0	0.38	0.09
	23.4	0.38	0.09
	35.6	0.42	0.11
	36.9	0.42	0.12
	39.2	0.43	0.13
	48.3	0.48	0.17
	50.3	0.49	0.19
	54.6	0.52	0.22
	60.0	0.56	0.28
	77.5	0.73	0.60

表 15　45 ℃下注入 N_2 时，各瞬时步骤末获得的孔隙率与渗透率数据（据 Pini 等，2009）

P_c/bars	P_{aq}/bars	ε/%	$k/\times 10^3$ mdarcy
100	10.1	0.52	0.22
	24.4	0.61	0.36
	25.5	0.62	0.37
	39.0	0.73	0.61
	40.8	0.75	0.65
	53.8	0.88	1.07
	56.1	0.91	1.18
	68.6	1.08	1.96
	73.6	1.16	2.42

3.4.10　Pan 等人的数据

Pan 等人（2010a）使用三轴压力装置来测量一系列孔隙压力下的气体渗透率、吸附、膨胀和煤样的地质力学特性，实验气体包括 CH_4、CO_2 和 He。孔隙压力最高达到 13 MPa，围压最高达到 20 MPa。根据实验数据计算出了如裂隙压缩系数、杨氏模量、泊松比与吸附引起的膨胀等特性。对一个澳大利亚煤样进行的测量表明,渗透率随围压与孔隙压力的增加而下降。渗透率随孔隙压力增加而下降是由于吸附引起的煤膨胀。煤样的地质力学特性随气体压力与气体种类而变化。Pan 等人(2010a)实验表明,在有效应力恒定条件下,渗透率随孔隙压力增加而下降,下降幅度根据气体种类而不同。图 54 表明,裂隙压缩系数也与气体种类有关,所以在建立渗透率模型时也应考虑气体种类的影响。

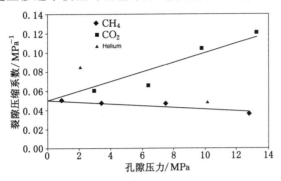

图 54 注 He、CH_4 及 CO_2 得到的裂隙压缩系数(据 Pan 等,2010a)

3.4.11 Huy 等人的数据

使用美国核心实验室的相对渗透率实验仪器,对越南、澳大利亚与中国的煤样进行了 CO_2 渗透率测量,调查有效应力对气体渗透率的作用。煤样施加的应力荷载从 1 MPa 增至 6 MPa。平均气体压力(孔隙压力)从 0.1~0.7 MPa 不等。越南、澳大利亚与中国煤样的实验结果分别如图 55~图 57 所示。结果表明,渗透率随有效应力且呈指数递减,且低渗透率煤样减少的程度更大,这可能归因于孔隙尺寸比较小,有效应力增大时,微裂缝变窄,某些裂缝甚至完全闭合。因此,渗透率在高有效应力下大大下降,当有效应力大于 5 MPa 时,气体渗透率甚至为零(MK-1 样品)(Huy 等,2010)。

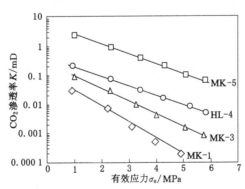

图 55 越南煤样的气体渗透率与有效应力关系(据 Huy 等,2010)

3.4.12 Kiyama 等人的数据

为验证日本夕张煤田 ECBM 试验的渗透率与注入能力下降的关系,Kiyama 等人进行了实验室气体渗透率与煤膨胀应变测量。煤芯取自 Ishikari 盆地露天矿山的 Bibai 煤层。Kiyama 进行了一系列 CO_2 与 N_2 注入实验,驱替之前吸附的 N_2 或 CO_2(Kiyama 等,2011)。

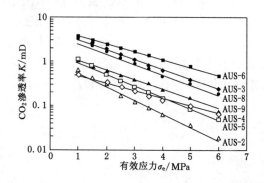

图 56　澳大利亚煤样的气体渗透率与有效应力关系（据 Huy 等,2010）

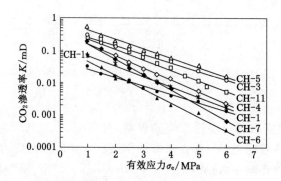

图 57　中国煤样的气体渗透率与有效应力关系（据 Huy 等,2010）

图 58 表示了孔隙压力与渗透率的关系。图中,G 代表气体,SC 代表超临界。三次注气实验中,当注入到煤样的流体体积大于孔隙体积,则认为先前存在于煤样中的孔隙流体将完全被注入的流体取代。进行第一次 CO_2 注入实验前,通过注入 N_2 估测在有效应力为 1 MPa、孔隙压力为 10 MPa 下,渗透率为 $5.6×10^{-4}$～$8.5×10^{-4}$ 达西。向充满 N_2 的煤样注入超临界 CO_2 时,渗透率下降至 $2.2×10^{-4}$～$2.4×10^{-4}$ 达西。重新向充满 CO_2 的样品注入 N_2 后,估测渗透率为 $2.4×10^{-4}$～$2.6×10^{-4}$ 达西(相比于注入 CO_2 实验测得的渗透率,仅观察到轻微的恢复)。对充满 N_2 的样品进行第二次 CO_2 注入试验,当流量到达稳定状态时,渗透率为 $1.8×10^{-4}$～$2.3×10^{-4}$ 达西(渗透率有轻微下降,但与第一次注入 CO_2 实验测得的

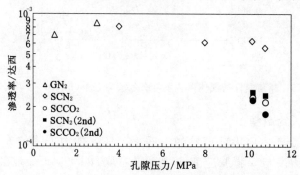

图 58　渗透率与孔隙压力关系（据 Kiyama 等,2011）

渗透率相差无几)(Kiyama 等,2011)。

当向充满 N_2 的样品第一次注入超临界 CO_2 时,最靠近进气口的应变计首先检测到约 5 000~8 000 μm 的膨胀位移,在注入 30 min 内,其他应变计按距离顺序依次检测到位移。然后向充满 CO_2 的煤芯注入 N_2 时,靠近进口的应变计依次检测到收缩位移。当第二次向充满 N_2 的煤样再次注入超临界 CO_2 时,应变计检测到与第二次 N_2 注入前相同的膨胀位移。应变结果与渗透率结果可以共同用于验证渗透率模型(Kiyama 等,2011)。

3.5 ECBM 实验室数据

实验室进行的 ECBM 实验可通过历史拟合注入与生产数据来描述渗透率变化。因为这些实验通常在恒定的孔隙压力与围压下进行,所以可以更容易测得因膨胀/收缩而导致的渗透率行为。

3.5.1 Tsotsis 等人的数据

Tsotsis 等人进行了数次实验,研究来自伊利诺伊州詹姆斯敦煤层的高挥发性烟煤样品在 CO_2 封存期间的煤层气生产行为(Tsotsis 等,2004)。真空排气后,使煤样在 CH_4 气体中渗透平衡,然后向煤样注入额外的 CH_4,重复本步骤,直到在预设的压力与温度下,煤样完全充满甲烷为止。一旦样品完全充满 CH_4,便开始 CO_2 封存实验。下游压力与 CO_2 注入速率或上游压力都可以被控制。随着 CO_2 渗入样品,可连续测量出气口处的流动速率及气体组分(Tsotsis 等,2004)。

图 59 为模拟 CO_2 封存实验的数据。本实验在室温(22~23 ℃)下进行,保持下游与上游压力分别恒定在 25.14 bar 与 28.59 bar。出口气流的组分是一个无量纲量,定义为:排出气体的体积除以 CO_2 封存实验开始前样品吸收的甲烷体积,后者为加入系统的总甲烷量减去系统中"无效区"的甲烷量(Tsotsis 等,2004)。

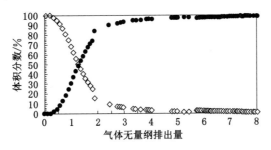

图 59 CH_4(空心菱形)与 CO_2(实心点)体积分数与气体无量纲排出量之间的关系(据 Tsotsis 等,2004)

图 60(a)为另一个 CO_2 封存实验。该实验中,下游压力保持在 28.59~28.93 bar,CO_2 注入速率在标准情况下设为 86.8 mL。图 60(a)中除气体组分外,也绘制了无量纲甲烷采收率。图 60(b)表示 CO_2 的无量纲封存量(即注入的 CO_2 量减去排出量,再除以原先注入的甲烷总量)。实验结束时,CO_2 无量纲封存量为 0.91,减去空体积里的甲烷与二氧化碳后得出每 1.95 摩尔 CO_2 驱替 1 摩尔甲烷,这与 Tsotsis 等人(2004)的吸附实验十分吻合。

3.5.2 Jessen 等人的数据

Jessen 等人对怀俄明州粉河盆地煤层的样品,使用甲烷、二氧化碳及氮气进行等温吸附实验和孔隙率渗透率实验。样品是平均颗粒尺寸为 0.25 mm 的底煤,被压缩为圆柱形(Jes-

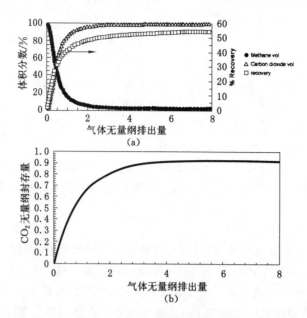

图 60 (a) 甲烷与二氧化碳体积分数、甲烷采收率与气体无量纲排出量的关系；
(b) 二氧化碳无量纲封存量与气体无量纲排出量的关系(据 Tsotsis 等,2004)

sen 等,2008)。使用 N_2 或 CO_2 驱替 CH_4,进行了一系列实验。但是因为这些样品不是自然煤,因此无法保留裂隙结构,这些数据对描述渗透率行为的价值有限。

3.5.3 Yu 等人的数据

Yu 等人的实验中使用中国北部沁水盆地的晋城矿区与潞安矿区煤样,该地区为"中国 CBM 技术研发/CO_2 封存"中加合作项目的小型试点,同时也是中国首个商业开发的 CBM 盆地(Yu 等,2008)。

向样品注入 CH_4 后,在 4.5 MPa 压力下注入 CO_2。晋城煤(a)与潞安煤(b)解吸气体中的 CO_2 与 CH_4 的量与体积分数如图 61 所示。潞安煤样的出口压力从 4.16 MPa 降至 0 MPa,晋城煤样的出口压力从 4.01 MPa 降至 0 MPa。潞安煤样 CH_4 解吸量为 2 619 cm^3,晋城煤样 CH_4 解吸量为 3 140 cm^3。潞安煤样 CO_2 解吸量为 262 cm^3,晋城煤样 CO_2 解吸量为 260 cm^3。与 CH_4 相比,CO_2 解吸量很小,分别占晋城煤与潞安煤解吸混合气体的 7.60%

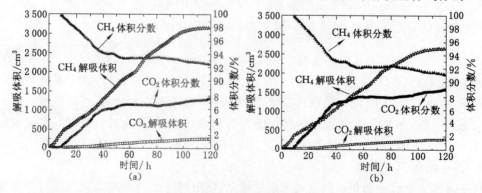

图 61 晋城煤(a)与潞安煤(b)的 CH_4、CO_2 解吸量及体积分数变化(据 Yu 等,2008)

与9.08%。CO_2驱替CH_4的初始阶段没有CO_2突破。随着驱替的CH_4量增加,CO_2出现突破,CO_2突破比较稳定(Yu等,2008)。

3.5.4 Mazumder与Wolf的数据

Mazumder和Wolf(2008)对比利时Beringen煤矿(Beringen 770)、波兰Silezia煤矿(Silezia 315 II)与英国Tupton煤矿的样品进行了五个不同的驱替实验(Mazumder和Wolf,2008)。样品描述及实验条件如表16所示。

表16 吸附实验的煤样描述、实验条件、注入速率以及和甲烷饱和度(据Mazumder和Wolf,2008)

样品	长度/mm	直径/mm	中值压力/MPa	有效压力/MPa	注入速率/(mL/h)	自由甲烷气/mol	吸附甲烷量/mol
I(Beringen 770)	334.00	69.50	4.3	3.61	6	0.43	0.61
II(Beringen 770)	178.30	69.50	8.12	2.01	0.7	0.402	0.83
III(Silezia 315 II)	200.50	69.50	8.325	22.5	1	0.133 7	0.291 3
IV(Silezia 315 II)	200.50	69.50	9.08	1.59	1	0.517 6	0.409
V(Tupton)	227.00	75.00	22.85	3.195	1	1.567 2	0.431 8

实验条件从亚临界CO_2到超临界CO_2。对比利时Beringen 770样品进行了实验一与实验二实验,两个实验均在干燥的煤样上进行。对波兰Silezia 315 II样品进行了实验三与实验四实验,实验三在湿平衡的煤样上进行,实验四在干燥的煤样上进行。湿度对驱替率影响很明显。在23 MPa的高平均孔隙压力下对英国Tupton干燥煤样进行了实验五。

因为样品中各处气压不同,所以有效应力的计算中使用两端气压的平均值。因为渗透率是有效应力的函数,所以在实验期间保持有效应力恒定。仅当满足所有平衡条件时,才能使用测量的流量来计算渗透率。图62表示干燥的Silezia 315 II煤在约束条件下,根据实验得到的渗透率曲线。更多实验数据可参见Mazumder和Wolf(2008)及Mazumder等人(2008)的资料。

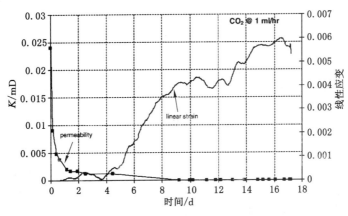

图62 根据实验四获得Silezia 315 II干煤渗透率变化曲线(据Mazumder和Wolf,2008)

3.5.5 Connell等人的数据

Connell等人在2 MPa与10 MPa的孔隙压力下,对澳大利亚Bowen盆地的煤样进行了驱替实验,对充满甲烷的岩样注入氮气或烟气(90%氮气及10%CO_2)进行驱替。氮气驱替结束后,注入甲烷反驱替氮气,以调查气体驱替过程中的滞后性。图63表示在2 MPa孔隙压力下,使用纯N_2来替换甲烷以及甲烷反驱替氮气的实验结果。不同压力条件下注入烟气的实验结果可参见Connell等人资料(2011)。为描述实验期间的渗透率行为,在储层模拟器SIMED II中使用了Connell、Lu和Pan的流体静力渗透率模型(Connell等,2011a)。氮气/甲烷驱替过程中的气体流动速率、突破时间以及总质量平衡的实验观察与模拟结果比较吻合。驱替开始前,对样品进行了特性测试,包括等温吸附线、气体吸附膨胀情况、裂隙压缩系数及地质力学特性,减少了历史拟合需要的未知参数(Connell等,2011)。

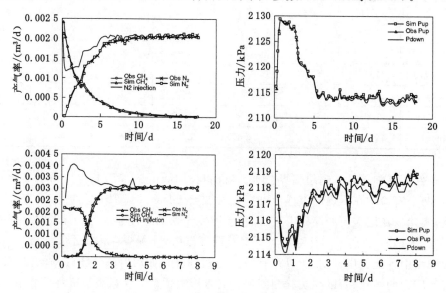

图63 2 MPa气体压力驱替过程中,模拟和实验测得的流动速率(左)以及
上游压力P_{up}、下游压力P_{down}(右)(据Connell等,2011)
上面的图是N_2置换CH_4;下面的图为CH_4置换N_2。

4. 讨论

从以上综述中可见,有大量煤层渗透率模型,且现场及实验室测量方面取得了良好的进展。但由于煤储层渗透率的复杂性,仍存在不确定性,需要进一步调查。本节侧重指出下一步工作。

4.1 储层应变与应力条件

抽采煤层气或注气提高煤层气抽采期间,煤层内孔隙压力与气体含量会发生变化。孔隙压力变化导致煤层固体结构与孔隙结构发生压缩;气体含量变化导致煤基质应变。这些应变将改变储层应力状态。对于各向同性且应力应变为线弹性的煤,这种应力应变关系可用方程(21)表示。为简化渗透率模型,如方程(43)与方程(50),可以使用两个假设:单轴应变与恒定上覆岩层应力。单轴应变是指水平面内的应变为零,只发生垂向应变(Palmer和Reeves,2007)。恒定上覆岩层应力是指因上覆岩层重量而造成恒定的垂向应力。一个关键的问题是,这种假设的准确性如何,尤其是在生产井或注入井区域。储层的其他部分仍为弹性边界,并不能严格符合单轴应变。此外,还有一个问题是,因煤层变形而造成的煤层顶部与底部剪切应力如何影响恒定上覆岩层应力。

为调查这些问题,Connell(2009)使用了流动与地质力学耦合模型,发现由于应力拱,靠近井筒的垂向应力并非恒定;在未压裂的生产井中,渗透率增加了2~3倍。这些结果表明,恒定的上覆岩层应力可能造成某些不准确性,尤其是在井周围。如果使用不同的上覆岩层应力假设,渗透率预测值会明显不同。

另一个假设是定体积,这种假设认为压缩导致的煤基质尺寸减小量等于裂隙开度的增大量(Ma等,2011)。因此,煤层气抽采过程中,煤层的体积不变。但实际上煤层体积可能从初始状态减少0.05%~0.28%(Massarotto等,2009)。因此,恒定体积假设的准确性需要进一步调查。

有观点认为,抽采过程中基质收缩导致应力增加,从而引起煤层破坏。煤层破坏可造成渗透率增加(Palmer和Mansoori,1996)。单轴应变的实验中也观察到了这一影响,在单轴应变条件下CO_2替换甲烷时,煤样容易发生破坏。原因可能是由于煤的非均质与各向异性,在微观层面发生了不均匀膨胀,造成样品破坏。在硬质岩石中观察到热循环存在强烈的类似行为,即导致岩石弱化。如果煤随CO_2注入而容易破坏,则会影响到煤层渗透率和注入能力(Harpalani和Mitra,2010)。在煤渗透率建模中表达这一行为是一个难题。

流动与地质力学的耦合过程虽然复杂,但可以揭示煤层气抽采及提高煤层气抽采过程中储层应力应变过程。这种耦合方法可扩展到研究煤层破坏及其对煤层渗透率的影响。流动与地质力学耦合方法由于其简单性,在储层模拟中经常被使用,有利于开发渗透率模型。

4.2 有效应力系数和Biot系数

之前大多数渗透率建模工作中,煤的Biot系数或有效应力系数通常设为1。实验结果表明,Biot系数小于1(Chen等,2011;Zhao等,2003)。根据Biot的孔隙弹性理论(Biot,1941),Biot系数可通过以下方程确定(Nur和Byerlee,1971;Robin,1973):

$$\alpha = 1 - K/K_s \tag{73}$$

其中,K是煤岩的体积模量;K_s是固体颗粒的体积模量。需要注意的是方程(73)针对单孔隙岩石。对于煤等双孔隙介质,有三种体积模量:① 包括裂隙的煤岩体积模量(K);② 煤基质的体积模量(K_m);③ 煤固体颗粒的体积模量(K_s)。目前尚不清楚这三种体积模量如何影响有效应力系数,但是有效应力系数对渗透率模型的影响很大。如果假设有效应力系数为1,将导致压降过程中过高估计有效应力变化,因此会过高估计渗透率变化。

Connell等人(2010b)对Bowen盆地和猎人谷煤样的固体体积模量、煤岩体积模量以及Biot系数进行了测定。猎人谷煤样的Biot系数为0.8,Bowen盆地煤样的Biot系数为0.87。使用这些Biot系数值计算出的渗透率与使用Shi-Durucan模型(Biot为1)计算出的渗透率对比,发现渗透率的差异最高达15%。

关于有效应力影响渗透率的另一个问题是,使用什么有效应力进行渗透率建模。例如,Shi-Durucan模型(2004a)使用的是水平应力变化。Cui和Bustin(2005)模型使用平均应力变化,包括水平和垂直应力变化。Mazumder等人(2006)指出裂隙渗透率主要由作用在裂隙上的水平有效应力决定。但是平行于裂隙的有效应力变化对渗透率的影响需要进一步调查,尤其考虑到面裂隙与端裂隙、煤层的各向异性等。

4.3 裂隙压缩系数

渗透率与裂隙压缩系数通过应力—渗透率关系方程(15)直接关联。因此裂隙压缩系数是渗透率建模的重要参数之一。在一定程度上,裂隙压缩系数直接关系到裂隙孔隙率以及裂隙的弹性行为(Harpalani,1999)。目前普遍认为裂隙压缩系数并非恒定不变。实验室测量结果表明,裂隙压缩系数会随着有效应力(Durucan 和 Edwards,1986)、气体类型和气体压力(Pan 等,2010a)而变化。McKee 等人(1988)提出了一个指数方程(54)描述裂隙压缩系数随应力的变化,Robertson 和 Christiansen(2006)在其渗透率模型中使用了这一指数方程。Shi-Durucan(2010)使用 McKee 等人(1988)的指数关系拟合了一组现场渗透率数据,并取得了良好的效果。但是,裂隙压缩系数与裂隙孔隙率、裂隙地质力学特性的关系尚未确定。此外,裂隙压缩系数与气体类型、气体含量以及气体压力之间的关系尚未准确确定,因为可用的测量结果有限。而且,裂隙压缩系数如何随气体和水的二相流变化也尚不确定。这些在模拟煤层气体流动中十分重要。

4.4 煤炭地质力学特性

压降期间煤的强度可能会增加(即杨氏模量可能会增加),因为裂隙无法在表面粗糙处、煤固体或矿物处完全闭合,这会减少应力对渗透率的影响(Palmer 和 Mansoori,1996)。实验室测量结果证实,煤随着围压的增加而变得坚硬(Gentzis 等,2007;Massarotto 等,2011;Pan 等,2011)。实验室测试中,澳大利亚猎人谷的煤样在有效应力从 1 MPa 增加至 3 MPa 时,杨氏模量增幅超过 20%(Pan 等,2011)。来自 Bowen 盆地的第二个样品中,有效应力从 2 MPa 上升至 12 MPa 时,杨氏模量明显增加(Massarotto 等,2011)。由于煤的非线弹性(尤其是低阶煤)而使有效应力显著变化,这在渗透率建模时需要进行考虑。

煤的地质力学特性,如杨氏模量也随着气体类型和气体压力及温度而变化(Pan 等,2011;Viete 和 Ranjith,2006)。但是,这一行为尚未被很好地研究。

4.5 膨胀/收缩和渗透率的各向异性

目前煤渗透率建模的重点在于各向同性表现,然而煤的多种特质包括渗透率,均具有高度的各向异性。近年来出现一些各向异性渗透率建模工作。各向异性对于低阶煤更重要,因为低阶煤的性质比高阶煤具有更明显的各向异性,例如膨胀的各向异性行为(Day 等,2008)。但是膨胀各向异性对渗透率的影响尚未得到很好的解决。

水平井与多分支水平井更应该考虑渗透率的各向异性,这对煤层气抽采非常重要。垂直于分支井的渗透率对产气起关键作用,其随着应力方向和膨胀方向而变化的行为对预测生产很重要。此外,煤特性(如杨氏模量和裂隙压缩系数)的各向异性也需要进行调查。这也为实验室测试提出了挑战,例如如何分别测量面裂隙和端裂隙的压缩系数。测量各向异性行为应该采用三轴装置(Massarotto 等,2010)。

在大部分建模工作中,垂向渗透率常常被忽略,因为层里面受上覆地层的压力经常对流体流动没有贡献(Harpalani,1999)。Gash 等人(1992)指出,面裂隙渗透率与垂向渗透率的比为 144.3,端裂隙渗透率与垂向渗透率的比为 78.2,面裂隙和端裂隙的渗透率比为 1.84(Mavor 和 Gunter,2006)。相比水平面内的渗透率,此煤样的垂向渗透率可以忽略不计。然而,通常垂向渗透率被假定为水平渗透率的 1/10(Shi 等,2008)。因此,垂向渗透率对于厚煤层以及水平井十分重要。

5 结论

煤绝对渗透率的行为是煤层甲烷运移的关键。本文对煤层渗透率建模以及实验数据进行了综述。现已存在很多渗透率模型，并且不断有新模型被提出。有些模型很受欢迎，如 Palmer-Mansoori 和 Shi-Durucan 模型。这些简洁模型将基质收缩效应和孔隙压缩效应都包含在方程中。然而将煤层渗透率与气体含量和地质力学行为相结合，仍然很复杂。也有一些行为还未缺乏研究，例如膨胀的各向异性以及地质力学特性，仅在近年来才加以考虑，应该就此开展更多的工作。

尽管可以推导更为复杂的模型来更好地模拟渗透率行为，但模型应便于应用。我们目标在于降低模型复杂性（和参数要求）的同时准确表现气体的运移过程。因此，不论哪个模型，重点在于其如何表现储层性能的真实情况，在建模中隐式和显式的假设及近似需要能很好地代表真实情况。这对于煤储层中的气体运移过程极具挑战性，因为测量观测成本较高，测量结果往往有限且具有不确定性。为了更好地提高我们对煤储层渗透率行为的理解，还需进行更多工作。

致谢

感谢 CSIRO Advanced Coal Technology Portfolio 的资金支持。感谢 Zhongwei Chen 先生、Guiqiang Zheng 先生以及 Hongyan Qu 女士在本文编写过程中提供的帮助。

Reprinted and translated from International Journal of Coal Geology, Vol 92, Zhejun Pan, Luke D. Connell, Modelling permeability for coal reservoirs: a review of analytical models and testing data, p. 1-44, Copyright(2012), with permission from Elsevier.

参考文献

Bai, M., Elsworth, D., 2000. Coupled Processes in Subsurface Deformation, Flow and Transport. American Society of Civil Engineers Press, Reston, Va.

Biot, M. A., 1941. General theory of three-dimensional consolidation. Journal of Applied Physics 12 (2), 155-164.

Bodden, W. R., Ehrlich, R., 1998. Permeability of coals and characteristics of desorption tests, implications for coalbed methane production. International Journal of Coal Geology 35 (1-4), 333-347.

Brown, S. R., 1987. Fluid flow through joints: the effect of surface roughness. Journal of Geophysical Research 92 (B2), 13337-13347.

Chaianansutcharit, T., Chen, H.-Y., Teufel, L. W., 2001. Impacts of permeability anisotropy and pressure interference on coalbed methane (CBM) production. SPE Rocky Mountain Petroleum Technology Conference. Society of Petroleum Engineers, Keystone, Colorado.

Chen, Z., Pan, Z., Liu, J., Connell, L. D., Elsworth, D., 2011. Effect of the effective stress coefficient and sorption-induced strain on the evolution of coal permeability: experimental observations. International Journal of Greenhouse Gas Control 5 (5),1284-1293.

Chikatamarla, L. ,Cui, X. ,Bustin, R. M. ,2004. Implications of volumetric swelling/ shrinkage of coal in sequestration of acid gases. Proceedings of International Coalbed Methane Symposium,Tuscaloosa,Alabama,Paper 0435.

Clarkson,C. R. ,Bustin,R. M. ,1997. Variation in permeability with lithotype and maceral composition ofCretaceous coals of the Canadian Cordillera. International Journal of Coal Geology 33 (2),135-151.

Clarkson,C. R. ,McGovern,J. M. ,2003. A new tool for unconventional reservoir exploration and development applications. Paper 0336 presented at the International Coalbed Methane symposium,Tuscaloosa Alabama,USA,5-7 May.

Clarkson,C. R. , McGovern,J. M. ,2005. Optimization of coalbed-methane-reservoir exploration and development strategies through integration of simulation and economics. SPE Reservoir Evaluation & Engineering,pp. 502-519. December,SPE 88843.

Clarkson,C. R. ,Bustin,R. M. ,Seidle,J. P. ,2007. Production-data analysis of single-phase (gas) coalbed-methane wells. SPE Reservoir Evaluation and Engineering 10 (3), 312-331.

Clarkson,C. R. ,Jordan,C. L. ,Gierhart,R. R. ,Seidle,J. P. ,2008a. Production data analysis of coalbed-methane wells. SPE Reservoir Evaluation and Engineering 11 (2), 311-325.

Clarkson,C. R. ,Pan,Z. ,Palmer,I. D. ,Harpalani,S. ,2008b. Predicting sorption-induced strain and permeability increase with depletion for coalbed-methane reservoirs. SPE ATCE,Denver,Colorado.

Clarkson, C. R. ,Pan,Z. ,Palmer,I. D. ,Harpalani,S. ,2010. Predicting sorption-induced strain and permeability increase with depletion for coalbed-methane reservoirs. SPE-Journal 15 (1),152-159.

Close,J. C. ,1993. Natural fractures in coal. In:Law,B. E. ,Rice,D. D. (Eds.), Hydrocarbons From Coal. :AAPG Studies in Geology, #38. American Association of Petroleum Geologists,Tulsa,Oklahoma,pp. 119-132.

Connell,L. D. ,2009. Coupled flow and geomechanical processes during gas production from coal seams. International Journal of Coal Geology 79 (1-2),18-28.

Connell,L. D. ,Detournay,C. ,2009. Coupled flow and geomechanical processes during enhanced coal seam methane recovery through CO_2 sequestration. International Journal of-Coal Geology 77 (1-2),222-233.

Connell,L. D. ,Lu,M. ,Pan,Z. ,2010a. An analytical coal permeability model for triaxial strain and stress conditions. InternationalJournal of Coal Geology 84 (2),103-114.

Connell,L. D. ,Pan,Z. ,Lu,M. ,Heryanto,D. ,Camilleri,M. ,2010b. Coal permeability and its behaviour with gas desorption,pressure and stress. Presented at SPE Asia Pacific Oil & Gas Conference and Exhibition,Brisbane,Australia. Paper Number SPE-133915.

Connell,L. D. ,Sander,R. ,Pan,Z. ,Camilleri,M. ,Heryanto,D. ,2011. History matching of enhanced coal bed methane laboratory core flood tests. International Journal of Coal Geology 87,128-138.

Cui,X. ,Bustin,R. M. ,2005. Volumetric strain associated with methane desorption and its impact on coalbed gas production from deep coal seams. AAPG Bulletin 89(9), 1181-1202.

Cui,X. ,Bustin,R. M. ,Chikatamarla,L. ,2007. Adsorption-induced coal swelling and stress,implications for methane production and acid gas sequestration into coal seams. Journal of Geophysical Research-Solid Earth 112,B10202.

Dabbous,M. K. ,Reznik,A. A. ,Taber,J. J. ,Fulton,P. F. ,1974. The permeability of coal to gas and water. SPE Journal 14 (6),563-572.

Dabbous,M. K. ,Reznik,A. A. ,Mody,B. G. ,Fulton,P. F. ,Taber,J. J. ,1976. Gas-water capillary pressure in coal at various overburden pressures. SPE Journal 16 (5), 261-268.

Day,S. ,Fry,R. ,Sakurovs,R. ,2008. Swelling of Australian coals in supercritical CO_2. International Journal of Coal Geology 74,41-52.

Durucan,S. ,Edwards,J. S. ,1986. The effects of stress and fracturing on permeability of coal. Mining Science and Technology 3 (3),205-216.

Durucan,S. ,Ahsanb,M. ,Shi,J. Q. ,2009. Matrix shrinkage and swelling characteristics of European coals. Energy Procedia 1 (1),3055-3062.

Enever,J. R. E. ,Hennig,A. ,1997. The relationship between permeability and effective stress for Australian coals and its implications with respect to coalbed methane exploration and reservoir modelling. Int. Coalbed Methane Symposium,Tuscaloosa,Paper no. 9722.

Fujioka,M. ,Yamaguchi,S. ,Nako,M. ,2010. CO_2-ECBM field tests in the Ishikari Coal Basin of Japan. International Journal of Coal Geology 82 (3-4),287-298.

Gash,B. W. ,1991. Measurement of "rock properties" in coal for coalbed methane production. SPE Annual Technical Conference and Exhibition. Dallas,Texas. SPE 22909.

Gash,B. W. ,Richard,F. V. ,Potter,G. ,Corgan,J. M. ,1992. The effects of cleat orientation and confining pressure on cleat porosity,permeability and relative permeability in coal. SPWLA/SCA Symposium,Oklahoma City,Paper No. 9224.

Gentzis,T. ,Deisman,N. ,Chalaturnyk,R. J. ,2007. Geomechanical properties and permeability of coals from the Foothills and Mountain regions of western Canada. International Journal of Coal Geology 69 (3),153-164.

Gerami,S. ,Pooladi-Darvish,M. ,Morad,K. ,Mattar,L. ,2008. Type curves for dry CBM reservoirs with equilibrium desorption. Journal of Canadian Petroleum Technology 47 (7),48-56.

Gierhart,R. R. ,Clarkson,C. R. ,Seidle,J. P. ,2007. Spatial variation of San Juan basin Fruit- land coalbed methane pressure dependent permeability: Magnitude and functional form. Paper IPTC 11333 presented at the International Petroleum Technology Conference,

Dubai,4-6 December.

Gilman,A.,Beckie,R.,2000. Flow of coal-bed methane to a gallery. Transport in Porous Media 41 (1),1-16.

Gray,I.,1987. Reservoir engineering in coal seams,part 1—the physical process of gas storage and movement in coal seams. SPE Reservoir Engineering 2 (1),28-34.

Gu,F.,Chalaturnyk,R.J.,2005. Analysis of coalbed methane production by reservoir and geomechanical coupling aimulation. Journal of Canadian Petroleum Technology 44 (10),33-42.

Gu,F.,Chalaturnyk,R.J.,2006. Numerical simulation of stress and strain due to gas sorption/desorption and their effects on in situ permeability of coalbeds. Journal of Petroleum Science and Engineering 45 (10),52-62.

Gu,F.,Chalaturnyk,R.J.,2010. Permeability and porositymodels considering anisotropy and discontinuity of coalbeds and application in coupled simulation. Journal of Petroleum Science and Engineering 74 (3-4),113-131.

Ham,Y.S.,Kantzas,A.,2008. Measurement of relative permeability of coal: approaches and limitations. CIPC/SPE Gas Technology Symposium 2008 Joint Conference. Calgary,Alberta,Canada. SPE 114994.

Harpalani,S.,1999. Compressibility of coal and its impact on gas production from coalbed reservoirs. In: Amadei,Dranz,Scott,Smeallie (Eds.),Rock Mechanics for Industry,pp. 301-308.

Harpalani,S.,Chen,G.,1995. Estimation of changes in fracture porosity of coal with gas emission. Fuel 74 (10),1491-1498.

Harpalani,S.,Chen,G.,1997. Influence of gas production induced volumetric strain on permeability of coal. Geotechnical and Geological Engineering 15 (4),303-325.

Harpalani,S.,McPherson,M.J.,1986. Mechanism of methane flow through solid coal. The 27th U.S. Symposium on Rock Mechanics (USRMS),Tuscaloosa,AL.

Harpalani,S.,Mitra,A.,2010. Impact of CO_2 injection on flow behaviour of coalbed methane reservoirs. Transport in Porous Media 82,141-156.

Harpalani,S.,Schraufnagel,R.A.,1990. Shrinkage of coal matrix with release of gas and its impact on permeability of coal. Fuel 69 (5),551-556.

Harpalani,S.,Zhao,X.,1989. An investigation of the effect of gas desorption on gas permeability. Proceedings of the Coalbed Methane Symposium,University of Alabama,Tuscaloosa,Alabama,pp. 57-64.

Huy,P.Q.,Sasaki,K.,Sugai,Y.,Ichikawa,S.,2010. Carbon dioxide gas permeability of coal core samples and estimation of fracture aperture width. International Journal of Coal Geology 83 (1),1-10.

Izadi,G.,Wang,S.,Elsworth,D.,Liu,J.,Wu,Y.,Pone,D.,2011. Permeability evolution of fluid-infiltrated coal containing discrete fractures. International Journal of Coal Geology 85,202-211.

Jaeger, J. C., Cook, N. G. W., Zimmerman, R. W., 2007. Fundamentals of Rock Mechanics, 4th edition. Blackwell Publishing, Malden, MA.

Jessen, K., Tang, G.-Q., Kovscek, A. R., 2008. Laboratory and simulation investigation of ehanced coalbed methane recovery by gas injection. Transport in Porous Media 73, 141-159.

Karacan, C. O., 2003. Heterogeneous sorption and swelling in confined and stressed coal during CO_2 injection. Energy & Fuels 17, 1595-1608.

Karacan, C. O., 2007. Swelling-induced volumetric strains internal to a stressed coal associated with CO_2 sorption. International Journal of Coal Geology 72 (3), 209-220.

Kissell, F. N., Edwards, J. C., 1975. Two-phase flow in coalbeds. Bureau of Mines Report of Investigations 8066.

Kiyama, T., Nishimoto, S., Fujioka, M., Xue, Z., Ishijima, Y., Pan, Z., Connell, L. D., 2011. Coal swelling strain and permeability change with injecting liquid/supercritical CO_2 and N_2 at stress-constrained conditions. International Journal of Coal Geology 85, 56-64.

Klinkenberg, L. J., 1941. The permeability of porous media to liquids and gases. Drilling and Production Practice. American Petroleum Institute, pp. 200-213.

Koenig, R. A., Stubbs, P. B., 1986. Interference testing of a coalbed methane reservoir. SPE Unconventional Gas Technology Symposium. Society of Petroleum Engineers, Inc, Louisville, Kentucky. Copyright 1986.

Koperna, G. J., Oudinot, A. Y., McColpin, G. R., Liu, N., Heath, J. E., Wells, A., Young, G. B., 2009. CO_2-ECBM/storage activities at the San Juan Basin's Pump Canyon test site. SPE Annual Technical Conference and Exhibition, New Orleans, Louisiana.

Larsen, W. J., 2004. The effects of dissolved CO_2 on coal structure and properties. International Journal of Coal Geology 57, 63-70.

Laubach, S. E., Marrett, R. A., Olson, J. E., Scott, A. R., 1998. Characteristics and origins of coal cleat, a review. International Journal of Coal Geology 35 (1-4), 175-207.

Levine, J. R., 1996. Model study of the influence of matrix shrinkage on absolute permeability of coal bed reservoirs. Geological Society, London, Special Publications 109 (1), 197-212.

Liu, J., Elsworth, D., 1997. Three-dimensional effects of hydraulic conductivity enhancement and desaturation around mined panels. International Journal of Rock Mechanics and Mining Sciences 34 (8), 1139-1152.

Liu, H.-H., Rutqvist, J., 2010. A new coal-permeability model, internal swelling stress and fracture-matrix interaction. Transport in Porous Media 82 (1), 157-171.

Liu, J., Chen, Z., Elsworth, D., Miao, X., Mao, X., 2010. Linking gas-sorption induced changes in coal permeability to directional strains through a modulus reduction ratio. International Journal of Coal Geology 83 (1), 21-30.

Liu, J., Chen, Z., Elsworth, D., Qu, H., Chen, D., 2011a. Interactions of multiple processes during CBM extraction: a critical review. International Journal of Coal Geology 87,175-189.

Liu,J. ,Wang,J. ,Chen,Z. ,Wang,S. ,Elsworth,D. ,Jiang,Y. ,2011b. Impact of transition from local swelling to macro swelling on the evolution of coal permeability. International Journal of Coal Geology. doi:10. 1016/j. coal. 2011. 07. 008.

Lu,M. ,Connell,L. ,2007. A dual-porosity model for gasreservoir flow incorporating adsorption behaviour—part I. Theoretical development and asymptotic analyses. Transport in Porous Media 68 (2),153-173.

Ma,Q. , Harpalani, S. , Liu, S. , 2011. A simplified permeability model for coalbed methane reservoirs based on matchstick strain and constant volume theory. International Journal of Coal Geology 85 (1),43-48.

Majewska, Z. , Zietek, J. , 2007. Changes of acoustic emission and strain in hard coal during gas sorption-desorption cycles. International Journal of Coal Geology 70 (4), 305-312.

Massarotto,P. ,Golding,S. D. ,Rudolph,V. ,2009. Constant volume CBM reservoirs: an important principle. 2009 International Coalbed Methane Symposium, Tuscaloosa, Alabama. Paper 0926.

Massarotto,P. ,Golding,S. D. ,Bae,J. S. ,Iyer,R. ,Rudolph,V. ,2010. Changes in reservoir properties from injection of supercritical CO_2 into coal seams-a laboratory study. International Journal of Coal Geology 82 (3-4),269-279.

Massarotto,P. , Iyer, R. S. , Wang, F. , Rudolph, V. , 2011. Laboratory studies of the 3D mechanical properties and permeability of Australian high volatile bituminous coal. Presented at the 3rd Asia Pacific Coalbed Methane Symposium, Brisbane, Australia, May 3-6,2011.

Mavor, M. J. , Gunter, W. D. , 2004. Alberta multiwall micro-pilot testing for CBM properties, enhanced methane recovery and CO_2 storage potential. Society of Petroleum Engineers, Houston, Texas. SPE 90256. 26-29 September,2004.

Mavor,M. J. ,Gunter,W. D. ,2006. Secondary porosity and permeability of coal vs. gas composition and pressure. SPE Reservoir Evaluation and Engineering 9 (2),114-125.

Mavor,M. J. , Vaughn, J. E. , 1998. Increasing coal absolute permeability in the San Juan basin Fruitland formation. SPE Reservoir Evaluation and Engineering 1 (3),201-206.

Mazumder, S. , Wolf, K. H. , 2008. Differential swelling and permeability change of coal in response to CO_2 injection for ECBM. International Journal of Coal Geology 74(2), 123-138.

Mazumder,S. ,Plug,W. -J. ,Bruining,H. ,2003. Capillary pressure and wettability behavior of coal-water-carbon dioxide system. SPE Annual Technical Conference and Exhibition. Society of Petroleum Engineers,Denver,Colorado.

Mazumder,S. ,Karnik, A. A. , Wolf, K. -H. A. A. , 2006. Swelling of coal in response to CO_2 sequestration for ECBM and its effect on fracture permeability. SPE Journal 11

(3),390-398.

Mazumder,S.,Wolf,K. H. A. A.,van Hemert,P.,Busch,A.,2008. Laboratory experiments on environmental friendly means to improve coalbed methane production by carbon/dioxide/flue gas injection. Transport in Porous Media 75,63-92.

McGovern,M.,2004. Allison Unit CO_2 flood: Project technical and economic review. Presented at the SPE Advanced Technology Workshop on Enhanced Coalbed Methane Recovery and CO_2 Sequestration,Denver,28-29 October.

McKee,C. R.,Bumb,A. C.,Koenig,R. A.,1988. Stress-dependent permeability and porosity of coal and other geologic formations. SPE Formation Evaluation 3(1),81-91.

Meaney,K.,Paterson,L.,1996. Relative permeability in coal. SPE Asia Pacific Oil and Gas Conference,Adelaide,Australia. SPE 36986.

Mitra,A.,Harpalani,S.,2007. Modeling incremental swelling of coal matrix with CO_2 injection in coalbed methane reservoirs. Paper SPE 111184 Presented at the SPE Eastern Regional Meeting,Lexington,Kentucky,17-19 October.

Moffat,D. H.,Weale,K. E.,1955. Sorption by coal of methane at high pressures. Fuel 34,449-462.

Nelson,C. R.,2000. Effects of geologic variables on cleat porosity tends in coalbed gas reservoirs. SPE/CERI Gas Technology Symposium,Calgary,Canada. SPE 59787.

Nur,A.,Byerlee,J. D.,1971. An exact effective stress law for elastic deformation of rocks with fluids. Journal of Geophysical Research 76,6414-6419.

Ohen,H. A.,Amaefule,J. O.,Hyman,L. A.,Daneshjou,D.,Schraufnagel,R. A.,1991. A systems response model for simultaneous determination of capillary pressure and relative permeability characteristics of coalbed methane. SPE Annual Technical Conference and Exhibition,Dallas,Texas.

Oudinot,A. Y.,Schepers,K. C.,Reeves,S. R.,2007. Gas injection and breakthrough trends as observed in ECBM sequestration pilot projects and field demonstrations. Proceedings of the 2007 International Coalbed Methane Symposium, Tuscaloosa, Alabama. Paper 0714.

Oudinot,A. Y.,Koperna,G.,Philip,Z. G.,Liu,N.,Heath,J. E.,Wells,A.,Young,G. B.,Wilson,T.,2009. CO_2 injection performance in the Fruitland coal fairway,San Juan Basin:results of a field pilot. SPE International Conference on CO_2 Capture, Storage, and Utilization,San Diego,CA,USA. 2-4 November,2009.

Palmer,I.,2009. Permeability changes in coal:analytical modeling. International Journal of Coal Geology 77(1-2),119-126.

Palmer,I.,Mansoori,J.,1996. How permeability depends on stress and pore pressure in coalbeds,a new model. SPE Annual Technical Conference and Exhibition. Denver,Colorado.

Palmer,I.,Mansoori,J.,1998. Permeability depends on stress and pore pressure in coalbeds,a new model. SPE Reservoir Evaluation and Engineering 1 (6),539-544 SPE-

52607-PA.

Palmer, I. , Mavor, M. , Gunter, B. , 2007. Permeability changes in coal seams during production and injection. Paper 0713 presented at the International Coalbed Methane Symposium, Tuscaloosa, Alabama, USA, 5-9 May.

Palmer, I. , Reeves, S. R. , 2007. Modeling changes of permeability in coal seams. Final Report, DOE Contract No. DE-FC26-00NT40924, July, 2007.

Pan, Z. , Connell, L. D. , 2007. A theoretical model for gas adsorption-induced coal swelling. International Journal of Coal Geology 69 (4), 243-252.

Pan, Z. , Connell, L. D. , 2011. Modelling of anisotropic coal swelling and its impact on permeability behaviour for primary and enhanced coalbed methane recovery. International Journal of Coal Geology 85, 257-267.

Pan, Z. , Connell, L. D. , Camilleri, M. , 2010a. Laboratory characterisation of coal reservoir permeability for primary and enhanced coalbed methane recovery. International Journal of Coal Geology 82 (3-4), 252-261.

Pan, Z. , Connell, L. D. , Camilleri, M. , Connelly, L. , 2010b. Effects of matrix moisture on gas diffusion and flow in coal. Fuel 89, 3207-3217.

Pan, Z. , Chen, Z. , Connell, L. D. , Lupton, N. , 2011. Laboratory characterisation of fluid flow in coal for different gases at different temperatures. Presented at the 3rd Asia Pacific Coalbed Methane Symposium, Brisbane, Australia, May 3-6, 2011.

Pashin, J. C. , 2007. Hydrodynamics of coalbed methane reservoirs in the Black Warrior Basin, key to understanding reservoir performance and environmental issues. Applied Geochemistry 22 (10), 2257-2272.

Paterson, L. , Meaney, K. , Smyth, M. , 1992. Measurements of relative permeability, absolute permeability and fracture geometry in coal. In: Beamish, B. B. , Gamson, P. D. (Eds.), Symp. Coalbed Methane Research and Development in Australia, Townsville, Univ. , N. Queensland.

Pattison, C. I. , Fielding, C. R. , Mc Watters, R. H. , Hamilton, L. H. , 1996. Nature and origin of fractures in Permian coals from the Bowen Basin, Queensland, Australia. In: Gayer, R. , Harris, I. (Eds.), Coalbed Methane and Coal Geology: Geological Society Special Publication, No. 109, pp. 133-150.

Pekot, L. J. , Reeves, S. R. , 2002. Modeling coal matrix shrinkage and differential swelling with CO_2 injection for enhanced coalbed methane recovery and carbon sequestration applications. Topical report, Contract No. DE-FC26-00NT40924, U. S. DOE, Washington, DC. 14-17pp.

Pekot, L. J. , Reeves, S. R. , 2003. Modeling the effects of matrix shrinkage and differential swelling on coalbed methane recovery and carbon sequestration. Proceedings of the 2003 International Coalbed Methane Symposium. University of Alabama, Tuscaloosa. Paper 0328.

Pini, R. , Ottiger, S. , Burlini, L. , Storti, G. , Mazzotti, M. , 2009. Role of adsorption and swelling on the dynamics of gas injection in coal. Journal of Geophysical Research 114 (B4), B04203.

Plug, W. -J., Mazumder, S., Bruining, J., 2008. Capillary pressure and wettability behavior of CO_2 sequestration in coal at elevated pressures. SPE Journal 13 (4), 455-464.

Puri, R., Yee, D., 1990. Enhanced coalbed methane recovery. SPE Annual Technical Conference and Exhibition. New Orleans, Louisiana. SPE 20732.

Puri, R., Evanoff, J. C., Brugler, M. L., 1991. Measurement of coal cleat porosity and relative permeability characteristics. SPE Gas Technology Symposium. Houston, Texas. SPE 21491.

Reeves, S., Oudinot, A., 2005a. The Allison unit CO_2-ECBM pilot—a reservoir and economic analysis. Proceedings of the 2005 International Coalbed Methane Symposium, Tuscaloosa, Alabama. Paper 0522.

Reeves, S., Oudinot, A., 2005b. The Tiffany unit N_2-ECBM pilot—a reservoir and economic analysis. Proceedings of the 2005 International Coalbed Methane Symposium, Tuscaloosa, Alabama. Paper 0523.

Reeves, S. R., Taillefert, A., Pekot, L., Clarkson, C., 2003. The Allison unit CO_2-ECBM pilot: a reservoir modeling study. Topical Report, DOE Contract No. DEFC26-00NT40924.

Reid, G. W., Towler, B. F., Harris, H. G., 1992. Simulation and economics of coalbed methane production in power river basin. SPE Rocky Mountain Regional Meeting. Society of Petroleum Engineers, Richardson, Texas, USA. paper 24360.

Reiss, L. H., 1980. The Reservoir Engineering Aspects of Fractured Formations. Gulf-Pub-lishing Co., Houston.

Reucroft, P. J., Patel, K. B., 1983. Surface area and swellability of coal. Fuel 62, 279-284.

Reucroft, P. J., Patel, K. B., 1986. Gas-induced swelling in coal. Fuel 65, 816-820.

Reznik, A. A., Dabbous, M. K., Fulton, P. F., Taber, J. J., 1974. Air-water relative permeability studies of Pittsburgh and Pocahontas coals. SPE Journal 14 (6), 556-562.

Reznik, A. A., Singh, P. K., Foley, W. L., 1984. An analysis of the effect of CO_2 injection on the recovery of in-situ methane from bituminous coal: an experimental simulation. SPE Journal 521-528.

Robertson, E. P., 2005. Measurement and Modeling of Sorption-Induced Strain and Permeability Changes in Coal. INL/EXT-06-11832.

Robertson, E. P., Christiansen, R. L., 2005. Measurement of sorption-induced strain. Presented at the 2005 International Coalbed Methane Symposium, Tuscaloosa, Alabama, 17-19 May. paper 0532.

Robertson, E. P., Christiansen, R. L., 2006. A permeability model for coal and other fractured, sorptive-elastic media. SPE Eastern Regional Meeting. Society of Petroleum Engineers, Canton, Ohio, USA.

Robertson, E. P., Christiansen, R. L., 2007. Modeling laboratory permeability in coal using sorption-induced strain data. SPE Reservoir Evaluation and Engineering 10(3), 260-269.

Robin, P.-Y. F., 1973. Note on effective pressure. Journal of Geophysical Research 78, 2434-2437.

Rose, R. E., Foh, S. E., 1984. Liquid permeability of coal as a function of net stress. SPE Unconventional Gas Recovery Symposium. Society of Petroleum Engineers of AIME, Pittsburgh, Pennsylvania. Copyright 1984.

Sawyer, W. K., Zuber, M. D., Kuuskraa, V. A., Horner, D. M., 1987. Using reservoir simulation and field data to define mechanisms controlling coalbed methane production. Proceedings of the 1987 Coalbed Methane Symposium, Alabama, pp. 295-307.

Sawyer, W. K., Paul, G. W., Schraufnagel, R. A., 1990. Development and application of a 3D coalbed simulator. International Technical Meeting Hosted Jointly by the Petroleum Society of CIM and the Society of Petroleum Engineers. Calgary, Alberta, Canada. CIM/SPE 90-1119.

Scherer, G. W., 1986. Dilation of porous glass. Journal of the American Ceramic Society 69(6), 473-480.

Seidle, J. R., Huitt, L. G., 1995. Experimental measurement of coal matrix shrinkage due to gas desorption and implications for cleat permeability increases. International Meeting on Petroleum Engineering. Society of Petroleum Engineers, Inc, Beijing, China. Copyright 1995.

Seidle, J. P., Jeansonne, M. W., Erickson, D. J., 1992. Application of matchstick geometry to stress dependent permeability in coals. SPE Rocky Mountain Regional Meeting. Casper, Wyoming.

Shi, J. Q., Durucan, S., 2004a. Drawdown induced changes in permeability of coalbeds: a new interpretation of the reservoir response to primary recovery. Transport in Porous Media 56(1), 1-16.

Shi, J. Q., Durucan, S., 2004b. A numerical simulation study of the Allison Unit CO_2-ECBM pilot: the effect of matrix shrinkage and swelling on ECBM production and CO_2 injectivity. Proceedings of the 7th International Conference on Greenhouse Gas Control Technologies (GHGT 7), September 5-9, Vancouver, Canada, V. 1, pp. 431-42.

Shi, J. Q., Durucan, S., 2005. A model for changes incoalbed permeability during primary and enhanced methane recovery. SPE Reservoir Evaluation and Engineering 8(4), 291-299.

Shi, J. Q., Durucan, S., 2009. Exponential growth in San Juan basin Fruitland coalbed permeability with reservoir drawdown-model match and new insights. SPE Rocky Mountain Petroleum Technology Conference, April 14-16, Denver Co.

Shi, J. Q., Durucan, S., 2010. Exponential growth in SanJuan basin Fruitland coalbed permeability with reservoir drawdown: model match and new insights. SPE Reservoir Evaluation and Engineering 13 (6),914-925.

Shi,J. Q. ,Durucan,S. ,Fujioka,M. ,2008. A reservoir simulation study of CO_2 injection and N2 flooding at the Ishhikari coalfield CO_2 storage pilot project,Japan. International Journal of Greenhouse Gas Control 2 (1),47-57.

Somerton,W. H. ,Soylemezoglu,I. M. ,Dudley,R. C. ,1975. Effect of stress on permeability of coal. InternationalJournal of Rock Mechanics and Mining Sciences & Geomechanics Abstracts 12 (5-6),129-145.

Sparks,D. P. ,McLendon,T. H. ,Saulsberry,J. L. ,Lambert,S. W. ,1995. The effects of stress on coalbed reservoir performance, Black Warrior Basin, U. S. A. SPE Annual Technical Conference and Exhibition. Society of Petroleum Engineers,Inc,Dallas, Texas. Copyright 1995.

St. George,J. D. ,Barakat,M. A. ,2001. The change in effective stress associated with shrinkage from gas desorption in coal. International Journal of Coal Geology45 (2-3), 105-113.

Sung,W. ,Ertekin,T. ,1987. Performance comparison of vertical and horizontal hydraulic fractures and horizontal boreholes in low permeability gas reservoirs: a numerical study. Proceedings of the SPE/DOE Low Permeability Reservoirs Symposium, Denver, CO,pp. 185-193.

Tsang,Y. W. ,1984. The effect of tortuosity on fluid flow through a single fracture. Water Resources Research 20 (9),1209-1215.

Tsotsis,T. T. ,Patel,H. ,Najafi,B. F. ,Racherla,D. ,Knackstedt,M. A. ,Sahimi,M. , 2004. Overview of laboratory and modelling studies of carbon dioxide sequestration in coal beds. Industrial and Engineering Chemistry Research 43,2887-2901.

vanBergen,F. ,Pagnier,H. ,Krzystolik,P. ,2006. Field experiment of enhanced coalbed methane-CO_2 in the upper Silesian basin of Poland. Environmental Geosciences 13(3), 201-224.

van Bergen,F. ,Spiers,C. ,Floor,G. ,Bots,P. ,2009. Strain development in unconfined coals exposed to CO_2 ,CH_4 and Ar,effect of moisture. International Journal of Coal Geology 77 (1-2),43-53.

van Golf-Racht,T. D. ,1982. Fundamentals of fracturedreservoir engineering. Developments in Petroleum Science,no. 12. Elsevier Scientific Publishing Company,Netherlands.

Vandamme, M. , Brochard, L. , Lecampion, B. , Coussy, O. , 2010. Adsorption and strain:the CO_2- induced swelling of coal. Journal of the Mechanics and Physics of Solids 58,1489-1505.

Viete,D. R. ,Ranjith,P. G. ,2006. The effect of CO_2 on the geomechanical and permeability behaviour of brown coal:implications for coal seam CO_2 sequestration. International Journal of Coal Geology 66 (3),204-216.

Wang,G. X. ,Massarotto,P. ,Rudolph,V. ,2009. An improved permeability model of coal for coalbed methane recovery and CO_2 geosequestration. International Journal of Coal

Geology 77 (1-2), 127-136.

Wang, G. X., Wei, X. R., Wang, K., Massarotto, P., Rudolph, V., 2010. Sorption-induced swelling/shrinkage and permeability of coal under stressed adsorption/desorption conditions. International Journal of Coal Geology 83 (1), 46-54.

Wei, Z., Zhang, D., 2010. Coupled fluid-flow and geomechanics for triple-porosity/dualpermeability modeling of coalbed methane recovery. International Journal of Rock Mechanics and Mining Sciences 47 (8), 1242-1253.

Wold, M. B., Jeffrey, R. G., 1999. A comparison of coal seam directional permeability as measured in laboratory core tests and in well interference tests. SPE Rocky Mountain Regional Meeting. Society of Petroleum Engineers Inc, Gillette, Wyoming. Copyright 1999.

Wold, M. B., Connell, L. D., Choi, S. K., 2008. The role of spatial variability in coal seam parameters on gas outburst behaviour during coal mining. International Journal of Coal Geology 75(1), 1-14.

Wong, S., Law, D., Deng, X., Robinson, J., Kadatz, B., Gunter, W. D., Ye, J., Feng, S., Fan, Z., 2007. Enhanced coalbed methane and CO_2 storage in anthracitic coals-micropilot test at SouthQinshui, Shanxi, China. International Journal of Greenhouse Gas Control 1 (2), 215-222.

Wu, Y., Liu, J., Elsworth, D., Miao, X., Mao, X., 2010. Development of anisotropic permeability during coalbed methane production. Journal of Natural Gas Science and Engineering, 2(4), 197-210.

Yamaguchi, S., Ohga, K., Fujioka, M., 2006. Field experiment of Japan sequestration in coal seams project (JCOP). Proceedings of the 8th CO_2 International Conference on Greenhouse Gas Control Technologies, Trondheim, Norway, June 19C22, 2006.

Yang, K., Lu, X., Lin, Y., Neimark, A. V., 2010. Deformation of coal induced by methane adsorption at geological conditions. Energy & Fuels 24 (11), 5955-5964.

Young, G. B. C., McElhiney, J. E., Paul, G. W., McBane, R. A., 1991. An analysis of Fruitland coalbed methane production, Cedar Hill Field, Northern San Juan basin. SPE Annual Technical Conference and Exhibition. Society of Petroleum Engineers, Inc, Dallas, Texas. Copyright 1991.

Yu, H., Zhou, L., Guo, W., Cheng, J., Hu, Q., 2008. Predictions of the adsorption equilibrium of methane/carbon dioxide binary gas on coals using Langmuir and ideal adsorbed solution theory under feed gas conditions. International Journal of Coal Geology 73 (2), 115-129.

Zarebska, K., Ceglarska-Stefanska, G., 2008. The change in effective stress associated with swelling during carbon dioxide sequestration on natural gas recovery. International Journal of Coal Geology 74(3-4), 167-174.

Zhao, Y., Hu, Y., Wei, J., Yang, D., 2003. The experimental approach to effective stress law of coal mass by effect of methane. Transport in Porous Media 53(3), 235-244.

Zhao, Y., Hu, Y., Zhao, B., Yang, D., 2004. Nonlinear coupled mathematical model for solid deformation and gas seepage in fractured media. Transport in Porous Media 55 (2), 119-136.

Zhu, W. C., Liu, J., Sheng, J. C., Elsworth, D., 2007. Analysis of coupled gas flow and deformation process with desorption and Klinkenberg effects in coal seams. International Journal of Rock Mechanics and Mining Sciences 44(7), 971-980.

Zimmerman, R. W., Somerton, W. H., King, S. M., 1986. Compressibility of porous rocks. Journal of Geophysical Research 91 (B12), 12,765-12,777.

煤层气抽采及注气提高采收率过程中煤储层渗透率变化的实验室表征

Zhejun Pan, Luke D. Connell, Michael Camilleri

杨焦生 译　王勃 校

摘要：煤的渗透率对应力高度敏感。同时，煤基质在气体吸附时发生膨胀，气体解吸时发生收缩。在储层条件下，这些应变变化影响裂隙孔隙率，从而影响渗透率。目前的渗透率模型如 Palmer-Mansoori 和 Shi-Durucan 模型，采用相似的地质力学方法建立应力、基质膨胀/收缩与渗透率的关系。为了应用这些模型，必须估算煤的应力—渗透率变化特征、基质膨胀/收缩行为和地质力学特性。本文提出了一种针对 Palmer-Mansoori 和 Shi-Durucan 渗透率模型的实验室表征方法，并可用于提高煤层气采收率(ECBM)和二氧化碳(CO_2)封存过程中的储层模拟。本工作采用三轴压力实验设备，分别用 CH_4、CO_2 和 He 在不同孔隙压力下测量煤的渗透率、吸附、膨胀与地质力学特征。实验中最大孔隙压力为 13 MPa，最大围压为 20 MPa。根据实验数据，可以计算渗透率模型中的参数，如裂隙压缩系数、杨氏模量、泊松比和吸附引起的膨胀量。本文对一个澳大利亚的煤样进行了测试，结果显示，渗透率随着围压和孔隙压力升高而显著下降，渗透率随孔隙压力升高而降低是由于吸附引起的膨胀。煤的地质力学参数随测试所用的气压和气体种类而变化。但是没有直接证据证明，所研究的煤样在高 CO_2 压力下会发生软化。实验结果也表明，裂隙压缩系数随着气体类型和压力不同而变化。实验测得的参数被应用于 Shi-Durucan 模型中，以研究煤层 CO_2 封存过程中的渗透率变化特征。

1 前言

煤层的渗透率相比常规气藏的渗透率更为复杂。煤基质随气体吸附而膨胀，随气体解吸而收缩，从而改变煤层裂隙的开度，导致渗透率变化。此外，煤层渗透率对有效应力变化高度敏感。目前存在一系列煤储层渗透率模型(Gray，1987；Seidle 和 Huitt，1995；Palmer 和 Mansoori，1998；Gilman 和 Beckie，2000；Pekot 和 Reeves，2003；Shi-Durucan，2004；Shi-Durucan，2005；Cui 和 Bustin，2005；Cui 等，2007；Wang 等，2009)。其中 Palmer-Mansoori(P&M)与 Shi-Durucan (S&D)模型，综合考虑了应力—渗透率关系以及吸附引起的煤基质膨胀的地质效应，被广泛应用于储层模拟。与其他煤层渗透率模型一样，Palmer-Mansoori 模型假设单轴应变和垂向应力恒定。根据这些假设，可以推导出孔隙压力变化和膨胀/收缩引起的裂隙孔隙度变化的计算公式：

$$\varphi = \varphi_0 [1 - c_m(P - P_0)] + c_1\left(\frac{K}{M} - 1\right)\left[\frac{BP}{1+BP} - \frac{BP_0}{1+BP_0}\right] \tag{1}$$

其中，φ 是孔隙率；φ_0 是参考压力下的孔隙率；P 是孔隙压力；P_0 是参考孔隙压力；c_1 和 B 是描述吸附与体积应变关系式(类似朗缪尔模型)中的拟合参数；K 是体积模量；M 是约束的轴向模量(Palmer-Mansoori，1998)。其他参数定义如下：

$$c_{\mathrm{m}} = \frac{1}{M} - \left[\frac{K}{M} + f - 1\right] c_{\mathrm{r}} \tag{2}$$

$$M = \frac{E(1-\nu)}{(1+\nu)(1-2\nu)} \tag{3}$$

$$K = \frac{E}{3(1-2\nu)} \tag{4}$$

其中,f 是 0~1 的分数;c_r 是颗粒压缩系数;E 是杨氏模量;ν 是泊松比。

渗透率与孔隙率的关系如下:

$$\frac{k}{k_0} = \left(\frac{\varphi}{\varphi_0}\right)^3 \tag{5}$$

其中,k 是渗透率;k_0 是参考压力下的渗透率。

最近,Palmer 等人(2007)修改了原始的 P&M 模型,用一个新定义的 c_m 来研究绝对渗透率的指数增长:

$$c_{\mathrm{m}} = \frac{g}{M} - \left[\frac{K}{M} + f - 1\right] c_{\mathrm{r}} \tag{6}$$

其中,g 是一个与裂隙方向有关的几何参数。

Shi-Durucan 模型是另一个广泛应用的煤储层渗透率模型,它采用应力代替孔隙率的方法来描述渗透率变化:

$$\sigma - \sigma_0 = -\frac{\nu}{1-\nu}(P - P_0) + \frac{E\varepsilon_v}{3(1-\nu)} \tag{7}$$

其中,σ 是有效水平应力;σ_0 是初始有效水平应力;ε_v 是体积膨胀/收缩量(Shi-Durucan,2004)。

渗透率与有效应力的关系如下:

$$k = k_0 \mathrm{e}^{-3c_f(\sigma - \sigma_0)} \tag{8}$$

其中,c_f 为裂隙压缩系数(Shi-Durucan,2004)。

Connell-Detournay(2009)采用了一个耦合模型来分析煤层渗透率模型推导中关键地质力学假设(单轴应变和恒定垂向应力)的影响。他们发现单轴应变假设并非主要的误差来源,上覆地层的应力拱效应会导致恒定垂向应力的假设有偏差,进而产生误差。Palmer(2009)提出了将现有渗透率模型应用于煤层气生产中并识别了这些模型中未考虑的情况。这些模型解释渗透率的复杂变化时易于处理,因此被储层模拟广泛采用。

为了将这些模型应用于储层模拟中,必须估计杨氏模量、泊松比和无约束膨胀。此外,P&M 模型中需要估计颗粒压缩系数和裂隙孔隙率,S&D 模型中需要估计裂隙压缩系数。原则上,评价渗透率模型的方法是将模型计算的渗透率与实验室测试结果进行拟合,由于渗透率模型是在单轴应变和恒定垂向应力条件下获得的,因此实验测试时需要复制这些条件。尽管实验室可以复制这些条件,但是在实验室更容易复制的条件是流体静水压条件。

为了应用 P&M 或 S&D 渗透率模型,本文采用综合的方法来评估所需的各种参数,对来自澳大利亚悉尼盆地南部的一个煤样进行了一系列气体吸附、渗透率和应变的测量。煤样是来自 Bulli 煤层的烟煤,直径 4.5 cm,长度 10.55 cm。使用了氦气、甲烷和二氧化碳进行测试,所有测试均在 45 ℃条件下进行。本工作的价值在于评价了煤岩膨胀与有效应力对渗透率的影响,而不是评估对样品尺寸高度敏感的绝对渗透率,绝对渗透率仅能通过现场测试和历史拟合方法获取可靠数值。

2 实验方法

2.1 实验装置描述

图 1 显示了本工作使用的三轴多种气体测试装置的原理图。流体静水压条件下的气体吸附和渗透率测试采用三轴渗透率测试室。每个吸附步骤测量径向和轴向应变,以得到膨胀量。同时测量了每个围压变化下的应变,以估算体积模量。安装了四个位移计,两个用来测量轴向位移,另外两个用来测量径向位移,两个径向位移计垂直安装。为了保持该图简洁,位移计没有显示在图 1 中。将直径为 5 cm、长度为 10～15 cm 的煤样用薄铅箔包裹起来,然后包上一个橡胶套,再将其安装在测试室中。薄铅箔是为了防止高压下气体从煤样扩散至周围流体中(Mazumder 等,2006)。测试装置的最大孔隙压力为 16 MPa,最大围压为 20 MPa。实验期间样品室和装置的其他部分处于一个温度控制柜内,以维持恒温。

2.2 吸附测量

在气体吸附前,通过一个已校准的气体注射泵注入已知量的氦气来确定样品室的孔隙体积 V_{void}。由于氦气几乎不能被吸附,因此可以通过温度、压力测量值和注入的氦气体积来确定孔隙体积。此氦气孔隙体积测量是在不同压力下进行的,以此确保计算体积的一致性。以体积项表示的质量平衡方程如下所示:

$$V_{\text{void}} = \left(\frac{P\Delta V}{ZT}\right)_{\text{pump}} \Big/ \left(\frac{P_2}{Z_2 T} - \frac{P_1}{Z_1 T}\right)_{\text{cell}} \tag{9}$$

其中,ΔV 是从气体注射泵注入的体积;Z 是氦气的压缩系数;T 是温度;P 是压力;下标"cell"和"pump"分别指样品室和注射泵;下标"1"和"2"分别指注入气体前后。此处计算的孔隙体积被用于后续的吸附测试中。

Gibbs 过剩吸附量(又名过剩吸附)可从实验数据直接计算得到。对于单一气体吸附测量,从注射泵向样品室内注入已知量 n_{inj} 的气体,一部分被吸附,另一部分剩余气体 $n_{\text{unads}}^{\text{Gibbs}}$ 以平衡气相存在。采用质量守恒来计算吸附量,如下所示:

$$n_{\text{ads}}^{\text{Gibbs}} = n_{\text{inj}} - n_{\text{unads}}^{\text{Gibbs}} \tag{10}$$

注入的气体量可以通过压力、温度和泵的体积值来确定:

$$n_{\text{inj}} = \left(\frac{P\Delta V}{ZRT}\right)_{\text{pump}} \tag{11}$$

未吸附的气体量可通过样品室的平衡条件计算得到:

$$n_{\text{unads}}^{\text{Gibbs}} = \left(\frac{PV_{\text{void}}}{ZRT}\right)_{\text{cell}} \tag{12}$$

在式(11)和式(12)中,Z 是相应的温度和压力下气体的压缩因子。在较高压力下重复上述步骤,从而得到完整的吸附等温线(Pan,2004)。

采用方程(13)可通过过剩吸附来计算绝对吸附量:

$$n_{\text{ads}}^{\text{Abs}} = n_{\text{ads}}^{\text{Gibbs}} \left(\frac{\rho_{\text{ads}}}{\rho_{\text{ads}} - \rho_{\text{gas}}}\right) \tag{13}$$

其中,ρ_{ads} 是吸附相密度;ρ_{gas} 是气相密度。

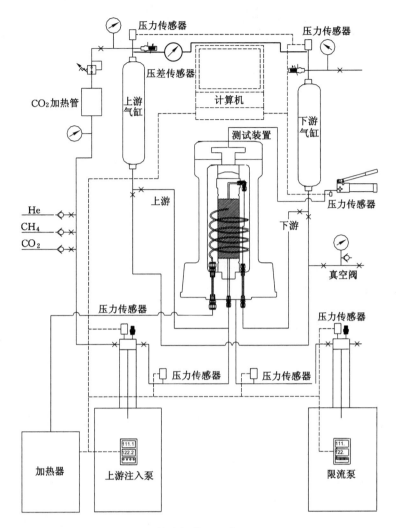

图 1 三轴多气体测试装置原理图

He、CH_4 和 CO_2 的气体压缩系数和密度可以从 NIST 网页 http://webbook.nist.gov/chemistry/fluid/计算得到。

2.3 三轴条件下的渗透率测试

采用了 Brace 等人(1968)的瞬态法进行测试。相比稳态法,瞬态法所需的实验时间较短。Brace 方法主要是通过流体流过样品时在上游和下游容器的压差衰减来实现。结合压力衰减、容器体积可确定渗透率(Brace 等,1968)。压力衰减曲线可以描述为:

$$\frac{(P_u - P_d)}{(P_{u,0} - P_{d,0})} = e^{-\alpha t} \tag{14}$$

其中,$P_u - P_d$ 是上游和下游圆筒之间的压差,通过压差传感器测量;$P_{u,0} - P_{d,0}$ 是初始状态上游与下游圆筒之间的压差;t 是时间;α 描述如下:

$$\alpha = \frac{k}{\mu \beta L^2} V_R \left(\frac{1}{V_u} + \frac{1}{V_d} \right) \tag{15}$$

其中,k 是渗透率;β 是气体压缩系数;L 是样品长度;V_R 是样品体积;V_u 和 V_d 是上游和下游圆筒的体积。典型的实验压力衰减曲线如图 2 所示。

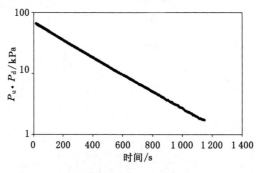

图 2 压力衰减曲线

通过一系列的调试工作验证了使用该装置和方法测渗透率的可靠性。使用从 Core Lab Petroleum Services 购买的一组渗透率标准材料（已知渗透率的人造材料），采用本文方法进行了渗透率测量。测试结果与 Core Lab 提供的标准具有很好的吻合度，如表 1 所示。

表 1　CSIRO 渗透率装置测得的渗透率与 Core Lab 提供的标准渗透率对照

	Core Lab 渗透率/md	CSRIO 渗透率/md
Std_223A	1.70	1.74
Std_223B	6.21	6.33
Std_162A	0.185	0.147

2.4 裂隙压缩系数

为了确定裂隙压缩系数，Seidle 等人（1992）通过将煤理想化成火柴棒模型导出了渗透率和应力之间的关系。此关系通过方程(16)描述，亦即 S&D 渗透率模型中使用的方程(8)。Seidle 等人的工作中（1992），使用水来测量煤层渗透率，在恒定围压、不同孔隙压力条件下进行了一系列的渗透率测量。本研究中使用氦气、甲烷和二氧化碳气体来测量煤的渗透率。由于气体吸附引起煤膨胀，导致采用 Seidle 方法（即恒定围压、变孔隙压力）来测试裂隙压缩系数非常复杂。因此，本次实验采用恒定孔隙压力、改变围压的方法来测试渗透率，进而计算裂隙压缩系数。而 Seidle 等人（1992）导出的方程(16)经证明对于本工作中采用的新方法仍然有效，如附录 A 所示。

$$k = k_0 e^{[-3c_f(\sigma-\sigma_0)]} \tag{16}$$

其中，k 是渗透率；k_0 是参考的静水应力下的渗透率；c_f 是裂隙压缩系数；σ 是静水应力；σ_0 是参考的静水应力。裂隙压缩系数被定义为：

$$c_f = \frac{1}{\varphi_f}\frac{\partial \varphi_f}{\partial P_p} \tag{17}$$

其中，φ_f 是裂隙孔隙率；P_p 是孔隙压力。

静水应力被定义为（参见 Zimmerman 等，1986）：

$$\sigma = P_c - mP_p \tag{18}$$

其中，P_c 是围压；P_p 是孔隙压力；m 是有效应力系数。

裂隙压缩系数可以通过方程(16)拟合实验得到的与有效应力相关的渗透率进行估算。

2.5 膨胀测量

通过跟踪孔隙压力控制恒定有效应力,同时测量膨胀变形与气体吸附。图3给出了一个典型的变形测量结果,显示由于气体吸附引起的煤岩膨胀,导致变形随时间增加。

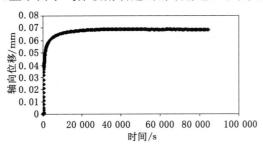

图 3 位移随时间变化

需要注意的是,应考虑有效应力影响以及橡胶套变形,对测得的变形进行修正才能得到膨胀应变。通过一次单独的测试,确定了橡胶套的应变与压力之间的关系,并建立了线性关系,可用于修正膨胀应变。

需要注意的是,本工作中可能低估了测得的基质膨胀中的径向膨胀应变,因为沿着煤样的裂隙开度变化可能参与了变形。因为没有垂直于轴向的裂隙,所以测得的轴向膨胀应变可以代表此方向的基质膨胀。但是本实验中的裂隙系统是被压实的,因此可以合理假设测得的径向膨胀应变就代表这个方向上真实的膨胀应变。体积膨胀可以表示如下:

$$\varepsilon_v = \varepsilon_{r1} + \varepsilon_{r2} + \varepsilon_a \tag{19}$$

其中,ε_v 是体积膨胀;ε_{r1} 和 ε_{r2} 是互相垂直的两个径向应变;ε_a 是轴向应变,它是两个轴向应变结果的平均值。

2.6 模量与泊松比

恒定孔隙压力下,测试了不同有效应力下的径向与轴向应变,并对橡胶套的变形进行了修正。因此:

$$K = \frac{\Delta P_c}{\varepsilon_v} \tag{20}$$

其中,K 是体积模量。

在煤样上进行了单独的单轴应力实验。在轴向上施加了一个荷载,并监测轴向和径向应变,据此计算杨氏模量和泊松比:

$$E = \frac{F/A}{\Delta l/l} \tag{21}$$

其中,F 是荷载;A 是煤样横截面积;Δl 是轴向变形;l 是煤样长度。

泊松比可以通过下列公式计算:

$$\upsilon = -\frac{\varepsilon_r}{\varepsilon_a} \tag{22}$$

其中,ε_r 是径向应变;ε_a 是轴向应变。

泊松比亦可通过体积模量和杨氏模量之间的关系计算得到:

$$K = \frac{E}{3(1-2\upsilon)} \tag{23}$$

3 实验结果

3.1 吸附结果

甲烷和二氧化碳吸附结果如图4所示。两条吸附等温线均可以用朗缪尔曲线很好地拟合。对于此煤样,在测试的压力范围内,二氧化碳的吸附量大约是甲烷吸附量的两倍。两种气体的朗缪尔常量列举在表2中。

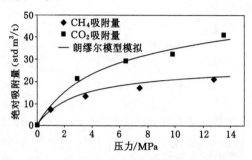

图4 甲烷与二氧化碳吸附结果

表2 朗缪尔吸附常数

气体	V_L/(std m³/t)	P_L/MPa
CH_4	27.0	2.96
CO_2	53.8	5.20

3.2 渗透率结果

在围压和孔隙压力之间的恒定压差3.0 MPa下,用氦气测得的孔隙压力与渗透率的关系如图5所示。方程(24)定义了压差。氦气渗透率测量结果显示,随着孔隙压力增加,渗透率出现轻微下降。由于氦气吸附能力极低,因此煤基质的膨胀与裂隙的开度变化可以忽略。因此,渗透率下降部分原因是Klinkenberg(1941)效应,尤其是在低压区;也有部分原因可能是当m低于1时,有效应力和压差的偏差所致。方程(25)定义了有效应力。相比甲烷与二氧化碳的测试结果,使用氦气测试时渗透率的下降并不明显。

$$\Delta P = P_c - P_p \tag{24}$$

$$\sigma = P_c - mP_p \tag{25}$$

使用甲烷测得的渗透率如图6所示,可以看出,在恒定压差下甲烷测得的渗透率随着孔隙压力的增长而下降。渗透率下降归因于三个因素:① Klinkenberg(1941)效应,尤其是低压区;② 在三轴应力条件下,因基质膨胀所致的裂隙孔隙率减少;③ 恒定压差下,有效应力增加。有效应力对渗透率的影响很显著,可以从恒定孔隙压力但不同围压下得到的渗透率结果中看出,由于在恒定孔隙压力下,围压变化等于有效应力变化和压差变化。在孔隙压力0.9 MPa下,压差从2.0 MPa变化到6.0 MPa时,渗透率下降了约50%;而在孔隙压力12.8 MPa下,压差从2.0 MPa变化到6.0 MPa时,渗透率下降幅度约25%。使用甲烷测

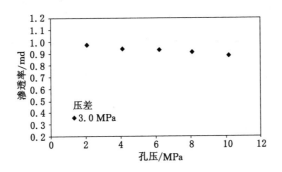

图 5 使用氦气测得的渗透率

得的渗透率低于使用氦气测得的渗透率,部分原因是由于不同气体的 Klinkenberg 效应不同,导致不同的气体测得的渗透率不同;另一部分原因是三轴条件下甲烷吸附导致煤岩膨胀减少了裂隙开度。

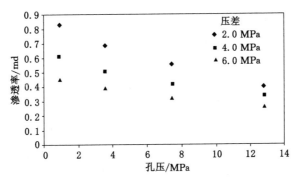

图 6 使用甲烷测得的渗透率

使用二氧化碳测得的渗透率如图 7 所示。在相同的孔隙压力下,二氧化碳测得的渗透率稍低于甲烷,这也是由于不同的 Klinkenberg 效应和不同的膨胀行为所致。此外,在恒定压差为 2 MPa 下,孔隙压力从 3.0 MPa 变化到 13.0 MPa 时,渗透率下降超过 50%;而在恒定压差为 6 MPa 下,孔隙压力从 3.0 MPa 变化到 13.0 MPa 时,渗透率下降超过 70%。使用二氧化碳测得的渗透率的下降值大于甲烷测得的渗透率下降值,这可能是由于煤层中二氧化碳吸附引起更强的煤岩膨胀效应导致的。

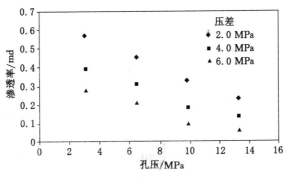

图 7 使用二氧化碳测得的渗透率

3.3 裂隙压缩系数

使用氦气、甲烷和二氧化碳,有效应力与测得的渗透率之间的关系分别如图8～图10所示。裂隙压缩系数可以用方程(16)计算得到,列在表3中并绘制在图11中。从图11中可看出,使用甲烷时,裂隙压缩系数随着孔隙压力的增长而稍微下降;使用二氧化碳时,裂隙压缩系数随着孔隙压力的增长而增长。孔隙压力为2.1 MPa时,使用氦气测得的渗透率是第一系列渗透率,此时煤样可能还没被压实,因此这些渗透率确定的压缩系数可能被高估。孔隙压力为10.1 MPa时,使用氦气测得的裂隙压缩系数约为0.05,与使用甲烷确定的压缩系数相差无几。

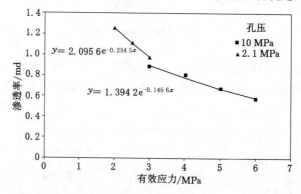

图8 使用氦气测得的渗透率和有效应力之间的关系

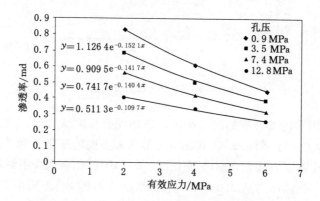

图9 使用甲烷测得的渗透率和有效应力之间的关系

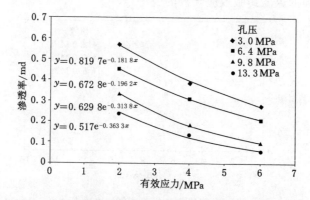

图10 使用二氧化碳测得的渗透率和有效应力之间的关系

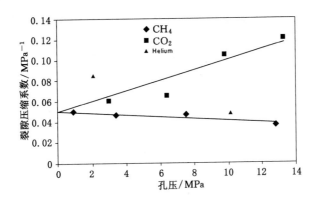

图 11 使用氦气、甲烷与二氧化碳得到的裂隙压缩系数

应注意的是,尽管孔隙压力保持恒定,但变化的有效应力所致的裂隙体积变化可能改变 Klinkenberg 效应。然而,这些测量过程中气体压力相对较高,因此 Klinkenberg 效应将相对较小。因此当孔隙压力恒定时,对测试渗透率造成主要影响的是有效应力。

表 3 　　　　　　　　　　裂隙压缩系数

孔隙压力/MPa	C_f/MPa^{-1}	孔隙压力/MPa	C_f/MPa^{-1}	孔隙压力/MPa	C_f/MPa^{-1}
He		CH$_4$		CO$_2$	
2.1	0.084 8	0.9	0.050 7	3.0	0.060 6
10.1	0.048 5	3.4	0.047 2	6.4	0.065 4
		7.5	0.046 8	9.8	0.104 6
		12.8	0.036 6	13.3	0.121 1

3.4 膨胀应变

甲烷和二氧化碳吸附引起的煤膨胀应变结果如图 12 所示。从图中可以看出,甲烷和二氧化碳的膨胀行为测量中存在轻微的各向异性。

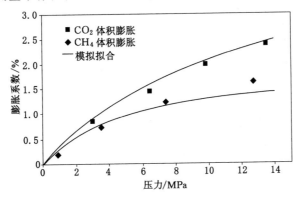

图 12 甲烷与二氧化碳吸附诱导的膨胀

Pan 和 Connell(2007)模型被用于膨胀测量中,其结果显示在图 12 中。Pan 和 Connell 膨胀模型采用了能量平衡法,假设吸附引起的表面能量变化等于煤固体的弹性能量变化。

可以通过吸附等温线和煤地质力学特性来描述膨胀应变。朗缪尔吸附等温线形式的 Pan 和 Connell 模型简化如下：

$$\varepsilon = RTL\ln(1+BP)\frac{\rho_s}{E_s}f(x,\upsilon_s) - \frac{P}{E_s}(1-2\upsilon_s) \qquad (26)$$

其中，ε 是线性应变；R 是通用气体常数；T 是温度；L 和 B 是朗缪尔吸附常数；ρ_s 是煤固体密度；E_s 和 υ_s 是煤固体的杨氏模量和泊松比；x 是煤结构参数；f 是结构函数。本模型的详情可查阅文献（Pan 和 Connell，2007）。模型参数值列在表 4 中。

膨胀应变也可以拟合朗缪尔形式方程，参数列举在表 5 中。

表 4　Pan 和 Connell 膨胀模型参数

ρ_s /(g/cc)	E_s /GPa	υ_s	x
1.6	1.08	0.4	0.5

表 5　朗缪尔形式的膨胀模型参数

气体	ε_V（—）	P_ε /MPa
CH_4	0.030	12.0
CO_2	0.052	16.0

3.5　模量与泊松比

体积模量测量结果显示在图 13 中，其中甲烷和二氧化碳吸附得到的值非常类似。唯一不同的是，二氧化碳孔隙压力为 10 MPa 时测得的值，相较其他值低了约 10%～20%。正如一些研究人员（例如 White 等，2005）所认为的，煤随着二氧化碳吸附而软化。但是本研究中的煤样没有出现明显的软化，这意味不同的煤对于二氧化碳吸附软化的行为不同。本煤样的体积模量平均约为 1 620 MPa。

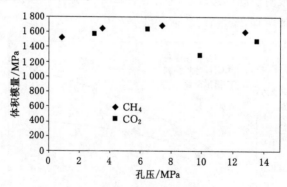

图 13　各孔隙压力下测得的体积模量

对煤样进行了三次加载和应变试验，结果显示在表 6 中。在这些实验中用体积模量和杨氏模量计算了泊松比，平均体积模量约为 1 620 MPa，平均杨氏模量约为 791 MPa，据此计算得到的泊松比为 0.418。

表 6 加载和应变实验结果

应力/MPa	轴向应变	E/MPa
1.825	0.002 32	786.6
1.864	0.002 31	807.0
1.787	0.002 29	780.0
平均		791.2

4 将实验结果应用于渗透率模型

上述测量中,裂隙压缩系数随着不同的压力和气体类型而变化。为了识别不同裂隙压缩系数对渗透率的影响,采用 S&D 渗透率模型以及实验测得的数据进行了两个简单评估,其中气体组分的函数 c_f 定义为:

$$c_f = y_{CO_2} c_{f,CO_2} + y_{CH_4} c_{f,CH_4} \tag{27}$$

其中,y_{CO_2} 和 y_{CH_4} 是气相的二氧化碳和甲烷摩尔分数;c_{f,CO_2} 和 c_{f,CH_4} 是相同压力下将二氧化碳和甲烷作为一个混合体得到的压缩系数。通过 Pan-Connell 膨胀模型计算了混合气体引起的膨胀,也可以根据单一气体吸附引起的膨胀预测混合气体吸附引起的膨胀应变(Pan 和 Connell 等,2007)。

$$\varepsilon = RT \frac{\rho_s}{E_s} f(x,v_s) \sum_{i=1}^{N} L_i \ln(1+B_i y_i P) - \frac{P}{E_s}(1-2v_s) \tag{28}$$

其中,i 是第 i 个气体组分;y_i 是第 i 个气体的摩尔分数。将方程(27)代入方程(8),将方程(28)代入方程(7),假设线性膨胀/收缩应变约是体积膨胀/收缩应变的三分之一,来研究膨胀和裂隙压缩系数变化导致的渗透率变化。

图 14 给出了恒定孔隙压力为 9 MPa 时,采用 S&D 模型的一个计算实例,其中气体组分从纯甲烷变为纯二氧化碳。图 14 对比了采用变 c_f [利用方程(27)计算]计算的渗透率和 c_f 为常量 0.05 时计算的渗透率。可以看出,在变化的裂隙压缩系数下,渗透率出现更加显著的下降。在较高的二氧化碳摩尔分数下,计算的渗透率差值较大,因为裂隙压缩系数的差值较大。

在第二个示例中,孔隙压力从 9 MPa 变化到 14 MPa,同时气相中的甲烷摩尔分数从 1

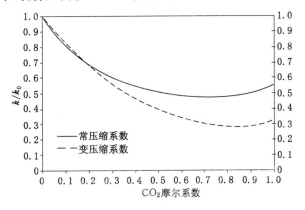

图 14 恒压下使用 S&D 模型的渗透率

线性下降到 0。结果显示在图 15 中,变裂隙压缩系数计算的渗透率下降幅度远大于常裂隙压缩系数情况。

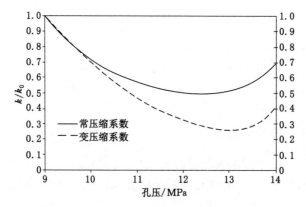

图 15 变压下使用 S&D 模型的渗透率

也可以采用 P&M 渗透率模型来进行类似分析,研究膨胀与裂隙压缩系数变化导致的渗透率变化,主要是通过假设一个原始裂隙孔隙率来实现。采用 P&M 模型计算得到的渗透率对原始裂隙孔隙率非常敏感,然而实验室中无法直接测得原始裂隙孔隙率。不精确的裂隙孔隙率取值可能会误导对渗透率变化的解释。因此,本次工作中不包含用 P&M 渗透率模型的分析。

5 结论

本研究提出了与煤层气开采、注气提高煤层气开采和 CO_2 封存相关的实验室煤岩特征描述方法。P&M 和 S&D 渗透率模型中使用的参数可以通过在不同的孔隙压力和围压下,测量气体吸附平衡后的渗透率和应变得到。根据该方法,对来自澳大利亚悉尼盆地南部的煤样进行了分析。

采用指数关系可以很好地描述有效应力与渗透率的关系。实验结果显示,在恒定有效应力下,受气体吸附和煤岩膨胀的影响,渗透率随孔隙压力增长而下降,下降幅度取决于测试所用气体类型。煤岩应变测量结果显示,使用二氧化碳时,在孔压为 13.5 MPa 下煤样膨胀了约 2.4%;使用甲烷时,在孔压为 12.8 MPa 下,煤样膨胀了约 1.6%。膨胀应变可以通过 Pan-Connell 膨胀模型精确地计算出来,也可用朗缪尔形式的经验公式来拟合。

气体吸附时测量了煤样的体积模量,在此煤样中并没有发现随着二氧化碳吸附而软化的证据。测量结果显示,裂隙压缩系数随着孔隙压力和测试所用气体类型而改变,这意味着煤的裂隙压缩系数不能被视作常量。此外,变裂隙压缩系数可能对本工作中进行的渗透率预测造成了很大的影响。

附录 A 三轴条件下的渗透率—应力关系

相比 Seidle 等人(1992)的实验工作,本次研究采用气体代替水来测量煤层渗透率。为避免因气体吸附引起的煤膨胀对渗透率的影响,采用恒定孔隙压力、变围压的方法测量渗透率,以确定渗透率—有效应力的关系。而 Seidle 等人的工作(1992),是在不同的孔隙压力、恒定围压下得到渗透率—应力的关系。此附录中渗透率—应力关系是在本次研究的实验条件下推导出的。同时，重现并对比了 Seidle 等人(1992)推导的渗透率—应力关系。

根据 Seidle 等人(1992)对火柴棒几何模型的假设，可以通过以下方程建立渗透率与裂隙孔隙率的关系：

$$k = \frac{1}{48}a^2\varphi_f^3 \tag{A-1}$$

其中，k 是渗透率；a 是裂隙间距；φ_f 是裂隙孔隙率。式(A-1)对静水应力微分可得到：

$$\frac{\partial k}{\partial \sigma} = \frac{2a\varphi_f^3}{48}\frac{\partial a}{\partial \sigma} + \frac{3a^2\varphi_f^2}{48}\frac{\partial \varphi_f}{\partial \sigma} \tag{A-2}$$

其中，σ 是静水应力。根据 Seidle 等人的工作(1992)，有：

$$\frac{\partial a}{\partial \sigma} = a\frac{\partial \varepsilon}{\partial \sigma} \tag{A-3}$$

其中，ε 是应变。因为样品是在静水应力中，故：

$$\varepsilon = \frac{1-2\upsilon}{E}\sigma \tag{A-4}$$

其中，E 是杨氏模量；υ 是泊松比。式(A-4)对静水应力微分带入式(A-3)：

$$\frac{\partial a}{\partial \sigma} = a\frac{1-2\upsilon}{E} \tag{A-5}$$

静水应力或有效应力可以被定义为(Zimmerman 等人，1986)：

$$\sigma = P_c - mP_p \tag{A-6}$$

其中，P_c 是围压；P_p 是孔隙压力；m 是有效应力系数。在 Seidle 等人(1992)的工作中，P_c 保持恒定，m 被假设为 1。在此，我们考虑更通常的情况：m 小于 1。式(A-6)对 σ 微分，可以得出：

$$\left(\frac{\partial P_p}{\partial \sigma}\right)_{P_c} = -\frac{1}{m} \tag{A-7}$$

根据 Seidle 等人的工作，裂隙孔隙率对静水应力求导，可得：

$$\frac{\partial \varphi_f}{\partial \sigma} = \frac{\partial \varphi_f}{\partial P_p}\frac{\partial P_p}{\partial \sigma} \tag{A-8}$$

利用式(A-7)，可以将式(A-8)重新写为：

$$\frac{\partial \varphi_f}{\partial \sigma} = -\frac{1}{m}\frac{\partial \varphi_f}{\partial P_p} \tag{A-9}$$

因此，式(A-2)可以重新写为：

$$\frac{\partial k}{\partial \sigma} = \frac{2a\varphi_f^3}{48}\frac{a(1-2\upsilon)}{E} + \frac{3a^2\varphi_f^2}{48}\frac{\partial \varphi_f}{\partial \sigma} \tag{A-10}$$

简化式(A-10)，并代入式(A-1)、式(A-5)和式(A-9)得到：

$$\frac{\partial k}{\partial \sigma} = k\left(\frac{2(1-2\upsilon)}{E} - \frac{3}{m\varphi_f}\frac{\partial \varphi_f}{\partial P_p}\right) \tag{A-11}$$

煤渗透率的一个重要参数——裂隙压缩系数被定义为：

$$c_f = \frac{1}{\varphi_f}\left(\frac{\partial \varphi_f}{\partial P_p}\right)_{P_c} \tag{A-12}$$

对于煤，有：

$$\frac{2(1-2\upsilon)}{E} \ll \frac{3}{m}c_f$$

因此,式(A-11)可以被整合为:

$$k = k_0 e^{-\frac{3c_f}{m}(\sigma-\sigma_0)} \tag{A-13}$$

利用方程(A-6),由于 P_c 是常量,式(A-13)可以变形为:

$$k = k_0 e^{3c_f(P_p-P_{p,0})} \tag{A-14}$$

在本文中,P_p 保持恒定。式(A-6)对 σ 微分,可以得出:

$$\left(\frac{\partial P_c}{\partial \sigma}\right)_{P_p} = 1 \tag{A-15}$$

根据 Seidle 等人的工作,采用链式法则,裂隙孔隙率对静水应力求导,可得:

$$\frac{\partial \varphi_f}{\partial \sigma} = \frac{\partial \varphi_f}{\partial P_c}\frac{\partial P_c}{\partial \sigma} \tag{A-16}$$

简化式(A-10),并代入式(A-1)、式(A-5)和式(A-16),可以得出:

$$\frac{\partial k}{\partial \sigma} = k\left(\frac{2(1-2\upsilon)}{E} + \frac{3}{\varphi_f}\frac{\partial \varphi_f}{\partial P_c}\right) \tag{A-17}$$

将 c_{fc} 定义为:

$$c_{fc} = -\frac{1}{\varphi_f}\left(\frac{\partial \varphi_f}{\partial P_c}\right)_{P_p} \tag{A-18}$$

因此,式(A-17)可以变形为:

$$\frac{\partial k}{\partial \sigma} = k\left(\frac{2(1-2\upsilon)}{E} - 3c_{fc}\right) \tag{A-19}$$

对于煤:

$$\frac{2(1-2\upsilon)}{E} \ll 3c_f$$

因此,式(A-19)可以整合为:

$$k = k_0 e^{-3c_{fc}(\sigma-\sigma_0)} \tag{A-20}$$

由于在本文中,P_p 保持恒定,因此代入方程(A-6)后,式(A-20)可以改写为:

$$k = k_0 e^{-3c_{fc}(P_c-P_{c,0})} \tag{A-21}$$

下面证明 c_f 和 c_{fc} 相等。裂隙孔隙率被定义为:

$$\varphi_f = \frac{V_p}{V_b} \tag{A-22}$$

其中,V_p 是裂隙孔隙体积;V_b 是煤块体积。式(A-12)可以变形为:

$$c_f = \frac{1}{\frac{V_p}{V_b}}\left(\frac{\partial \frac{V_p}{V_b}}{\partial P_p}\right)_{P_c} \tag{A-23}$$

简化式(A-23),可以得出:

$$c_f = \frac{1}{V_p}\left(\frac{\partial V_p}{\partial P_p}\right)_{P_c} - \frac{1}{V_b}\left(\frac{\partial V_b}{\partial P_p}\right)_{P_c} \tag{A-24}$$

定义压缩系数 $c_{pp} = \frac{1}{V_p}\left(\frac{\partial V_p}{\partial P_p}\right)_{P_c}$ 和 $c_{bp} = \frac{1}{V_b}\left(\frac{\partial V_b}{\partial P_p}\right)_{P_c}$,式(A-24)可以重新写为:

$$c_f = c_{pp} - c_{bp} \tag{A-25}$$

同时，代入式(A-22)，可以将式(A-18)重新写为：

$$c_{\mathrm{fc}} = -\frac{1}{\frac{V_{\mathrm{p}}}{V_{\mathrm{b}}}} \left(\frac{\partial \frac{V_{\mathrm{p}}}{V_{\mathrm{b}}}}{\partial P_{\mathrm{c}}} \right)_{P_{\mathrm{p}}} \tag{A-26}$$

简化式(A-26)，可以得出：

$$c_{\mathrm{fc}} = -\frac{1}{V_{\mathrm{p}}} \left(\frac{\partial V_{\mathrm{p}}}{\partial P_{\mathrm{c}}} \right)_{P_{\mathrm{p}}} + \frac{1}{V_{\mathrm{b}}} \left(\frac{\partial V_{\mathrm{b}}}{\partial P_{\mathrm{c}}} \right)_{P_{\mathrm{p}}} \tag{A-27}$$

定义压缩系数 $c_{\mathrm{pc}} = -\frac{1}{V_{\mathrm{p}}} \left(\frac{\partial V_{\mathrm{p}}}{\partial P_{\mathrm{c}}} \right)_{P_{\mathrm{p}}}$ 和 $c_{\mathrm{bc}} = -\frac{1}{V_{\mathrm{b}}} \left(\frac{\partial V_{\mathrm{b}}}{\partial P_{\mathrm{c}}} \right)_{P_{\mathrm{p}}}$，式(A-27)可以重新写为：

$$c_{\mathrm{fc}} = c_{\mathrm{pc}} - c_{\mathrm{bc}} \tag{A-28}$$

Zimmerman 等人(1986)的工作中，有：

$$c_{\mathrm{pp}} = c_{\mathrm{pc}} - c_{\mathrm{r}} \text{ 和 } c_{\mathrm{bp}} = c_{\mathrm{bc}} - c_{\mathrm{r}} \tag{A-29}$$

其中，c_{r} 是颗粒压缩系数。代入式(A-29)，可以将式(A-28)重新写为：

$$c_{\mathrm{f}} = c_{\mathrm{pc}} - c_{\mathrm{r}} - (c_{\mathrm{bc}} - c_{\mathrm{r}}) = c_{\mathrm{pc}} - c_{\mathrm{bc}} \tag{A-30}$$

对比式(A-28)和式(A-30)，可以得到：

$$c_{\mathrm{fc}} = c_{\mathrm{f}} \tag{A-31}$$

因此，式(A-14)和式(A-21)是一致的，从而从两个不同的实验得出了裂隙压缩系数。采用气体来测量渗透率使得我们可以研究气体种类对裂隙压缩系数的影响。

Reprinted and translated from International Journal of Coal Geology, Vol 82 (3-4), Zhejun Pan, Luke D. Connell, Michael Camilleri, Laboratory characterisation of coal reservoir permeability for primary and enhanced coalbed methane recovery, p. 252-261, Copyright (2010), with permission from Elsevier.

参考文献

Brace, W. F., Walsh, J. B., Frangos, W. T., 1968. Permeability of granite under high pressure. Journal of Geophysical Research 73 (6), 2225-2236.

Connell, L. D., Detournay, C., 2009. Coupled flow and geomechanical processes during enhanced coal seam methane recovery through CO_2 sequestration. International Journal of Coal Geology 77 (1-2), 222-233.

Cui, X., Bustin, R. M., 2005. Volumetric strain associated with methane desorption and its impact on coalbed gas production from deep coal seams. American Association of Petroleum Geologists Bulletin 89 (9), 1181-1202.

Cui, X., Bustin, R. M., Chikatamarla, L., 2007. Adsorption-induced coal swelling and stress: implications for methane production and acid gas sequestration into coal seams. Journal of Geophysical Research 112, B10202.

Gilman, A., Beckie, R., 2000. Flow of coalbed methane to a gallery. Transport in Porous Media 41, 1-16.

Gray, I., 1987. Reservoir engineering in coal seams: Part 1 - the physical process of gas storage and movement in coal seams. SPE Reservoir Engineering, February 1987, 28-34.

Klinkenberg, L. J., 1941. The permeability of porous media to liquids and gases. Drill.

and Prod. Prac,API. 200-213.

Mavor,M. J. ,Saulsberry,J. L. ,1996. Testing coalbed methane wells. In:Saulsberry, J. L. ,Schafer,P. S. ,Schraufnagel,R. A. (Eds.),A Guide to Coalbed Methane Reservoir Engineering.

Mazumder,S. ,Karnik,A. A. ,Wolf,K. -H. A. A. ,2006. Swelling of coal in response to CO_2 sequestration for ECBM and its effect on fracture permeability. SPE Journal 11(3), 390-398.

Palmer,I. D. ,2009. Permeability changes in coal: analytical modelling. International Journal of Coal Geology 77(1-2),119-126.

Palmer,I. ,Mansoori,J. ,1998. How permeability depends on stress and pore pressure in coalbeds:a new model. SPEREE 1(6),539-544 SPE-52607-PA.

Palmer,I. D. ,Mavor,M. ,Gunter,B. ,2007. Permeability changes in coal seams during production and injection. International Coalbed Methane Symposium. University of Alabama,Tuscaloosa. Paper 0713.

Pan,Z. ,2004. Modeling of gas adsorption using two-dimensional equations of state. Ph. D Dissertation,Oklahoma State University,Stillwater,OK.

Pan,Z. ,Connell,L. D. ,2007. A theoretical model for gas adsorption-induced coal swelling. International Journal of Coal Geology 69(4),243-252.

Pekot,L. J. ,Reeves,S. R. ,2003. Modeling the effects of matrix shrinkage and differential swelling on coalbed methane recovery and carbon sequestration. Proceedings of the 2003 International Coalbed Methane Symposium. University of Alabama,Tuscaloosa. Paper 0328.

Seidle,J. P. ,Huitt,L. G. ,1995. Experimental measurement of coal matrix shrinkage due to gas desorption and implications for cleat permeability increase. SPE International Meeting on Petroleum Engineering,Beijing,China,14-17 November. SPE 30010.

Seidle,J. P. ,Jeansonne,M. W. ,Erickson,D. J. ,1992. Application of matchstick geometry to stress dependent permeability in coals. SPE Rocky Mountain Regional Meeting, SPE 24361. Casper,Wyoming.

Shi,J. Q. ,Durucan,S. ,2004. Drawdown induced changes in permeability of coalbeds: a new interpretation of the reservoir response to primary recovery. Transport in Porous Media 56,1-16.

Shi,J. Q. ,Durucan,S. ,2005. A model for changes in coalbed permeability during primary and enhanced methane recovery. SPEREE 8,291-299 SPE-87230-PA.

Wang,G. X. ,Massarotto,P. ,Rudolph,V. ,2009. An improved permeability model of coal for coalbed methane recovery and CO_2 geosequestration. International Journal of Coal Geology77,127-136.

White,C. M. ,Smith,D. H. ,Jones,K. L. ,Goodman,A. L. ,Jikich,SA,LaCount,R. B. ,DuBose,S. B. ,Ozdemir,E. ,Morsi,B. I. ,Schroeder,K. T. ,2005. Sequestration of carbon dioxide in coal with enhanced coalbed methane recovery-a review. Energy and Fuels 19

(3),659-724.

Zimmerman, R. W., Somerton, W. H., King, S. M., 1986. Compressibility of porous rocks. Journal of Geophysical Research 91 (B12), 12,765-12,777.

有效应力系数和吸附引起的应变对煤层渗透率演化的影响:实验观察

Zhongwei Chen, Zhejun Pan, Jishan Liu, Luke D. Connell, Derek Elsworth

杨焦生 译　　Zhejun Pan 校

摘要:渗透率是注二氧化碳提高煤层气采收率的最重要参数之一,注入吸附性气体时煤层原位渗透率变化可以用实验室测试表征。本研究针对煤样在不同的围压和孔隙压力下,采用非吸附性气体和吸附性气体进行了一系列的实验。结果表明,在应力边界控制条件下,注入吸附性气体时煤层渗透率降低。为找出降低的原因,首先注入非吸附气体(氦气)来确定有效应力系数。在采用氦气的实验中,气体吸附作用的影响可忽略不计,任何渗透率降低均归因于有效应力的变化,受控于有效应力系数。结果表明,有效应力系数取决于孔隙压力,煤样的有效应力系数小于1。然后用氦气实验的渗透率降低对吸附性气体(CH_4和CO_2)的实验进行修正,即可获得气体吸附引起的应变对渗透率的影响。对实验结果和分析展开论述,包括如何区分有效应力系数和吸附引起的应变对煤层渗透率演化的影响。

1　引言

煤基质膨胀/收缩导致的煤岩渗透率变化对煤层气采收和注二氧化碳提高煤层气采收率(ECBM)的评估至关重要(Van Bergen 等,2009)。对于煤层气采收而言,由于压力下降,甲烷从煤基质解吸并运移到裂隙,导致煤基质收缩,直接导致裂隙扩张和裂隙渗透率增加。因此,裂隙渗透率的快速降低(由初始孔隙压力降低所致)在后期生产阶段转为缓慢增加(由基质收缩所致)。最终的长期渗透率大于或小于初始渗透率取决于这两种机制的竞争结果。注二氧化碳提高煤层气采收率(ECBM)涉及CO_2注入煤层驱替甲烷,此方法不仅有助于提高甲烷抽采量,还可以将CO_2储存于地下进而减少温室气体(White 等,2005;Liu 等,2010b)。

1.1　煤岩膨胀/收缩和渗透率变化的实验研究

因气体吸附/解吸导致的煤岩膨胀/收缩是一个众所周知的现象,是在煤层气抽采和提高煤层气抽采率过程中煤储层渗透性的一个关键组成部分(Palmer,2009;Shi 和 Durucan,2004)。气体解吸对煤层体应变的影响已通过注入不同的气体进行了测量,对割理渗透率变化的影响已采用火柴几何模型进行了评价(Harpalani 和 Schraufnagel,1990;Palmer 和 Mansoori,1996;Seidle 等,1992;Seidle 和 Huitt,1995;Shi 和 Durucan,2004;St. George 和 Barakat,2001)。众多学者通过实验测量了气体吸附导致的煤岩膨胀并分析了膨胀的原因(Bustin 等,2008;Chikatamarla 等,2004;Cui 等,2007;Day 等,2008;Levine,1996;Moffat 和 Weale,1955;Pan 和 Connell,2007,2011;Reucroft 和 Patel,1986;Reucroft 和 Sethuraman,1987;Robertson 和 Christiansen,2005;St. George 和 Barakat,2001;van Bergen 等,2009b;Wang 等,2010)。前人研究了气体压力变化导致的体应变,表明低压时二氧化碳和

甲烷引起的煤岩膨胀/收缩比有效应力引起的变形更显著。

许多实验已经分别对有效应力和吸附引起的应变对渗透率演化的影响进行了评估(Harpalani 和 Chen,1997;Karacan,2003;Mazumder 等,2006;Pan 等,2010a;Pini 等,2009;Robertson 和 Christiansen,2007;Siriwardane 等,2009)。Patching(1965)发现,使用二氧化碳测量的渗透率略小于使用空气或氮气。Somerton 等(1975)发现采用甲烷测得的渗透率比采用氮气测得的渗透率低 20%~40%。吸附作用和有效应力对渗透率变化的影响研究表明,采用非吸附性气体的渗透率随有效应力的降低而增加,而采用吸附性气体时因膨胀导致渗透率降低(Pini 等,2009;Pan 等,2010a)。也有学者观察到注入吸附性气体导致渗透率增大的现象(Mazumder 等,2006;Robertson 和 Christiansen,2007;Mazumder 和 Wolf,2008)。此外,Karacan(2003)采用 X 射线 CT 技术揭示了二氧化碳注入压力和围压增至不同程度时,恒定压差下固结煤的非均质过程动力学特征。Lin 等(2008)在恒定有效应力下进行了一组实验(围压和孔隙压力之差保持不变),注入二氧化碳、氮气及其混合物。Mavor 和 Gunter(2006)也进行了相关实验研究气体成分和压力对孔隙率和渗透率的影响,观察到渗透率随孔隙压力增大而降低。在恒定净有效应力下,随孔隙压力降低,渗透率反弹的情况也同样被观察到(Huy 等,2010;Liu 等,2010a;Pini 等,2009;Siriwardane 等,2009)。在假设有效应力系数为 1 的前提下,进行了很多关于水分对煤层物理性质、气体吸附速率以及吸附能力影响的实验,这些参数一般随水分增加而降低(Clarkson 和 Bustin,2000;Gash,1991;Pan 等,2010b;Ozdemir 和 Schroeder,2009)。

1.2 有效应力系数的测量

有效应力法最初由 Terzaghi(1923)提出,用来解释饱和土的固结及流体与土的相互作用,包括有效应力系数,有效应力方程为(Biot,1941):

$$\sigma'_{ij} = \sigma_{ij} - \alpha p \delta_{ij} \tag{1}$$

其中,α 是有效应力系数,范围从 0 到 1;$\alpha=1-K/K_m$,K 为岩石介质的体积弹性模量,K_m 是岩石颗粒弹性模量。

在多孔介质的横截面上,有效应力系数表示为流体占据的面积与总面积的比值(Bear,1972),该系数描述了流体压力在多大程度上抵消了多孔介质的弹性变形(Alam 等,2010)。对于颗粒状土壤来说(图 1),颗粒间的接触面积很小,因此可以将任意横截面更换为一个曲面,从而相应的有效应力系数可以近似假定为 1.0。然而,对于由结晶作用或胶结作用组成的多孔岩石(即煤层),如图 2 所示,不存在类似于图 1 所示的曲面,因此有效应力系数小于 1(Zhang 等,2009)。

许多学者研究了有效应力系数,但通常仅针对岩石。例如,Walsh(1981)指出含光滑节理岩体的 $\alpha=0.9$,Kranzz(1979)指出含张拉节理岩体的 $\alpha=0.56$。此外,有效应力系数随围压与孔隙压力之间的压差而线性增加(Ghabezloo 等,2009)。尽管该系数对煤层气开采十分重要,但是只有少数实验是针对煤岩进行的。不同煤岩的实验结果表明,有效应力系数不是一个常数,而是体应力和孔隙压力的双线性函数(Zhao 等,2003)。同时意味着体积模量或孔隙弹性模量随孔隙压力而变化。St. George 和 Barakat(2001)使用非吸附性氦气对煤样进行了一系列加载—卸载的循环实验,建立了 $\alpha=0.71$ 时有效应力与气体压力的关系。上述有效应力系数的确定均建立于测得的体积变化,这意味着体应变是计算 α 所需要的唯一物理特性。

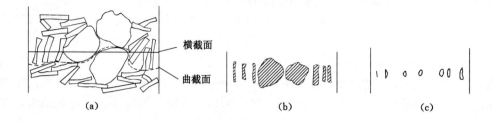

图 1 土壤和土壤类材料的有效应力系数($\alpha=1$)示意图(据 Zhang 等,2009)
(a) 颗粒分布;(b) 横截面;(c) 曲截面

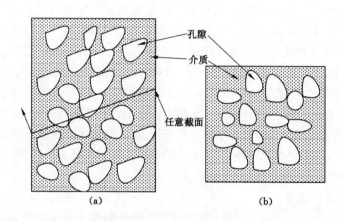

图 2 岩石或煤介质的孔隙结构示意图(据 Zhang 等,2009)
(a) 孔隙结构;(b) 任意截面

Robin(1973)考虑渗透率 k 的变化,而不是体应变,推导出了另一个有效应力方程。基于孔隙体积变化,采用下列关系(Nur 和 Byerlee,1971):

$$\frac{1}{K_\varphi} = \frac{1}{\varphi} \cdot \frac{1}{K} - \frac{1-\varphi}{\varphi} \cdot \frac{1}{K_m} \tag{2}$$

其中,K_φ 是孔隙系统的体积模量;φ 是孔隙率;K 和 K_m 分别是多孔介质的体积模量和基质的体积模量。

如果孔隙率很小($\leqslant 10\%$),上述方程可简化为:

$$K_\varphi = \varphi \frac{K K_m}{K_m - K} \tag{3}$$

类似于 Biot 系数的推导[即公式(1)],有效应力可表示为:

$$\sigma_e = \sigma_{ij} - \left[1 - \varphi \frac{K}{K_m - K}\right] p \delta_{ij} \tag{4}$$

此种情况下的有效应力系数可定义为:

$$\beta = 1 - \varphi K/(K_m - K) \tag{5}$$

应注意无论是体应变还是渗透率变化,都可用于量化介质的"弹性性质"。一般基于所观察到的体应变计算,而本文是基于所观察到的渗透率变化计算的。

基于渗透率的变化,Nur 和 Byerlee(1971)计算了 Weber 砂岩的 $\alpha=0.64$、$\beta=0.97$。

Bernabe(1987)研究了几种结晶岩石的渗透率,发现有效应力系数随围压增大而降低,这是由于裂缝闭合过程中几何形状发生变化。目前为止,煤层的有效应力系数测量值十分缺少。然而煤是一种软岩,颗粒压缩程度比预想的更大,有效应力系数可能具有显著影响(Palmer,2009;Zheng,1993)。

1.3 本次研究的目的

本次研究在恒定压差(围压与孔隙水压力之差)下进行了一系列实验,使用了非吸附性气体和吸附性气体。首先,有效应力系数从使用非吸附气体(氦气)的实验中获取。Klinkenberg效应在高压下可忽略,因此渗透率降低被认为完全由有效应力系数的变化所致。其次,用非吸附性气体实验的渗透率降低来修正使用吸附性气体(二氧化碳和甲烷)的实验渗透率,从而得到了吸附引起的应变对渗透率的影响。

2 实验方法

2.1 实验装置

本次研究所用的三轴多气装置示意图如图3所示,用于测定煤芯的气体吸附、膨胀和渗透率。气体从注入泵的上游注入样品。煤样达到吸附平衡(通常需要几天到几个星期)后,使用瞬态法测量渗透率。上游气缸打压至高于样品压力约 30 kPa,下游气缸压力则比样品低 30 kPa。气体从上游气缸通过样品流动到下游气缸。利用压力衰减曲线计算渗透率,该曲线通过安装于上游气缸和下游气缸之间的压差传感器测量所得。下一节将描述渗透率的计算。在每个吸附步骤中测量径向和轴向位移,以获得膨胀/收缩应变。实验装置置于温度控制箱内,保持实验过程温度恒定。样品用薄铅箔包裹,并安装于样品槽内的橡胶套中。薄铅箔防止气体在高压下从煤芯扩散至周围流体(Pan 等,2010a)。

2.2 渗透率测量

采用压力瞬态法,对低渗透样品进行了气体流动实验(Brace 等,1968;Hsieh 等,1981)。待围压或孔隙压力的变化达到平衡后,测量得到渗透率。瞬态法要观察上游气缸和下游气缸之间压差的衰减。分析时综合考虑压力衰减和气缸容积,与通过样品的流动建立关系,从而确定渗透率(Brace 等,1968;Hsieh 等,1981;Hildenbrand 等,2002)。压力衰减可表示为:

$$\frac{P_u - P_d}{P_{u,0} - P_{d,0}} = e^{-m \cdot t} \tag{6}$$

其中,$P_u - P_d$ 是上下游气缸之间的压差,通过压差传感器测量;$P_{u,0} - P_{d,0}$ 是初始状态上下游气缸之间的压差(60~100 kPa);t 是时间;m 描述如下:

$$m = \frac{k}{\mu C_g L^2} V_R \left(\frac{1}{V_u} + \frac{1}{V_d} \right) \tag{7}$$

其中,k 是渗透率;C_g 是气体压缩系数;L 是样品长度;V_R 是样品体积;V_u 和 V_d 是上下游气缸的体积。

因此渗透率可从公式(7)中获得,m 值可以从压力衰减曲线中获得。本次研究中,上下游气缸间压差低于 2.0 kPa 前,每个压力曲线衰减的时间大约从几分钟到几小时。

2.3 实验步骤

使用来自南悉尼盆地 Bulli 煤层的两个烟煤样品,直径和长度分别为 4.50 cm×10.55

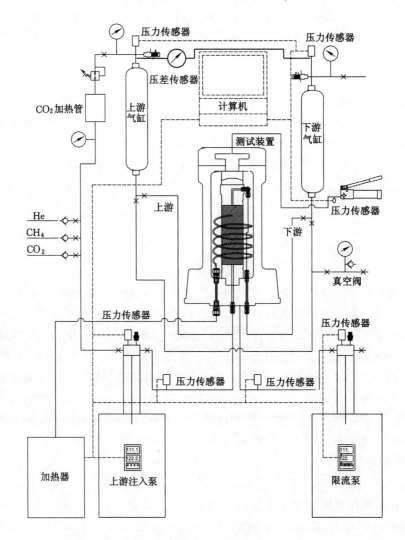

图 3 三轴多气装置示意图

cm(煤芯编号 01 号)和 4.55 cm×10.10 cm(煤芯编号 02 号)。

在真空烘箱中,先将样品烘干,然后称重。最后将样品放于样品室,并在实验前通过几个加载循环进行固结,确保结果可重复。让样品在真空样品室中平衡几天,除去残余气体,达到所需温度。

使用了三种气体,包括氦气、甲烷和二氧化碳。01 号煤芯和 02 号煤芯分别在 45 ℃ 和 35 ℃ 下进行实验。

在 01 号煤芯实验中,首先在恒定的 3 MPa 压差(围压减去孔隙压力)下使用氦气测定渗透率,注入压力从 2.1 MPa 开始,每一步增加 2.0 MPa 直到达到 10.1 MPa。甲烷和二氧化碳注入过程中,压差保持在 2.0 MPa,直到达到平衡吸附,改变围压分别达到 4 MPa 和 6 MPa 的压差。两种气体均进行了四个不同孔隙压力步长的测试。每一次围压或孔隙压力变化后进行渗透率测量。对每种气体进行测量后,煤样被抽真空几天除去残余气体。01 号煤芯的实验结果被 Pan 等(2010a)记录,且被用于本文的数据分析和模拟研究。

02号煤芯实验中,在恒定压差为2.0 MPa和3.0 MPa下注入氦气。实验室甲烷检测仪出了故障,基于安全问题,没有使用甲烷。氦气实验完成后,煤样被抽真空,进行二氧化碳注入。二氧化碳注入时,压差保持在2.0 MPa直到孔隙压力达到平衡,然后改变围压以达到3.0 MPa和4.0 MPa的压差。对注入二氧化碳的3组孔隙压力进行了测量。每一次围压或孔隙压力变化后进行了渗透率测量。

2.4 数据分析流程

对煤层有效应力系数的评估以及从吸附引起的应变中消除有效应力的影响可通过以下六个步骤实现:① 在恒定压差下,采用氦气测量渗透率;② 计算有效应力系数;③ 计算额外有效应力值,获得真正有效应力值;④ 评估恒定压差下,注入吸附性气体的额外有效应力引起的渗透率变化;⑤ 校准渗透率值以消除有效应力影响;⑥ 获得仅吸附引起的应变对渗透率的影响。

3 结果与讨论

3.1 注入氦气的结果

氦气实验中渗透率结果如图4所示。在恒定压差(围压减去孔隙压力)下,观察到渗透率随孔隙压力升高而降低。氦气对煤来说是一种几乎不吸附的气体,基质膨胀对渗透率变化的影响可以忽略不计。因此,渗透率降低可归因于两个因素:① Klinkenberg(1941)效应,特别是在低压范围下;② 有效应力的影响。据观察,Klinkenberg效应随气体压力增加而减小,因为在较高的压力下(例如大于2 MPa)气体分子的平均自由程(直径约0.98 Å)远小于割理孔径(3~40 μm)(Laubach等,1998)。此时气体分子之间的碰撞比气体分子与固体壁之间的碰撞更频繁(Han等,2010)。因此,有效应力(而非Klinkenberg效应)为高压下渗透性降低的原因。

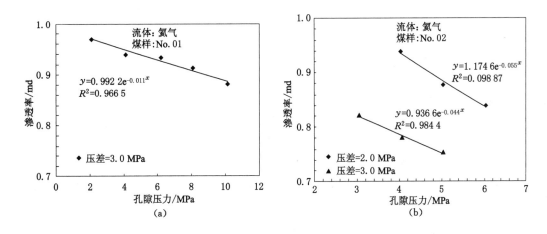

图4 采用氦气测量的渗透率
(a) 01号煤芯渗透率与孔隙压力的关系;(b) 02号煤芯渗透率与孔隙压力的关系

3.1.1 割理压缩系数的计算

为了计算有效应力变化,首先需知道有效应力如何决定渗透率变化。渗透率随有效力的变化一般使用指数形式(McKee 等,1988;Seidle 和 Huitt,1995),结合有效应力系数,关系式为:

$$k = k_0 e^{-3C_f \times (\Delta\sigma - \beta\Delta p)} \tag{8}$$

其中,k 代表渗透率;k_0 是初始渗透率;C_f 是割理压缩系数。

应该指出的是,在 McKee 等(1988)和 Seidle-Huitt(1995)的工作中有效应力系数为1。

从式(8)可以看出,为了计算割理压缩系数,必须经过两步:孔隙压力保持不变($\Delta p = 0$),仅围压(σ)改变;需记录不同围压变化导致的渗透率变化。通过拟合随围压变化的渗透率即可得到割理压缩系数($k = k_0 e^{-3C_f \times \Delta\sigma}$)。

不同气体的割理压缩系数实验结果列于表1。

表1   不同气体和压力的压缩系数

样品	孔隙压力 MPa	C_f MPa^{-1}	孔隙压力 MPa	C_f MPa^{-1}	孔隙压力 MPa	C_f MPa^{-1}
	Helium		CH$_4$		CO$_2$	
No.01 (Pan 等,2010a)	2.1	0.084 8	0.9	0.050 7	3.0	0.060 6
	10.1	0.048 5	3.4	0.047 2	6.4	0.065 4
No.02	2.0	0.118	—	—	1.3	0.142
	3.0	0.102	—	—	3.6	0.599
	5.0	0.098	—	—	5.0	0.687

01 号和02 号煤芯中,氦气的平均压缩系数分别为 $C_{f1} = 0.066\,9$ MPa^{-1} 和 $C_{f2} = 0.106$ MPa^{-1},该压缩系数将用于有效应力系数的计算。

3.1.2 煤岩有效应力系数计算

由于注入氦气过程中压差保持不变($\Delta\sigma = \Delta p$),公式(8)可简化为:

$$k = k_0 e^{-3C_f(1-\beta)\Delta p} \tag{9}$$

将割理压缩系数代入上述方程,煤芯01 号有效系数(β)为0.945,煤芯02 号在2.0 MPa 和3.0 MPa 孔隙压力下有效系数(β)为0.842 和0.855。

因此,有效应力系数不是一个常数($\beta \neq 1.0$),而是随孔隙压力增加而增加。在本次研究中,由于没有统一的有效应力系数,有效应力的增量称为附加有效应力,可按$(1-\beta) \times \Delta p$ 计算,应被加入有效应力项。随后,重新计算每种情况下的附加有效应力。注氦气实验的原始结果与修正值之间的对比情况如图5 所示。

这表明,恒定压差法(原始数据)低估了有效应力对渗透率变化的影响。孔隙压力越高,低估程度越明显。

为了比较原始结果与修正结果之间的差异,引入了一个任意误差,定义为:

$$e = \frac{\text{Corrected permeability value} - \text{Original permeability value}}{\text{Corrected permeability value}} \times 100\% \tag{10}$$

煤芯01 号中,误差从2.1 MPa 时的3.44% 变化到10.1 MPa 时的9.57%。对于煤芯02 号,2.0 MPa 时的误差为13.7%。因此,差异十分明显,尤其是对于较高的孔隙压力和小有效应力系数的煤岩。

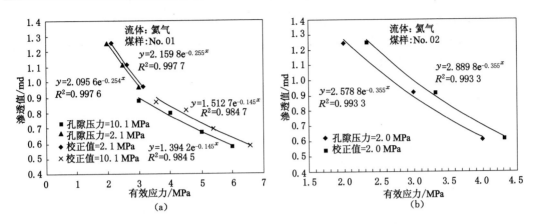

图 5　两个煤芯采用恒定压差法和恒定有效应力法得到的渗透率对比
(a) 01 号煤芯渗透率；(b) 02 号煤芯渗透率

3.2　注入甲烷的结果

因为实验中压差保持恒定,所以假定每次测试的有效应力系数恒定。以计算的有效应力系数为基础,从原始数据中减去附加有效应力引起的渗透率降低即可修正渗透率数据。式(9)用来计算附加渗透率变化。初始渗透率都由氦气的校准表达式计算,如图 5 所示。注入甲烷时,煤芯 01 号的原始渗透率数据与校正后的渗透率数据之间的比较如图 6 所示。

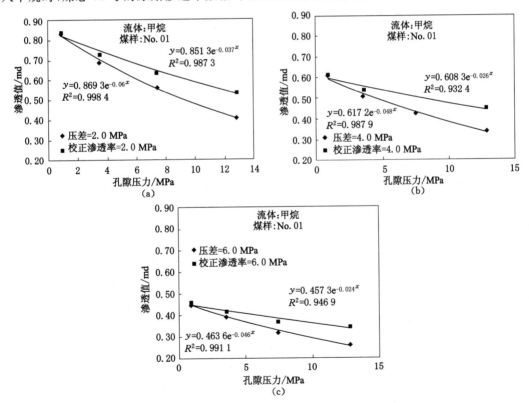

图 6　01 号煤芯注入甲烷时,采用恒定压差法和恒定有效应力法测得的渗透率对比
(a) 压差 2.0 MPa 下渗透率比较；(b) 压差 4.0 MPa 下渗透率比较；(c) 压差 6.0 MPa 下渗透率比较

3.3 注入二氧化碳的结果

与注入甲烷的数据分析一样,注入二氧化碳时,煤芯01号和02号的原始渗透率数据与校正后的渗透率数据之间的比较分别如图7和图8所示。煤芯01号涉及4个不同孔隙压力,即3.0、6.4、9.8、13.3 MPa;煤芯02号涉及3个不同孔隙压力,即1.3、3.6、5.0 MPa。

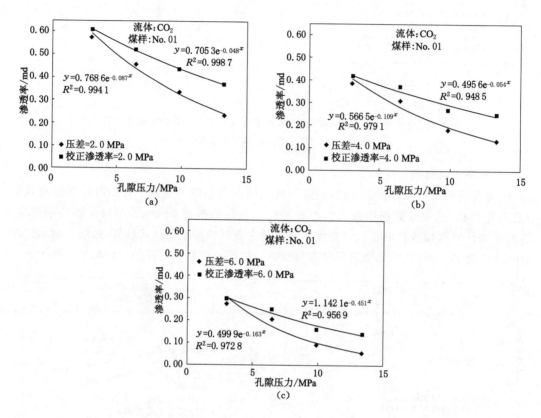

图7　01号煤芯注入二氧化碳时采用恒定压差法和恒定有效应力法测得的渗透率对比
(a)压差2.0 MPa下渗透率比较;(b)压差4.0 MPa下渗透率比较;(c)压差6.0 MPa下渗透率比较

4　讨论

从图6～图8可以看出,校正后的数据遵循指数关系,比原始数据更好。原始数据包括两个因素的影响:有效应力和吸附引起的应变,而校正后的数据只包括吸附引起的应变,符合朗缪尔方程。

根据式(10),煤芯01号和02渗透率的误差在表2和表3中列出。对于两个煤样,渗透率随孔隙压力变化的显著差异可以在原始结果($\beta=1.0$)和校正后结果中看到。这表明,恒定压差法高估了吸附引起的渗透率变化,尤其是在高孔隙压力范围内。其原因在于部分有效应力所致的渗透率降低被视为来源于吸附引起的应变。孔隙压力越高,高估的越多。对于煤芯01号,在实验压力范围内,CH_4注入过程中误差可高达27.86%;二氧化碳注入时误差可达到60%。对于煤芯02号,二氧化碳注入时误差高于煤芯01号。这表明,通过消除附加有效应力的影响来校正渗透率是非常必要的。

有效应力系数和吸附引起的应变对煤层渗透率演化的影响:实验观察

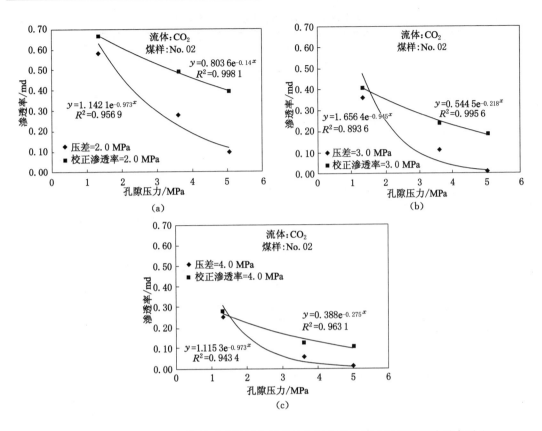

图 8　02 号煤芯注入二氧化碳时采用恒定压差法和恒定有效应力法测得的渗透率对比
(a) 压差 2.0 MPa 下渗透率比较;(b) 压差 3.0 MPa 下渗透率比较;(c) 压差 4.0 MPa 下渗透率比较

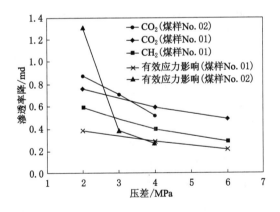

图 9　压实和膨胀变形引起的渗透率变化比较

表 2　　　　不同压差下,注入 CH_4 测得的渗透率误差

孔隙压力/MPa		误差(2.0 MPa)/%	误差(4.0 MPa)/%	误差(6.0 MPa)/%
No.01	0.92	1.18	1.56	1.39
	3.54	5.20	6.97	5.79
	7.41	12.18	15.58	13.41
	12.80	24.33	27.86	24.08

表 3　　　　不同压差下注入二氧化碳测得的渗透率误差分析

孔隙压力/MPa		误差(2.0 MPa)/%	误差(4.0 MPa)/%	误差(6.0 MPa)/%
01 号样品	3.0	5.36	6.70	6.94
	6.4	13.02	15.80	17.39
	9.8	23.44	32.12	40.76
	13.3	36.28	46.03	61.04

孔隙压力/MPa		误差(2.0 MPa)/%	误差(3.0 MPa)/%	误差(4.0 MPa)/%
02 号样品	1.3	12.72	12.19	9.93
	3.6	43.74	54.09	57.03
	5.0	73.61	94.96	94.06

接下来,对吸附和有效应力造成的渗透率变化进行了对比,以评估各效应的贡献程度。以修正的渗透率数据为基础,计算不同气体吸附应变导致的绝对渗透率降低值,比较每种组分(即 CO_2 和 CH_4)对渗透率变化的贡献。

$$\Delta k_r = k_{0m} - k_{fm} \tag{11}$$

其中,k_{0m} 是有效应力 m(零孔隙压力)下的原始渗透率;k_{fm} 代表有效应力 m、最终实验孔隙压力(煤芯 1 号 13.3 MPa,煤芯 2 号 5.0 MPa)下的渗透率值。

对比结果如图 9 所示,在相同压力下,01 号煤芯注入二氧化碳时的渗透率降低值比注入甲烷时大 1.5 倍左右;有效应力引起的渗透率降低值比注入氦气大 2.1 倍左右。类似的现象在 02 号煤芯中也观察到,使用二氧化碳时有效应力引起的渗透率降低值比于注入氦气大 1.9 倍。在煤芯 02 号中,有效应力引起的渗透率曲线的第一点与其他点大不相同,可能是因为难以估计大气条件下的煤岩初始渗透率,初始渗透率由本文中其他孔隙压力测量值拟合得到。

这组实验表明,有效应力引起的渗透率降低接近于注入甲烷引起的降低值,但是注入二氧化碳时的差异并不像现场观察一样显著。原位试验显示,随着吸附气体注入/产出,渗透率出现显著下降/升高(Fujioka 等,2010;Mavor 和 Vaughn,1998;Mavor 等,2004;Palmer,2009;van Bergen 等,2009a,b;Wong 等,2007)。这种差异可归因于实验条件与原位条件的差异。在原位条件下,包括了实验室小煤样未展现出的效果:吸附应变可能导致天然割理闭合,并导致渗透率急剧变化。而在实验条件下,煤芯在实验前被固结,即人为闭合了裂缝,进

而削弱了吸附引起的应变效应。

5 结论

本研究表明,煤层的有效应力系数不等于1。该结论是根据围压与孔隙压力压差恒定条件下的一系列气体流动实验观察所得。首先,有效应力系数由非吸附气体(氦气)实验获得,在这些实验中气体吸附的影响可忽略不计,随孔隙压力变化的任何渗透率变化均归因于有效应力系数变化。其次,非吸附性气体实验中导致的渗透率变化被用于校准随后吸附性气体(二氧化碳和甲烷)的实验结果,进而得到仅吸附应变对渗透率变化的影响。这一发现极其重要,因为煤是一种软岩,颗粒压缩性比预想得更大,尤其是在高孔隙压力下。测得的渗透率数据与校准数据之间的对比结果表明,在气体吸附引起的渗透率变化中,有效应力系数发挥着重要作用。

Reprinted and translated from International Journal of Greenhouse Gas Control, Vol 5 (5), Zhongwei Chen, Zhejun Pan, Jishan Liu, Luke D. Connell, Derek Elsworth, Effect of effective coefficient and sorption-induced strain on the evolution of coal permeability: Experimental observtions, p. 1284-1293, Copyright (2011), with permission from Elsevier.

参考文献

Alam, M. M. , Borre, M. K. , Fabricius, I. L. , Hedegaard, K. , R gen, B. , Hossain, Z. , Krogsb ll, A. S. ,2010. Biot's coefficient as an indicator of strength and porosity reduction: calcareous sediments from Kerguelen Plateau. Journal of Petroleum Science and Engineering 70,282-297.

Bear, J. ,1972. Dynamics of Fluids in Porous Media. American Elsevier Pub. Co, New York. Bernabe, Y. ,1987. The effective pressure law for permeability during pore pressure and confining pressure cycling of several crystalline rocks. Journal of Geophysical Research 92,649-657.

Biot, M. A. ,1941. General theory of three-dimensional consolidation. Journal of Applied Physics 12,155-164.

Brace, W. F. , Walsh, J. B. , Frangos, W. T. ,1968. Permeability of granite under high pressure. Journal of Geophysical Research 73,2225-2236.

Bustin, R. M. , Cui, X. , Chikatamarla, L. ,2008. Impacts of volumetric strain on CO_2 sequestration in coals and enhanced CH_4 recovery. AAPG Bulletin 92,15-29.

Chikatamarla, L. , Cui, X. , Bustin, R. M. ,2004. Implications of volumetric swelling/shrinkage of coal in sequestration of acid gases, International Coalbed Methane Symposium, Tuscaloosa, Alabama, Paper No. 0435.

Clarkson, C. R. , Bustin, R. M. ,2000. Binary gas adsorption/desorption isotherms: effect of moisture and coal composition upon carbon dioxide selectivity over methane. International Journal of Coal Geology 42,241-271.

Cui, X. , Bustin, R. M. , Chikatamarla, L. ,2007. Adsorption-induced coal swelling and stress: implications for methane production and acid gas sequestration into coal seams. Journal of Geophysical Research 112, B10202.

Day, S., Fry, R., Sakurovs, R., 2008. Swelling of Australian coals in supercritical CO_2. International Journal of Coal Geology 74, 41-52.

Fujioka, M., Yamaguchi, S., Nako, M., 2010. CO_2-ECBM field tests in the Ishikari Coal Basin of Japan. International Journal of Coal Geology 82, 287-298.

Gash, B. W., 1991. Measurement of "rock properties" in coal for coalbed methane production. In: SPE Annual Technical Conference and Exhibition. 1991 Copyright 1991, Society of Petroleum Engineers, Inc., Dallas, TX.

Ghabezloo, S., Sulem, J., Guédon, S., Martineau, F., 2009. Effective stress law for the permeability of a limestone. International Journal of Rock Mechanics and Mining Sciences 46, 297-306.

Han, F., Busch, A., van Wageningen, N., Yang, J., Liu, Z., Krooss, B. M., 2010. Exper-imental study of gas and water transport processes in the inter-cleat (matrix) system of coal: anthracite from Qinshui Basin, China. International Journal of Coal Geology 81, 128-138.

Harpalani, S., Chen, G., 1997. Influence of gas production induced volumetric strain on permeability of coal. Geotechnical and Geological Engineering 15, 303-325.

Harpalani, S., Schraufnagel, R. A., 1990. Shrinkage of coal matrix with release of gas and its impact on permeability of coal. Fuel 69, 551-556.

Hildenbrand, A., Schl mer, S., Krooss, B. M., 2002. Gas breakthroughexperiments on fine-grained sedimentary rocks. Geofluids 2, 3-23.

Hsieh, P. A., Tracy, J. V., Neuzil, C. E., Bredehoeft, J. D., Silliman, S. E., 1981. A transient laboratory method for determining the hydraulic properties of 'tight' rocks-I. Theory. International Journal of Rock Mechanics and Mining Sciences & Geomechanics Abstracts 18, 245-252.

Huy, P. Q., Sasaki, K., Sugai, Y., Ichikawa, S., 2010. Carbon dioxide gas permeability of coal core samples and estimation of fracture aperture width. International Journal of Coal Geology 83, 1-10.

Karacan, C., 2003. Heterogeneous sorption and swelling in a confined and stressed-coal during CO_2 injection. Energy & Fuels 17, 1595-1608.

Klinkenberg, L. J., 1941. The Permeability Of Porous Media To Liquids And Gases, Drilling and Production Practice. American Petroleum Institute.

Kranzz, R. L., Frankel, A. D., Engelder, T., Scholz, C. H., 1979. The permeability of whole and jointed Barre granite. International journal of Rock Mechanics and Mining Sciences & Geomechanics Abstracts 16, 225-234.

Laubach, S. E., Marrett, R. A., Olson, J. E., Scott, A. R., 1998. Characteristics and origins of coal cleat: a review. International Journal of Coal Geology 35, 175-207.

Levine, J. R., 1996. Model study of the influence of matrix shrinkage on absolute per

—meability of coal bed reservoirs. In:Gayer,R.,Harris,I. (Eds.),Coalbed Methane and Coal Geology. Geological Society Special Publication No 109,London,pp. 197-212.

Lin,W.,Tang,G.-Q.,Kovscek,A. R.,2008. Sorption-induced permeability change of coal during gas-injection processes. SPE Reservoir Evaluation & Engineering 11.

Liu,C. J.,Wang,G. X.,Sang,S. X.,Rudolph,V.,2010a. Changes in pore structure of anthracite coal associated with CO_2 sequestration process. Fuel 89,2665-2672.

Liu,J.,Chen,Z.,Elsworth,D.,Miao,X.,Mao,X.,2010b. Evaluation of stress-controlled coal swelling processes. International Journal of Coal Geology,doi:10.1016/j.coal. 2010.06.005.

Mavor,M. J.,Gunter,W. D.,2006. Secondary porosity and permeability of coal vs gas composition and pressure. SPE Reservoir Evaluation & Engineering 9,114-125.

Mavor,M. J.,Gunter,W. D.,Robinson,J. R.,2004. Alberta multiwell micro-pilot testing for CBM properties. In:Enhanced Methane Recovery and CO_2 Storage Potential, SPE Annual Technical Conference and Exhibition,Houston,TX.

Mavor,M. J.,Vaughn,J. E.,1998. Increasing Coal Absolute Permeability in the San Juan Basin Fruitland Formation. SPE Reservoir Evaluation & Engineering 1,201-206.

Mazumder,S.,Karnik,A. A.,Wolf,K.-H. A. A.,2006. Swelling of coal in response to CO_2 Sequestration for ECBM and its effect on fracture permeability. SPE Journal 11, 390-398.

Mazumder,S.,Wolf,K. H.,2008. Differential swelling and permeability change of coal in response to CO_2 injection for ECBM. International Journal of Coal Geology 74,123-138.

McKee,C. R.,Bumb,A. C.,Koenig,R. A.,1988. Stress-dependent permeability and porosity of coal and other geologic formations. SPE Formation Evaluation 3,81-91.

Moffat,D. H.,Weale,K. E.,1955. Sorption by coal of methane at high pressures. Fuel 34,449-462.

Nur,A.,Byerlee,J. D.,1971. An exact effective stress law for elastic deformation of rock with fluids. Journal of Geophysical Research 76,6414-6419.

Ozdemir,E.,Schroeder,K.,2009. Effect of moisture on adsorption isotherms and adsorption capacities of CO_2 on coals. Energy & Fuels 23,2821-2831.

Palmer,I.,2009. Permeability changes in coal:analytical modeling. International Journal of Coal Geology 77,119-126.

Palmer,I.,Mansoori,J.,1996. How permeability depends on stress and pore pressure in coalbeds:a new model. In:SPE Annual Technical Conference and Exhibition. 1996 Copyright 1996,Society of Petroleum Engineers,Inc.,Denver,Colorado.

Pan,Z.,Connell,L. D.,2007. A theoretical model for gas adsorption-induced coal swelling. International Journal of Coal Geology 69,243-252.

Pan,Z.,Connell,L. D.,2011. Modelling of anisotropiccoal swelling and its impact on permeability behaviour for primary and enhanced coalbed methane recovery. International

Journal of Coal Geology 85,257-267.

Pan,Z. ,Connell,L. D. ,Camilleri,M. ,2010a. Laboratory characterisation of coal reservoir permeability for primary and enhanced coalbed methane recovery. International Journal of Coal Geology 82,252-261.

Pan,Z. ,Connell, L. D. ,Camilleri, M. ,Connelly, L. ,2010b. Effects of matrix moisture on gas diffusion and flow in coal. Fuel 89,3207-3217.

Patching,T. H. ,1965. Variations in permeability of coal. In:Proc. 3rd Rock Mech. Symp. ,Univ. of Toronto,UK,pp. 185-199.

Pini,R. ,Ottiger, S. ,Burlini, L. ,Storti, G. ,Mazzotti, M. ,2009. Role of adsorption and swelling on the dynamics of gas injection in coal. Journal of Geophysical Research 114,B04203.

Reucroft,P. J. ,Patel,H. ,1986. Gas-induced swelling in coal. Fuel 65,816-820.

Reucroft,P. J. ,Sethuraman, A. R. ,1987. Effect of pressure on carbon dioxide inducedcoal swelling. Energy & Fuels 1,72-75.

Robertson,E. P. ,Christiansen,R. L. ,2005. Measurement of sorption-induced strain. In: International Coalbed Methane Symposium, Tuscaloosa, Alabama, 17-19 May, Paper 0532.

Robertson,E. P. ,Christiansen, R. L. ,2007. Modelinglaboratory permeability in coal using sorption-induced strain data. SPE Reservoir Evaluation & Engineering 10,260-269.

Robin,P. -Y. F. ,1973. Note on effective pressure. Journal of Geophysical Research 78,2434-2437.

Seidle,J. R. ,Huitt,L. G. ,1995. Experimental measurement of coal matrix shrinkage due to gas desorption and implications for cleat permeability increases. In: International Meeting on Petroleum Engineering. 1995 Copyright 1995,Society of Petroleum Engineers, Inc. ,Beijing,China.

Seidle,J. P. ,Jeansonne, M. W. ,Erickson, D. J. ,1992. Application of matchstick geometry to stress dependent permeability in coals. In:SPE Rocky Mountain Regional Meeting,SPE 24361,Casper,Wyoming.

Shi,J. Q. ,Durucan,S. ,2004. Drawdown induced changes in permeability of coalbeds: a new interpretation of the reservoir response to primary recovery. Transport in Porous Media 56,1-16.

Siriwardane, H. , Haljasmaa, I. , McLendon, R. , Irdi, G. , Soong, Y. , Bromhal, G. , 2009. Influence of carbon dioxide on coal permeability determined by pressure transient methods. International Journal of Coal Geology 77,109-118.

Somerton,W. H. ,Sylemezoglu,I. M. ,Dudley,R. C. ,1975. Effect of stress on permeability of coal. International Journal of Rock Mechanics and Mining Sciences & Geomechanics Abstracts 12,129-145.

St. George,J. D. ,Barakat,M. A. ,2001. The change in effective stress associated with shrinkage from gas desorption in coal. International Journal of Coal Geology 45,105-113.

Terzaghi, K. V., 1923. Die Berechnung derdurchassigkeitsziffer des Tonesaus dem Verlauf der hydrodynamischen Spannungserscheinungen. Sitzung-bericht Akademie Wissenschaft Wien, Mathematik Naturwissenschaft 132, 105-126.

van Bergen, F., Krzystolik, P., van Wageningen, N., Pagnier, H., Jura, B., Skiba, J., Winthaegen, P., Kobiela, Z., 2009a. Production of gas from coal seams in the upper silesian coal basin in Poland in the post-injection period of an ECBM pilotsite. International Journal of Coal Geology 77, 175-187.

van Bergen, F., Spiers, C., Floor, G., Bots, P., 2009b. Strain development in unconfined coals exposed to CO_2, CH_4 and Ar: effect of moisture. International Journal of Coal Geology 77, 43-53.

Walsh, J. B., 1981. Effect of pore pressure and confining pressure on fracture permeability. International Journal of Rock Mechanics and Mining Sciences & Geomechanics Abstracts 18, 429-435.

Wang, G. X., Wei, X. R., Wang, K., Massarotto, P., Rudolph, V., 2010. Sorption-induced swelling/shrinkage and permeability of coal under stressed adsorption/desorption conditions. International Journal of Coal Geology 83, 46-54.

White, C. M., Smith, D. H., Jones, K. L., Goodman, A. L., Jikich, S. A., LaCount, R. B., DuBose, S. B., Ozdemir, E., Morsi, B. I., Schroeder, K. T., 2005. sequestration of carbon dioxide in coal with enhanced coalbed methane recovery-a review. Energy & Fuels 19, 659-724.

Wong, S., Law, D., Deng, X., Robinson, J., Kadatz, B., Gunter, W. D., Jianping, Y., Sanli, F., Zhiqiang, F., 2007. Enhanced coalbed methane and CO_2 storage in anthracitic coals-micro-pilot test at South Qinshui, Shanxi, China. International Journal of Greenhouse Gas Control 1, 215-222.

Zhao, Y., Hu, Y., Wei, J., Yang, D., 2003. The experimental approach to effective stress law of coal mass by effect of methane. Transport in Porous Media 53, 235-244.

Zhang, K., Zhou, H., Hu, D., Zhao, Y., Feng, X., 2009. Theoretical model of effective stress coefficient for rock/soil-like porous materials. Acta Mechanica Solida Sinica 22, 251-260.

Zheng, Z., 1993. Compressibility of porous rocks under different stress conditions. In: The 34th U. S. Symposium on Rock Mechanics (USRMS). Geological Engineering Program, UW-Madison, Permission to Distribute-American Rock Mechanics Association, Madison, WI.

煤基质中的水分对气体扩散和流动的影响

Zhejun Pan, Luke D. Connell, Michael Camilleri, Leo Connelly

赵洋译　穆福元校

摘要：煤层气生产是一个复杂的过程,最初吸附在煤基质上,然后解吸并通过基质扩散进入裂隙,最终通过裂隙流入生产井。因此,煤层气的生产率主要由基质中的扩散率以及裂隙中的渗透率控制。煤基质中的水分对气体吸附能力、解吸以及运移过程扮演着重要角色。然而,关于水分如何影响气体解吸和扩散的研究尚为甚少。在本工作中,我们通过实验针对一个澳大利亚煤样研究了水分对 CH_4 和 CO_2 吸附速率的影响。结果显示,基质中的水分对气体吸附速率有显著影响,并且水分对 CH_4 扩散速率的影响比对 CO_2 扩散速率的影响更强。此外,使用双孔扩散模型的模拟结果表明,在不同尺寸的孔隙中,水分对气体扩散速率的影响不同。另外,水分会导致煤膨胀/收缩以及力学特性的变化,从而影响储层条件下煤的渗透率。对同一煤样实验测得的基质膨胀和弹性模量结果表明,水分对这些特性具有显著影响,对煤层气采收率和 CO_2 封存有重大意义。

1　引言

在采煤之前进行煤层气(CBM)抽采的过程中,气体首先从煤基质内孔壁上解吸,然后在浓度差的作用下通过孔隙系统扩散进入裂隙,最后在压力差的作用下通过裂隙流入生产井。因此,气体在煤中流动的两个主要控制参数是基质中的扩散率和裂隙中的渗透率。煤基质通常固有一定的水分,裂隙系统通常也有自由状态的水[1]。裂隙中的自由水会影响气体的有效渗透率,可以通过与相对渗透率关系式确定。在瓦斯抽采或煤层气开采过程中,煤基质中的水分就像先前吸附的气体一样被带出基质。湿度降低会增加采煤过程中的含尘量[1]。在提高煤层气采收率(ECBM)过程中,注入的 CO_2 也会作为一种干燥介质,使基质湿度降低,特别是在注入井附近。

吸附气从煤基质到裂隙是一个复杂的过程,气体从孔壁解吸并通过孔隙系统扩散到裂隙中[2]。在多孔介质中,存在三种不同的扩散机理:① 菲克扩散,其中气体分子间的碰撞是主要机理,尤其针对大孔径和高压情况;② 努森扩散,气体分子与孔壁的碰撞是主要机理,针对分子的平均自由程大于孔径情况;③ 表面扩散,吸附的气体分子沿孔壁表面移动,针对微孔中的强吸附性气体[3]。上述三种扩散机理均在煤基质中气体扩散过程扮演重要的角色。实验显示,一些类型煤中气体吸附率遵循一种双孔扩散或两步模式[4],而对于另一些类型的煤,解析率遵循一种单孔扩散或单步模式[4-6]。Li 等人[7]也证明对一种无烟煤,吸附率是单步的;而对于一种破碎的次烟煤,吸附率是两步的:总吸附量的 60% 以上发生在 10 s 内,而剩余吸附量的发生需要几小时。这些结果可以反映出煤基质中孔隙系统以及煤气相互作用的复杂性。此外,由于基质内水分占据孔隙空间,部分水分吸附在孔隙表面,对于气体扩散的三种机理以及整体扩散特性都有影响。先前破碎煤样的测量结果表明,干煤的气体解吸率比湿煤大得多[4]。但是,鲜有关于水分对解吸率影响的测量,而且没有针对同一煤样在不同的湿度条件下解吸扩散率的测量。因此,基质中水分和气体扩散之间的关系还不很明确。本项工作对于了解气体扩散和湿度之间的关系提供了依据。

水分除了对气体吸附率有影响外,还包括以下方面:① 影响气体等温吸附式,改变煤的吸附能力,从而影响气体总产量以及 CO_2 封存量;② 影响煤基质膨胀,对储层条件下裂隙渗透率有重大影响;③ 影响煤的性质如地质力学特性,直接影响裂隙渗透率。可以从煤渗透率模型中看出膨胀和地质力学特性变化造成的影响(模型包含应力—渗透率关系以及吸附引起膨胀/收缩的地质力学影响)[8-17]。Shi-Durucan 模型是一种广泛应用的模型,它描述了由于应力变化以及膨胀/收缩引起的渗透率变化[13]:

$$\sigma - \sigma_0 = -\frac{\nu}{1-\nu}(P-P_0) + \frac{E}{3(1-\nu)}(\varepsilon-\varepsilon_0) \tag{1}$$

其中,σ 为有效水平应力;σ_0 为原储层压力下的有效水平应力;ν 为泊松比;P 为储层压力;P_0 为原始储层压力;E 为杨氏模量;ε 为基质膨胀/收缩应变;ε_0 为原始储层压力下的膨胀/收缩应变。

渗透率与有效应力的关系如下[13]:

$$k = k_0 e^{-3c_f(\sigma-\sigma_0)} \tag{2}$$

其中,k 为储层渗透率;k_0 为在原始储层压力下的渗透率;C_f 为裂隙压缩系数。

从方程(1)和方程(2)可以看出,膨胀/收缩应变和杨氏模量对煤的渗透率都有直接影响,从而影响气体流动的整体行为。

在本研究中,我们对一个澳大利亚煤样在不同湿度条件下进行了气体吸附率的实验测量。使用的气体是 CH_4 和 CO_2,使用 CO_2 是因为它可以提高煤层气采收率,并能存储在深部不可开采的煤层中减少温室效应。此外在不同湿度条件下,测量了煤膨胀量和杨氏模量。然后讨论了基质水分对气体流动的影响。

2 实验方法

2.1 煤样制备

采集自澳大利亚新南威尔士州悉尼盆地布利煤层的烟煤。煤样的工业分析如表 1 所示。样品直径为 2.54 cm,长度为 8.26 cm。使用圆柱形而不是碾碎的样品可以保留基质中的孔隙结构。样品放在 50 ℃ 的真空烘箱中干燥一周以上,以除去先前存在的水分。采用 50 ℃ 低温和真空条件是为了减小煤的氧化速度,因为氧化速度会随着温度的升高而增大[18]。干燥后煤样的重量为 48.8 g。然后将样品浸水 24 h 以确保湿度均匀,含水量达到 13% 左右,高于平衡状态下的含水量。然后将样品放到一个有 K_2SO_4 溶液的密封罐,其中 K_2SO_4 溶液的作用是控制水蒸气在室温及 97% 的相对湿度条件下的分压,如图 1 所示。两个月后样品平衡湿度达到 8.5%,湿度表达式为:

$$w\% = \frac{m_{H_2O}}{m_{coal}} \times 100\% \tag{3}$$

其中,$w\%$ 为湿度含量百分比;m_{H_2O} 为煤中水分总质量;m_{coal} 为干煤质量。

表1　样品的工业分析

湿度/%	挥发物/%	碳/%	灰分/%
0.9	23.7	71.1	4.3

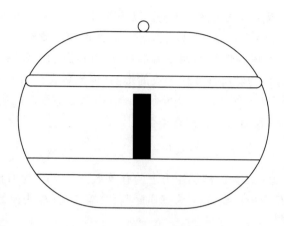

图1　湿度平衡室简图

为确保样品的湿度达到平衡,从同一煤块取大约100 g破碎样品,测其平衡水分。首先将碎煤置于50 ℃烘箱中干燥一周以上,然后将它置于平衡室获取水分,两个月后,其水分质量比达到约8.2%。同时,柱状样品的水分质量比从13%降到8.5%,取出柱状样品,测其吸附/解吸率。再将碎样品保存到湿度平衡室6周后水分质量比达到大约8.4%。因此,柱状样品8.5%的水分可作为其平衡水分。碎煤和柱状煤样的水分含量随时间变化如图2所示。

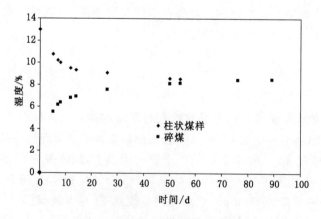

图2　煤样湿度随时间的变化情况

对含8.5%水分的煤样进行了一系列气体吸附/解吸实验后,将样品放回到平衡室,其中有NaCl饱和溶液用于保持空气相对湿度大约为75%。经过两周,样品会损失少量的水,水分质量比降到5.1%。经过又一系列的气体吸附/解吸实验后,将样品放回到平衡室,其中有$MgCl_2$饱和溶液用于保持空气相对湿度大约为33%。经过两周,样品水分质量比降到3.3%。

再次进行一系列的气体吸附/解吸实验后将样品置于 50℃ 恒温箱中干燥两周,除去剩余水分,并进行了最后一系列的吸附/解吸实验。吸附/解吸率实验中盐溶液及样品水分含量列于表 2。

表 2　　　　　　　　　　　　　　　　水分含量

盐溶液	空气相对湿度/%	样品水分含量/%
K_2SO_4	97	8.5
NaCl	75	5.1
$MgCl_2$	33	3.3

2.2　等温吸附率测量

实验装置如图 3 所示,使用了质量守恒法。煤样置于一个胶皮套中,胶皮套和样品之间有一层铅箔(防止气体通过胶皮套扩散到周围)和一层钢丝网(为气体流动提供通道)。在胶皮套周围施加围压防止气体泄露。使用 ISCO 注气泵向样品室注入气体。注气泵总体积为 266 mL,并且可以精确地维持常压以及记录体积改变。实验温度为 26 ℃。

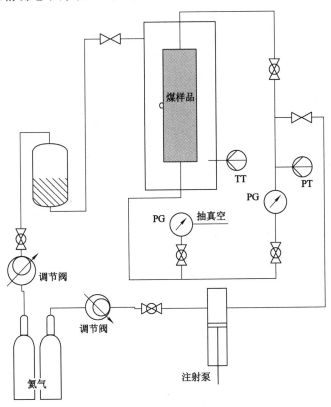

图 3　实验装置图

在每一个吸附步骤开始前,将 ISCO 泵设定一个高于煤样中气压的目标压力,然后打开泵与样品室之间的开关阀,使气体流到煤样侧表面接着扩散进入煤样。ISCO 泵控制的常压以及电脑实时记录的泵体积改变用来计算气体扩率和吸附量。恒压边界条件可以方便地应用到扩散模型中。

Gibbs 过剩吸附可以直接根据实验数据计算。将已知量 n_{inj} 的纯气体注入到样品室,一部分被吸附,另一部分 n_{unads} 以平衡气相存在于空隙中。使用质量守恒方程来计算总吸附量,如下式[20]:

$$n_{ads}^{Gibbs} = n_{inj} - n_{unads} \qquad (4)$$

注入量可以通过泵的压力、温度和体积来计算:

$$n_{inj} = \left(\frac{P\Delta V}{ZRT}\right)_{pump} \qquad (5)$$

其中,P 为压力;ΔV 为 ISCO 体积变化;Z 为压缩系数;R 为通用气体常数。未吸附气体的量可以通过空隙的平衡条件来计算:

$$n_{unads}^{Gibbs} = \left(\frac{PV_{void}}{ZRT}\right)_{cell} \qquad (6)$$

其中,V_{void} 为样品室的空隙体积(通过注入非吸附性氦气来确定)。

需要说明的是,计算气相压缩系数时,没有考虑从湿煤释放出来的水蒸气,与计算湿煤等温吸附一致[21]。吸附百分量等于时间 t 时的吸附量与达到平衡状态时的吸附量之比。在更高的压力下重复上述步骤,研究压力对扩散的影响,这些步骤会产生一条完整的等温吸附线。

对于解吸测量,注射泵压力低于煤样中压力,打开泵和样品室之间的阀门,气体从样品室回流到 ISCO 泵。同样 ISCO 泵控制恒定压力并实时检测泵的体积变化,用于计算气体扩散率和解吸量。类似于吸附量的计算,解吸量可以通过质量守恒公式来计算。

解吸百分量等于时间 t 时的解吸量与当达到平衡时解吸量之比。在较低的压力下,重复上述步骤,研究压力对扩散的影响,这些步骤可以产生一条完整的等温解吸线。

2.3 膨胀应变和杨氏模量的测定

吸附/解吸实验后,用带有 $MgCl_2$、$NaCl$ 及 K_2SO4 溶液的平衡室重新让煤样获取水分,每天测量煤样的质量、长度和直径,以便找出尺寸变化和水分变化之间的关系。

应变是一种相对位移,定义为[22]:

$$\varepsilon = \frac{\Delta l}{l} = \frac{l - l^*}{l} \qquad (7)$$

其中,ε 为应变;Δl 为位移;l^* 为参考长度;l 为长度。

通过轴向载荷和轴向应变确定煤样的杨氏模量[22]:

$$E = \frac{\sigma}{\varepsilon} = \frac{F/A}{\varepsilon} \qquad (8)$$

其中,E 是杨氏模量;σ 是应力;F 是施加在样品上的轴向荷载;A 是样品横截面;ε 是轴向荷载下的应变。

3 扩散模拟

单孔模型是孔隙介质中气体扩散的常见方法,当边界的浓度保持恒定时,球形吸附剂的吸附速率如下[23]:

$$\frac{M_t}{M_\infty} = 1 - \frac{6}{\pi^2}\sum_{n=1}^{\infty}\frac{1}{n^2}\exp\left(-\frac{Dn^2\pi^2 t}{R^2}\right) \tag{9}$$

其中 M_t 为时间 t 内吸附/解吸的气体总量;M_∞ 为无限时间吸附/解吸的气体量;R 为球的半径;D 为有效扩散系数。

单参数模型,如单孔模型可能适用于某些亮煤[4]。然而,大部分煤都具有多孔径分布,CH_4 和 CO_2 的吸附/解吸特性更适合用双孔扩散模型来描述[4,24]。简化的双孔扩散模型包括大孔的较快扩散阶段以及微孔的较慢扩散阶段。

第一阶段(快速阶段)的吸附率为[25]:

$$\frac{M_a}{M_{a\infty}} = 1 - \frac{6}{\pi^2}\sum_{n=1}^{\infty}\frac{1}{n^2}\exp\left(-\frac{D_a n^2\pi^2 t}{R_a^2}\right) \tag{10}$$

其中,M_a 为时间 t 内大孔隙中吸附/解吸的气体量;R_a 为大球半径;D_a 为大孔隙有效扩散系数。

第二阶段(慢速阶段)的吸附率为[25]:

$$\frac{M_i}{M_{i\infty}} = 1 - \frac{6}{\pi^2}\sum_{n=1}^{\infty}\frac{1}{n^2}\exp\left(-\frac{D_i n^2\pi^2 t}{R_i^2}\right) \tag{11}$$

其中,M_i 为时间 t 内微孔中吸附/解吸的气体量;R_i 为微球半径;D_i 为微孔有效扩散系数。

因此,总的吸附速率为:

$$\frac{M_t}{M_\infty} = \frac{M_a + M_i}{M_{a\infty} + M_{i\infty}} = \beta\frac{M_a}{M_{a\infty}} + (1-\beta)\frac{M_i}{M_{i\infty}} \tag{12}$$

其中,$\beta = \frac{M_{a\infty}}{M_{i\infty} + M_{a\infty}}$ 为大孔吸附/解吸量与总吸附/解吸量的比值。

需要说明的,推导上述双孔扩散模型时,假设是线性等温吸附[25]。但是气体在煤上的吸附通常为非线性的。因此,用双孔扩散模型描述气体吸附率,可能要仔细研究等温吸附式。

4 实验结果

4.1 吸附速率

对于每种气体,按照四种不同的压力步测量了不同水分下的吸附/解吸附率。四个吸附压力步分别为从 0.02 MPa 到 0.6 MPa,从 0.6 MPa 到 1.1 MPa,从 1.1 MPa 到 2.06 MPa 以及从 2.06 MPa 到 4.0 MPa。解吸压力步长与吸附压力步长相反。因此本工作进行了 64 个吸附速率的测量。图 4 显示其中 8 个测量结果,包括在不同湿度条件从 0.02 MPa 到 0.6 MPa 压力下,4 个 CH_4 吸附速率和 4 个 CO_2 吸附速率测量结果。

其他测量值,虽然用了不同的压力步长,但是看起来相似,因此在图中没有表示出来。所有的吸附率测量值显示,在快速段几分钟内可以达到大约 70% 的吸附量,而其余吸附量需要几天时间。从图中还可以看出,在相同湿度条件下,CO_2 吸附速度比 CH_4 吸附速度快。为了更好地表示吸附结果,从实验数据中估算了达到总吸附量 80% 的吸附时间,包括快速阶段达到 70% 的时间以及慢速阶段的早期。

各不同水分样品的四个压力步长下,气体吸附时间的平均值如表 3 所示。从表中可以看出,8.5% 水分的煤样达到全部吸附量的 80% 需要花几小时,而 0% 水分的煤样达到全部吸附量的 80% 只需要几分钟。从表中还可以看出,解吸所花的时间比吸附长,CO_2 吸附比

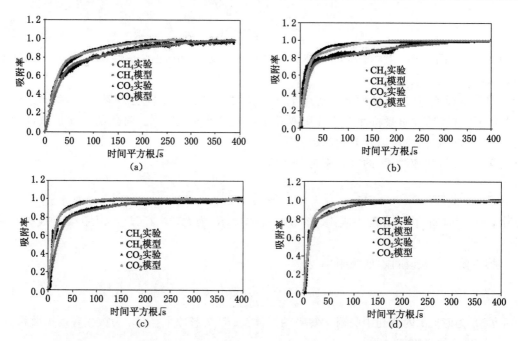

图 4 不同湿度下,压力从 0.02 到 0.60 MPa 过程中,CH_4 吸附率的实验结果

CH_4 快。这些结果与其他学者对烟煤的实验结果一致,呈现出两步吸附模式[2,4,7]。

表 3　　　　　　　　　　　　　吸附时间

湿度(质量%)	8.5%/h	5.1%/h	3.3%/h	0%/h
CH_4 吸附	2.7	0.7	0.3	0.11
CH_4 解吸	4.0	1.0	0.33	0.17
CO_2 吸附	0.7	0.25	0.11	0.06
CO_2 解吸	1.0	0.44	0.11	0.08

4.2 吸附等温线

等温线是使用方程(4)对每一个压力步长计算的平衡吸附/解吸量。图 5 和图 6 分别显示了 CH_4 和 CO_2 的吸附等温线。从图中可以看出,煤基质中的水分含量显著减小煤的吸附能力,这个发现与先前文献中一致,例如 Day 等人通过干湿两种煤样研究了含水量对煤吸附能力的影响[26],他们的实验结果显示从干煤到湿煤,气体的吸附能力显著降低。

在吸附和解吸等温线之间存在滞后回路现象,这与文献中的其他研究结果一致[27]。

CO_2 在不同湿度煤上的吸附等温线之间差异比 CH_4 小,这与 Day 等人报道的澳大利亚 Illawarra 煤样结果一致[26]。这种表现行为说明气体、水分和煤互相作用的复杂性。

4.3 煤膨胀应变

众所周知,煤基质吸附气体发生膨胀,解吸收缩。由于 CH_4 和 CO_2 的吸附,煤的体积可能增大百分之几。另外,煤基质随着湿度增加而膨胀或者随着湿度减小而收缩[28],煤中水分对气体吸附引起的膨胀有很大影响[29]。吸附引起膨胀的一种解释说法是因为吸附降低

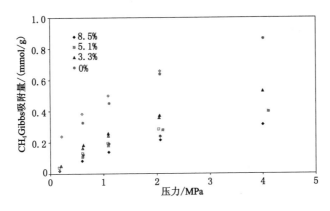

图 5 不同水分含量煤的 CH_4 吸附等温线
(实心符号:吸附;空心符号:解吸)

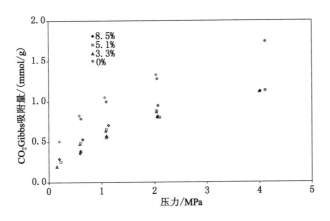

图 6 不同湿度煤的 CO_2 吸附等温线
(实心符号:吸附;空心符号:解吸)

了煤的表面能量[30]。可以认为基质内的水分吸附在煤上,减小了煤的表面能量,从而导致膨胀。

图 7 展示了煤样质量和长度随时间变化的实验结果。可以看出,煤的质量和长度同时增加,说明煤的长度变化和水分有直接关系。需要说明的是,从大约第 40 天起,由于水滴落到样品,所以质量显著变化,水分超过平衡水分。图 8 表现了水分与膨胀应变之间的关系。当水分含量低于约 5.0% 时,轴向和径向应变与水分含量呈线性关系;当水分高于平衡水分(8.5%)时,应变趋于稳定。这一结果表明,在水分达到平衡之前,水分吸附在煤上,降低了煤表面能量从而导致膨胀;在水分达到平衡后,水—煤的相互作用很小,不会导致进一步的膨胀。

最大体应变约为径向应变加轴向应变的两倍,大约为 1.5%(与前人文献[31-34]中气体吸附引起的膨胀应变相当)。这也说明水分和气体引起的膨胀机理可能是相同的,因为吸附量和膨胀应变相似。本研究中的膨胀应变测量值仅仅为水分吸附引起的膨胀,没有测量不同水分含量的煤样中气体吸附引起的膨胀。

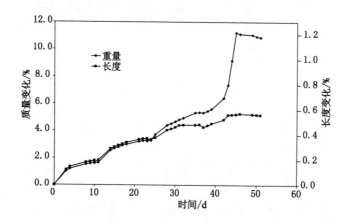

图 7 质量变化和长度变化

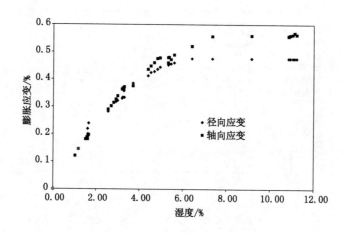

图 8 膨胀应变和水分含量的关系

4.4 杨氏模量

测膨胀应变的同时进行加载—位移实验。水分含量分别为：0%，1.66%，3.31%，5.35%和10.9%，最后一次测试水分为10.9%，高于8.5%的平衡水分。

在每一湿度下进行两到三次加载和卸载实验，检验实验的可重复性，实验结果说明具有良好的可重复性，因此对每种水分条件本文仅给出一套结果。

通过方程(7)和方程(8)来计算应力和应变，结果如图9所示。从图中可以看出，加载与卸载时，应力—应变曲线显示出非线性特性以及滞后现象。该图还表明，水分含量越低的煤越硬。需要说明的是，不同水分含量的煤样并未加载相同的应力，因为根据经验，较高水分含量的煤样不能加载与较干煤样相等的应力。这表明随着水分含量的增大，煤的强度会减小。因此不能认为图中最大的应力代表煤的强度，因为没有加载到煤样破裂的程度。

因为有很强的滞后回路现象，故杨氏模量的估算是通过取最大应力和最大应变的比值以及应力为1.0 MPa时应力应变的比值。结果如表4所示，可以看出，随着水分含量增大，使用两种方法计算的杨氏模量都减小，说明对于此煤样，煤变湿后会软化。

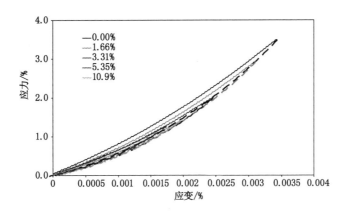

图 9　应变和应力结果（实线：加载；虚线：卸载）

表 4　不同水分含量煤样的杨氏模量

湿度/%	应力为 1 MPa 时的 E/MPa	最大应力应变时的 E/MPa
0	830	1 000
1.66	740	930
3.31	700	820
5.35	700	720
10.9	660	710

5　讨论

本文采用了单孔和双孔扩散两种模型来处理实验数据。从图 5 和图 6 可以看出，吸附等温线近似是线性的，因此双扩散模型应用线性吸附是一种很好的近似。需要说明的是，上述模型针对于球形，为了应用这些模型，需要使用一个形状因子来表示球形和圆柱形之间的形状差异。然而，因为本研究中所有实验都使用了同一煤样，所以在比较不同水分含量时的扩散系数时没有说明形状因子。使用单孔模型计算的煤样吸附/解吸率与实验结果不匹配，说明本煤样具有复杂的孔隙结构，单孔模型不能表示其吸附/解吸特性。

应用双孔扩散模型，根据实验数据对三个参数进行了拟合，获得了最佳参数。为了避免模型过度参数化，参数 β 对每种水分含量取平均值，其他两个参数通过扩散系数和压力之间的关系来拟合确定。β 值相对较大，但与其他研究人员的结果一致[4]。β 表示双孔扩散模型中大孔的气体吸附率，β 值较大意味着大部分气体吸附在大孔，也包括一些微孔，代表有较高的扩散系数。

双孔扩散模型的结果与实验数据对比如图 4 所示，CH_4 和 CO_2 的模拟结果和参数分别概括于表 5 和表 6。从表 5 和表 6 可以看出，对于相同的压力步长，大孔扩散系数和微孔扩散系数随着水分含量的减小而增大，在相同的压力变化步长和湿度下，CO_2 扩散系数比 CH_4 扩散系数大。当水分一定时，CH_4 扩散系数随着压力增加而增大，这种观察结果与 Smith 和 Williams 的发现一致[35]；而 CO_2 扩散系数的变化趋势不如 CH_4 明显，这可能是在含水煤中 CO_2 的扩散机理更为复杂，部分 CO_2 可能在孔隙水中运移。

表 5　　　　　　　　　　　　　　　CH_4 扩散系数

压力/MPa 从	压力/MPa 到	β	$\dfrac{D_i}{R_i^2}$	$\dfrac{D_a}{R_a^2}$	β	$\dfrac{D_i}{R_i^2}$	$\dfrac{D_a}{R_a^2}$	β	$\dfrac{D_i}{R_i^2}$	$\dfrac{D_a}{R_a^2}$	β	$\dfrac{D_i}{R_i^2}$	$\dfrac{D_a}{R_a^2}$
		吸附 8.5%			吸附 5.1%			吸附 3.3%			吸附 0%		
0.02	0.60	0.640	2.02×10^{-6}	1.02×10^{-4}	0.706	2.02×10^{-6}	3.05×10^{-4}	0.737	4.22×10^{-6}	1.77×10^{-4}	0.716	1.16×10^{-5}	6.44×10^{-4}
0.60	1.10	0.640	2.59×10^{-6}	1.00×10^{-4}	0.706	1.19×10^{-6}	2.80×10^{-4}	0.737	6.49×10^{-6}	5.02×10^{-4}	0.716	9.05×10^{-6}	7.75×10^{-4}
1.10	2.06	0.640	3.47×10^{-6}	1.02×10^{-4}	0.706	1.35×10^{-6}	3.56×10^{-4}	0.737	1.10×10^{-5}	7.49×10^{-4}	0.716	1.61×10^{-5}	1.05×10^{-3}
2.06	4.00	0.640	3.39×10^{-6}	1.01×10^{-4}	0.706	2.11×10^{-6}	5.66×10^{-4}	0.737	1.25×10^{-5}	7.50×10^{-4}	0.716	2.00×10^{-5}	1.09×10^{-3}
		解吸 8.5%			解吸 5.1%			解吸 3.3%			解吸 0%		
4.00	2.06	0.640	2.59×10^{-6}	4.92×10^{-5}	0.706	1.32×10^{-7}	5.32×10^{-4}	0.737	2.37×10^{-5}	1.15×10^{-3}	0.716	2.34×10^{-5}	1.06×10^{-4}
2.06	1.10	0.640	1.47×10^{-6}	1.07×10^{-4}	0.706	3.47×10^{-6}	4.26×10^{-4}	0.737	9.21×10^{-6}	9.37×10^{-4}	0.716	1.51×10^{-5}	7.90×10^{-4}
1.10	0.62	0.640	1.37×10^{-6}	1.04×10^{-4}	0.706	1.52×10^{-6}	3.31×10^{-4}	0.737	1.04×10^{-5}	6.65×10^{-4}	0.716	1.22×10^{-5}	5.62×10^{-4}
0.62	0.17	0.640	1.61×10^{-6}	1.06×10^{-4}	0.706	1.66×10^{-6}	2.55×10^{-4}	0.737	3.02×10^{-6}	1.10×10^{-4}	0.716	1.17×10^{-5}	6.10×10^{-4}
平均		0.640	2.31×10^{-6}	0.96×10^{-4}	0.706	1.68×10^{-6}	3.81×10^{-4}	0.737	1.01×10^{-5}	5.01×10^{-4}	0.716	1.49×10^{-5}	8.22×10^{-4}

表 6　　　　　　　　　　　　　　　CO_2 扩散系数

压力/MPa 从	压力/MPa 到	β	$\dfrac{D_i}{R_i^2}$	$\dfrac{D_a}{R_a^2}$	β	$\dfrac{D_i}{R_i^2}$	$\dfrac{D_a}{R_a^2}$	β	$\dfrac{D_i}{R_i^2}$	$\dfrac{D_a}{R_a^2}$	β	$\dfrac{D_i}{R_i^2}$	$\dfrac{D_a}{R_a^2}$
		吸附 8.5%			吸附 5.1%			吸附 3.3%			吸附 0%		
0.02	0.60	0.700	4.20×10^{-6}	1.46×10^{-4}	0.747	9.78×10^{-6}	4.37×10^{-4}	0.753	2.27×10^{-5}	5.47×10^{-4}	0.746	3.51×10^{-5}	6.59×10^{-4}
0.60	1.10	0.700	2.47×10^{-6}	1.57×10^{-4}	0.747	8.52×10^{-6}	3.83×10^{-4}	0.753	2.06×10^{-5}	5.43×10^{-4}	0.746	4.56×10^{-5}	6.48×10^{-4}
1.10	2.06	0.700	3.56×10^{-6}	1.67×10^{-4}	0.747	7.73×10^{-6}	4.63×10^{-4}	0.753	1.86×10^{-5}	7.62×10^{-4}	0.746	3.84×10^{-5}	8.36×10^{-4}
2.06	4.00	0.700	6.37×10^{-6}	2.19×10^{-4}	0.747	7.90×10^{-6}	4.10×10^{-4}	0.753	1.29×10^{-5}	6.63×10^{-4}	0.746	2.11×10^{-5}	7.01×10^{-4}
		解吸 8.5%			解吸 5.1%			解吸 3.3%			解吸 0%		
4.00	2.06	0.700	6.51×10^{-6}	2.57×10^{-4}	0.747	5.37×10^{-6}	3.38×10^{-4}	0.753	2.24×10^{-5}	7.91×10^{-4}	0.746	2.23×10^{-5}	1.10×10^{-3}
2.06	1.10	0.700	5.95×10^{-6}	2.70×10^{-4}	0.747	5.96×10^{-6}	3.58×10^{-4}	0.753	9.36×10^{-6}	6.32×10^{-4}	0.746	3.13×10^{-5}	1.05×10^{-3}
1.10	0.62	0.700	5.93×10^{-6}	2.35×10^{-4}	0.747	9.13×10^{-6}	3.08×10^{-4}	0.753	1.14×10^{-5}	7.33×10^{-4}	0.746	1.87×10^{-5}	7.16×10^{-4}
0.62	0.17	0.700	3.68×10^{-6}	2.17×10^{-4}	0.747	6.98×10^{-6}	2.68×10^{-4}	0.753	5.52×10^{-6}	5.90×10^{-4}	0.746	7.10×10^{-6}	5.23×10^{-4}
平均		0.700	4.83×10^{-6}	2.09×10^{-4}	0.747	7.67×10^{-6}	3.71×10^{-4}	0.753	1.54×10^{-5}	6.58×10^{-4}	0.746	2.75×10^{-5}	7.79×10^{-4}

如表 5 和表 6 所示，对于相同的压力变化，湿度越大扩散系数越低。为了更清楚地说明水分对扩散系数的影响，取平均值以消除压力对扩散系数的影响，结果如图 10 和图 11 所示。图 10 表示水分对大孔扩散系数的影响，图 11 表示水分对微孔扩散系数的影响。可以看出，煤基质中水分对大孔和微孔的平均扩散系数都有重大影响。对于 CH_4 和 CO_2，从干煤到水分平衡的煤，平均大孔扩散系数分别减小 84% 和 82%；从干煤到水分平衡的煤，平均微孔扩散系数分别减小 73% 和 88%。这说明不同尺寸的孔隙中，水分对气体扩散的影响是不同的。也说明对于不同的气体，微孔中水分对扩散的影响也不同。有一种解释是，之所以 CO_2 扩散系数在微孔降低的较小，是因为部分 CO_2 可能在水中运移；而 CH_4 几乎和水不相

融,所以它在充满水的孔隙中更难运移。

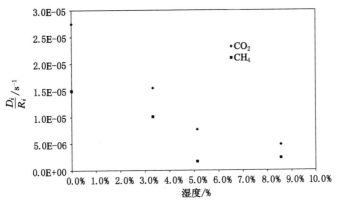

图 10　CH_4 和 CO_2 平均微孔扩散系数

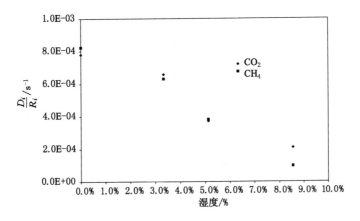

图 11　CH_4 和 CO_2 平均大孔扩散系数

水分对气体流动全过程的影响很复杂。对于煤层气抽采,基质中水分减少会增大气体解吸率,有助于提高产气率。然而水分减少会增大气体吸附能力,从而减少产气量。另外,水分的减少对基质收缩/膨胀也有影响。煤膨胀量与吸附量和力学特性有直接关系[30]:

$$\varepsilon = -\frac{\Phi \rho_s}{E_s} f(x, \upsilon_s) - \frac{P}{E_s}(1 - 2\upsilon_s) \tag{13}$$

其中,ε 为膨胀应变;ρ_s 为煤固体颗粒的密度;E_s 为煤固体颗粒的杨氏模量;f 为煤的结构函数;x 是结构参数;υ_s 为煤固体颗粒的泊松比;Φ 为气体吸附引起的表面势能[30]:

$$\Phi = \int_0^P V^a \mathrm{d}P - RT \int_0^P (\sum_{i=1}^C n_i^a \mathrm{d}\ln f_i) \tag{14}$$

其中,V^a 为煤的体积变化;P 为气体压力;R 为通用气体常数;T 为温度;C 为气体组分数;n_i^a 为组分 i 的吸附量;f_i 为逸度。

从方程(13)和方程(14)可以看出,由于水分减少,一方面造成气体吸附量增加从而导致煤膨胀,另一方面会导致煤收缩,因此必须计算净膨胀/收缩量。根据方程(1)和方程(2)计算在一定气压下,水分减小对渗透率的影响。同时,水分减小引起煤的杨氏模量稍微增大,从而会增加渗透率恢复,如方程(1)和方程(2)所述。

对于 CO_2 储存和提高煤层气采收率过程，由于注入 CO_2，基质中的水分可能减小，从而提高扩散和吸附速度，以至于增大 CO_2 注入速度；同时，水分减小会导致煤的吸附能力增加，可以增加 CO_2 总储存量。然而，水分减小对渗透率的影响是复杂的。储层条件下，CO_2 吸附引起的膨胀会导致渗透率下降。水分减小也意味着基质中水的吸附量减小，导致煤收缩；另一方面，水分减小会导致气体吸附量增加，意味着在相同的压力下能吸附更多的 CO_2，从而由于吸附能力的增大导致煤的膨胀。

根据方程(13)和方程(14)可以计算由于水分减小和 CO_2 吸附造成的总膨胀/收缩量。依据方程(1)和方程(2)，由于水分减小，使煤的杨氏模量稍微增大，从而增大渗透率的损失。

6 结论

本研究结果表明，水分对气体的流动和煤的力学特性有显著影响。对于所研究的烟煤样品，气体的扩散机理遵循一种双孔扩散方式，水分对扩散系数的影响明显。对于 CH_4 和 CO_2，大孔扩散系数从干煤到湿煤减小了 82%；微孔扩散系数分别减小了 88% 和 73%。这说明，水分对不同尺寸孔隙中气体扩散具有不同影响，同时由于 CO_2 在水中的运移能力，水分对微孔中 CH_4 扩散的影响比对 CO_2 要强。

研究还表明增大水分后煤发生膨胀，减小水分后收缩。在水分较低时，应变和水分之间的关系近似为线性关系，在平衡水分附近达到稳定。同时，水分减小时，杨氏模量显著增大，说明水分减小后，煤会变硬。

这些发现显示，基质中的水分对气体的流动特性具有不同的影响。因此对所研究的煤需要进行特定的测量，以便获得水分变化对气体流动的影响。这些发现也助于改善煤层气抽采和 CO_2 封存的气体流动模型。

Reprinted and translated from Fuel, Vol 89(11), Zhejun Pan, Luke D. Connell, Michael Camilleri, Leo Connelly, Effects of matrix moisture on gas diffusion and flow in coal, p. 3207-3217, Copyright (2010), with permission from Elsevier.

参考文献

[1] Martin C H, editor. Australasian coal mining practice. Clunies Ross House, 191 Royal Parade, Parkville, Victoria: Published by The Australasianinstitute of mining and metallurgy; 1986. p. 342.

[2] Siemons N, Wolf K-HAA, Bruining J. Interpretation of carbon oxide diffusion behaviour in coals. Int J Coal Geol 2007;72:315-24.

[3] Krishna R, Wesselingh J A. The Maxwell-Stefan approach to mass transfer. Chem Eng Sci 1997;52(6):861-911.

[4] Clarkson C R, Bustin R M. The effect of pore structure and gas pressure upon the transport properties of coal: a laboratory and modelling study. 2. Adsorptionm rate modelling. Fuel 1999;78:1345-62.

[5] Busch A, Gensterblum Y, Krooss B M, Littke R. Methane and carbon dioxide ad-

sorption/diffusion experiments on coal:an upscaling and modeling approach. Int J Coal Geol 2004;60:151-68.

[6] Laxminarayana C,Crosdale P J. Role of coal type and rank on methane sorption characteristics of Bowen Basin,Australia coals. Int J Coal Geol 1999;40:309-25.

[7] Li D,Liu Q,Weniger P,Gensterblum Y,Busch A,Krooss BM. High-Pressure sorption isotherms and sorption kinetics of CH_4 and CO_2 on coals. Fuel 2010;89(3):569-80.

[8] Gray I. Reservoir engineering in coal seams:Part 1-the physical process of gas storage and movement in coal seams. SPE Reservoir Eng 1987:28-34. February.

[9] Gilman A,Beckie R. Flow of coalbed methane to a gallery. Transp Porous Med 2000;41:1-16.

[10] Seidle J P,Huitt L G. Experimental measurement of coal matrix shrinkage due to gas desorption and implications for cleat permeability increase. In:SPE international meeting on petroleum engineering,14-17 November,SPE 30010,Beijing,China; 1995.

[11] Palmer I,Mansoori J. How permeability depends on stress and pore pressure in coalbeds:a new model. SPEREE 1998;1(6):539-44. SPE－52607－PA.

[12] Pekot L J,Reeves S R. Modeling the effects of matrix shrinkage and differential swelling on coalbed methane recovery and carbon sequestration. In:Proceedings of the 2003 international coalbed methane symposium. University of Alabama,Tuscaloosa. Paper 0328; 2003.

[13] Shi J Q,Durucan S. Drawdown induced changes in permeability of coalbeds:A new interpretation of the reservoir response to primary recovery. Transp Porous Med 2004;56:1-16.

[14] Shi J Q,Durucan S. A model for changes in coalbed permeability during primary and enhanced methane recovery. SPEREE 2005;8:291-9. SPE-87230-PA.

[15] Cui X,Bustin R M. Volumetric strain associated with methane desorption and its impact on colbed gas production from deep coal seams. Am Assoc Petrol Geol Bull 2005;89(9):1181-202.

[16] Cui X,Bustin R M,Chikatamarla L. Adsorption-induced coal swelling and stress: implications for methane production and acid gas sequestration into coal seams. J Geophys Res 2007;112:B10202.

[17] Wang G X,Massarotto P,Rudolph V. An improved permeability model of coal for coalbed methane recovery and CO_2 geosequestration. Int J Coal Geol 2009;77:127-36.

[18] Baris K,Didari V. Low temperature oxidation of a high volatile bituminous Turkish coal effects of temperature and particle size. In:Aziz N,editor. Coal 2009:Coal operators' conference,University of Wollongong and the Australasian Institute of Mining and Metallurgy,p. 296-302. (<http://ro.uow.edu.au/coal/112>).

[19] Azumder S,Karnik A A,Wolf K-H A A. Swelling of coal in response to CO_2 sequestration for ECBM and its effect on fracture permeability. SPE J 2006;11(3):390-8.

[20] Pan Z, Connell L D, Camilleri M. Laboratory characterisation of coal reservoir permeability for primary and enhanced coalbed methane recovery. Int J Coal Geol 2010;82: 252-61.

[21] Fitzgerald J E, Pan Z, Sudibandriyo M, Robinson Jr R L, Gasem KAM, Reeves S. Adsorption of methane, nitrogen, carbon dioxide and their mixtures on wet Tiffany coal. Fuel 2005;84:2351-63.

[22] Jaeger J C. Cook. London:NGW, Fundamentals of Rock Mechanics; 1969.

[23] Crank J. The mathematics of diffusion. 2nd ed. London:Oxford University Press; 1975.

[24] Crosdale P J, Beamish B B, Valix M. Coalbed methane sorption related to coal composition. Int J Coal Geol 1998;35:147-58.

[25] Ruckenstein E, Vaidyanathan A S, Youngquist G R. Sorption by solids with bidisperse pore structures. Chem Eng Sci 1971;26:1305-18.

[26] Day S, Sakurovs R, Weir S. Supercritical gas sorption on moist coals. Int J Coal Geol 2008;74:203-14.

[27] Goodman A L, Busch A, Duffy G J, Fitzgerald J E, Gasem KAM, Gensterblum Y, et al. An Inter-laboratory comparison of CO_2 isothermsmeasured on Argonne Premium Coal samples. Energy Fuels 2004;18(4):1175-82.

[28] Fry R, Day S, Sakurovs R. Moisture-induced swelling of coal. Int J Coal Preparation and Utilization 2009;29:298-316.

[29] Van Bergen F, Spiers C, Floor G, Bots P. Strain development in unconfined coals exposed to CO_2, CH_4 and Ar:Effect of moisture. Int J Coal Geol 2009;77:43-53.

[30] Pan Z, Connell L D. A theoretical model for gas adsorption-induced coal welling. Int J Coal Geol 2007;69(4):243-52.

[31] Levine J R, Model study of the influence of matrix shrinkage on absolute permeability of coal bed reservoirs, In:Gayer R, Harris I, editors. Coalbed methane and coal geology. Geological Society Special Publication 109, London;1996. p. 197-212.

[32] Robertson E P, Christiansen R L. Measurement of sorption-induced strain. Presented at the 2005 international coalbed methane symposium, Tuscaloosa, Alabama, 17-19 May, paper 0532; 2005.

[33] Pan Z, Connell L D. Measurement and modelling of gas adsorption-induced coal swelling. Proceedings of the international coalbed methane symposium, Tuscaloosa, Alabama, 24-25 May, Paper 0636; 2006.

[34] Day S, Fry R, Sakurovs R. Swelling of Australian coals in supercritical CO_2. Int J oal Geol 2008;74:41-52.

[35] Smith D M, Williams F L. Diffusional effects in the recovery of methane from oalbeds. SPE J 1984;24:529-35.

裂隙煤渗透率演化—三轴约束与X—射线计算层析成像、声发射和超声波技术耦合

Yidong Cai, Dameng Liu, Jonathan P. Mathews, Zhejun Pan,
Derek Elsworth, Yanbin Yao, Junqian Li, Xiaoqian Guo

王玫珠 译　　杨焦生 校

摘要：周期荷载通过产生可逆变形和不可逆损害，并延伸到先期存在的裂缝网络，从而影响煤的渗透率。渗透率的变化会影响煤炭开采前的脱气有效性、传统与增产方法开采煤层气的采收率以及CO_2的封存潜力。本文将通过X—射线计算层析成像技术(X—射线CT)、声发射(AE)技术以及P波速度的耦合分析来探讨应力和损害对渗透率变化的影响。我们使用这些技术来研究煤样从应变发生状态到断裂过程的三维裂缝网络演化。依次加载总计5块半无烟煤/无烟煤的煤芯(直径约40 mm,长度80 mm)直至破坏(~37.53MPa)，并同时测定其渗透率。通过X—射线计算层析成像、声发射技术以及P波速度的有效测量来确定三维裂缝网络随外加应力的变化情况。在三轴应力条件下，渗透率随着轴向应力的增大呈现"V形"变化。这与硬岩石中观察结果一致，在硬岩石中，在达到峰值强度时，裂缝最终扩大、延伸和合并之前，增大的应力开始会导致裂缝闭合。样品中裂缝体积的增大是不均匀的，并在最后一级应力时达到最大值。渗透率的演变同样是动态的，有些煤芯的渗透率减小一到两个数量级(0.18~0.004 mD)；直到达到破坏前(14.07~37.53 MPa)，渗透率都是急剧增大的。

1 引言

潜在的非常规天然气资源量，包括煤层气(CBM)和页岩气，其估算的资源量与常规天然气储量处于同一数量级(Karacan和Okandan,2000)。煤层气开采在许多地区是经济可行的，然而其在积聚、保存和开采方面所涉及的机理与常规天然气资源的富集存在显著不同(Ertekin,1995；Karacan和Okandan,2000；Vinokurova,1978)。其中最明显的差异在于，无论是自由态还是吸附态的天然气，作为主要气体主要储集层的基质储层所扮演的角色。通常，在烟煤中，煤层气从基质微孔隙向割理系统中扩散，然后以达西流形式从裂缝系统渗流至生产井眼。从天然气生产的角度出发，煤最重要的结构特性是其渗透性裂缝网络(包括割理)，包括矿物赋存、裂缝形态、裂缝密度及其与大尺寸裂缝渗透率的关系(Nick等,1995)。为了开采煤层气，必须认识割理的特性，因为它们影响着局部和区域流体的流动(Close,1993；Laubach等,1998)。由于裂缝是主要流体通道，动态的割理特征影响着渗透率。认识这些裂缝的特征，包括它们的渗透率各向异性和大小及它们随天然气压力和有效应力的演化情况，都是煤层气开采过程中的关键未知因素。现场和实验室研究显示，流体通过煤和岩石中天然裂缝的流动与理想化的光滑平行板模型差异巨大——主要是因为裂缝开度的分布不均匀(Cacas等,1990；Nemoto等,2009；Watanabe等,2008,2011a,b)。

前人的研究(Kendall和Briggs,1933；Stach等,1982)发现，裂隙密度的变化与煤岩组

分和矿物质含量相关。裂缝密度也受煤的品级影响(Law,1993;Pattison 等,1996),表现为从褐煤低裂缝密度到烟煤高裂缝密度再到无烟煤低裂缝密度,显示出与煤的品级呈一个倒 U 形关系。可通过从煤层气储层到露头的煤芯图像分析来获得裂缝特征(例如密度、连通性和几何形状)(Wolf 等,2004)。

使用微纳米级 X—射线 CT 和图像分析来测量割理密度或割理空间分布(Mazumder 等,2006;Wolf 等,2008)。X—射线 CT 技术是一种用于分析岩石内部结构有效的且不破坏样品的分析法(Cnudde 和 Boone,2013;Karacan,2009;Karpyn 等,2009;Ketcham 和 Carlson,2001;Kumar 等,2011;Polak 等,2003;Zhu 等,2007),比如煤中的裂缝。前人的研究证明了使用 X—射线计算层析成像来确定裂缝开度分布的能力(Bertels 等,2001;Johns 等,1993;Karpyn 等,2009;Keller,1998;Kumar 等,2011;Montemagno 和 Pyrak-Nolte,1999;Watanabe 等,2011a)。

煤岩渗透率动态演变控制因素中,裂缝的变形及延伸可能很重要。为了更好地了解在不同应力条件下煤的渗透率动态演变控制因素,通过声发射(AE)的监测和成像可以提供重要的约束条件(Backers 等,2005;Butt,1999;Chang 和 Lee,2004;Fu,2005;Ganne 等,2007;He 等,2010)。然而,处于具有天然裂缝煤芯中的流体,通常很难评估(煤芯中往往含有不同裂缝开度的分散型裂缝,长度也不尽相同)。尽管使用具有不同孔径分布的数字裂缝模型进行的裂缝流体分析可能是有效的(Nemoto 等,2009;Watanabe 等,2011b),但对于裂缝开度演变情况的确定仍然面临挑战。因此,为有效开发煤层气,了解裂缝特征,包括对有效应力下的裂缝演变情况进行评价,是非常重要的。对裂缝尺寸类型、网格几何形态以及裂缝系统对变化的有效应力的响应特征进行描述是必需的(Laubach 等,1998)。此外,有关割理开度、宽度、长度和连通性的数据有限。在本研究中,研究了中国煤层气远景区的 5 块煤芯,以评估在变化的应力状态下(0~37.53 MPa)的裂缝非均匀性(包括割理形态、割理密度和割理开度)的演变对渗透率所产生的影响。通过耦合 X—射线 CT 技术、声发射技术、P 波速度和光学显微镜来进行裂缝分析,并确定含天然裂缝煤在三轴应力(轴向差异应力在 0~37.53 MPa 范围)增大后,裂缝网络演化对渗透率的影响。

2 方法

2.1 样品采集和声学实验

使用刻槽采样方法从华北沁水盆地 400~1 200 m 深度开采的煤矿采集了 5 块(尺寸为 30 cm×30 cm×30 cm)新鲜煤块试样(表 1)。

声发射监测是一种用于确定岩石内部动态变化的有效方法(Deng 等,2011;Wu 等,2011;Zhao 和 Jiang,2010)。在此使用了先进的 AE21C 系统,系统配置了一个共振频率为 140 kHz 的传感器,来实施声发射监控裂缝演变。传感器粘在煤芯上,并用弹簧卡子或胶带进一步固定(图 1)。使用一只 40 dB、110 V 自适应电压的增益放大器来放大声发射信号。检测时间间隔为 300 μs。声发射数据包括:循环加载过程中轴向挤压情况下的振铃计数率、能率、持续时间和升压时间(Chang 和 Lee,2004)。目前研究只使用了振铃计数率和能率,因为它们与裂缝的生成直接相关(Zhao 和 Jiang,2010)。在循环加载前后使用了美国 GCTS 公司生产的 ULT-100 系统来捕获煤芯的 P 波速度。

表 1   煤的组分和工业分析

煤样	煤矿	$R_{o,m}$/%	工业分析/%				组分/%			微裂隙分析	
			C	H	A	水分	V	I	M	D(每9 cm²)	连通性
A (CC3#-2)	Changcun, Changzhi	1.94	82.12	3.16	0.73	8.98	89.2	9.6	1.2	9	good
B (SJZ9#-1)	Shenjiazhuang, Gaoping	2.24	79.62	3.32	1.04	10.84	86.7	10.9	2.4	75	Very good
C(WTP15#-2)	Wangtaipu, Jincheng	3.28	79.85	2.32	2.47	11.34	89.5	6.2	4.3	8	good
D (YC4#-1)	Yangcheng, Yicheng	2.68	82.24	3.1	1.65	10.52	18.5	81.4	0.1	14	Not good
E (ZLS3#-1)	Zhulinshan, Yangcheng	2.20	82.78	3.08	1.16	9.06	69.8	28.9	1.3	15	Not good

注:$R_{o,m}$,最大镜质组反射率;C,碳;H,氢;A,灰分;V,镜质组;I,惰性组;M,矿物;D,密度。

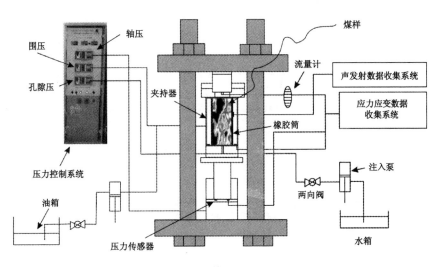

图 1   实验装置简图(GAW－2000)

采用了具有抗锯齿滤波器的 ULT－100 系统脉冲发生和接收装置,并进行数字控制。该系统采集数据频率为 20 MHz,带有一个 12 位数字化板和一个 10 MHz 带宽接收器。

2.2   X—射线计算层析成像(CT)

正如之前的描述,在施加机械应力前后,对煤芯进行 X—射线计算层析成像扫描(Cai 等,2013;Yao 等,2009,2010)。为产生最少像素噪音和图像伪影,最高信噪比的扫描设置为 180 kV 电源电压和 400 μA 电源电流(Ketcham 和 Carlson,2001)。计算层析成像测量具有多种误差和图像伪影(Cnudde 和 Boone,2013;Cnudde 等,2006;Karacan 和 Okandan,2001;Ketcham 和 Carlson,2001;Mathews 等,2011;Montemagno 和 Pyrak-Nolte,1999;Yao 等,2009)。射束硬化最常见,并导致异常高的计算层析成像数值(Akin 和 Kovscek,2003),并在其外围/周边表现更密集的均匀对象(Vinegar 和 Wellington,1987;Guo,2008)。可以通过煤芯夹持器或计算层析成像校准来减小伪影。在我们的实验中,每做两个样品,就对计算层析成像仪进行标定,以便产生一致的图像。使用 100% 水饱和样品,在室温和大气压力下进行所有的 CT 扫描。对于所有的 CT 实验都使用了一致的扫描参数,以便产生可比较的 CT 图像。在每个周期加载前后对煤芯夹持器内对煤芯进行扫描,不施加围压,以便采集裂缝数据。

2.3 在三轴应力下裂缝演变情况以及渗透率的演变情况

力学性质和煤芯尺寸如表 2 所示。测量裂缝演变的设备包括一个三轴单元(由中国瑞晟公司生产),施加的峰值围压(P_c)为 70MPa。由一个机械压力机施加轴向负荷(P_A),最大压力为 2 000 kN,在受力控制条件下进行实验(图 2)。通过施加轴向负荷 P_A 和围限应力 P_c,可以对实验 σ_A 中施加到煤上的负荷应力进行采集。

表 2 煤样的样品信息和力学性能

煤样	D/mm	L/mm	W_n/g	密度/(g/cm^3)	单轴力学特性			V_p/(10^{3}m/s)
					E/MPa	υ	C_o/MPa	
A (CC3#-2)	38.00	77.50	121.12	1.38	2200	0.3	14.2	1.71
B (SJZ9#-1)	38.14	80.85	132.36	1.44	3690	0.21	20.3	2.13
C (WTP15#-2)	39.04	81.48	163.80	1.68	2270	0.37	13.2	1.89
D (YC4#-1)	38.33	82.08	139.38	1.47	4830	0.28	22.4	2.41
E (ZLS3#-1)	38.49	82.02	133.77	1.40	3610	0.32	26.1	2.09

注:D,直径;L,长度;W_n,固有重量;V_p,未施加应力时的天然煤芯的 P 波速度;E,弹性模量;υ,泊松比;C_o,抗压强度。

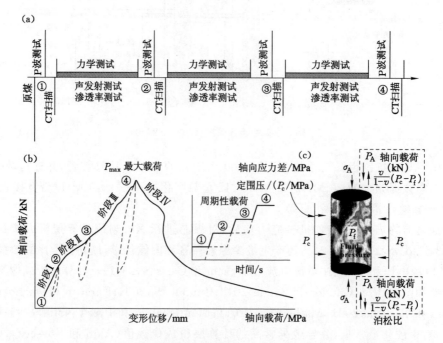

图 2 测试流程及测试结果

(a)实验流程图;(b)样品荷载条件下裂缝测试(①,②,③和④为四个周期加载阶段);(c)煤芯的应力状态

施加的轴向负荷 P_A 部分被围限应力 P_c 抵消,因此轴向差异应力 σ_A 为:

$$\sigma_A = \frac{P_A}{\pi r^2} \times 10 - \frac{\upsilon}{1-\upsilon}(P_c - P_f) \tag{1}$$

其中,r 为煤芯的半径,cm;υ 为泊松比;P_f 为孔隙与裂缝中的流体压力。

煤的宏观形变和破裂的发生分四个阶段(Medhurst 和 Brown,1998)(图 2):第一阶段,压实作用阶段(从①到②);第二阶段,明显线弹性变形阶段(从②到③);第三阶段,加速非弹性变形阶段(从③到④);第四阶段,裂隙发育阶段(④之后)。通过这些在周期载荷下和压力容器内进行的渗透率实验,可以在整个应力—应变周期测定渗透率(表 3)。

表 3　不同轴应力条件下煤芯及 CT 裂缝区的渗透率和 P 波声速

煤	编号	P_c /MPa	P_U /MPa	δ_A /MPa	V_A /(10^3 m/s)	CT 裂缝区/mm²			渗透率 /mD
						最小值	平均	最大值	
A (CC3#-2)	A0	2;4	1.9;3.9	0.00	1.78	0	0.18	1.44	0.36;0.07
	A1	2	1.9	4.37	1.24	0.01	1.31	3.08	0.072
	A2	2	1.9	7.89	1.17	0	0.51	3.1	0.324
	A3	2	1.9	14.07^f	0.79	0.73	8.02	34.61	1.54
B (SJZ9#-1)	B0	2;4;6	1.9;3.9;5.9	0.00	1.96	0	0	0.02	0.033;0.006;0.001 3
	B1	2	1.9	8.73	1.27	0.04	0.12	0.2	0.003 59
	B2	2	1.9	14.42	1.24	0	0.11	2.65	0.015
	B3	2	1.9	26.23^f	0.96	0.04	0.71	2.12	0.075
C (WTP15#-2)	C0	2;4	1.9;3.9	0.00	1.98	0	0.08	1.86	0.179;0.035
	C1	2	1.9	8.30	1.27	3.22	21.41	112.67	0.072
	C2	2	1.9	16.65	0.97	3.01	10.42	50.84	0.036
	C3	2	1.9	37.53^f	0.48	5.04	110.97	727.17	0.143
D (YC4#-1)	D0	2;4;6	1.9;3.9;5.9	0.00	2.53	0.1	0.96	11.94	0.038;0.001 6;0.000 4
	D1	2	1.9	10.37	1.41	4.24	6.24	28.7	0.004 6
	D2	2	1.9	19.04	1.36	2.05	3.63	33.23	0.038
	D3	2	1.9	30.31^f	0.93	2.6	28.07	83.96	0.076
E (ZLS3#-1)	E0	2;4	1.9;3.9	0.00	2.44	0.65	6.52	80.83	0.11;0.018
	E1	2	1.9	5.97	1.34	5.15	10.45	70.89	0.036
	E2	2	1.9	10.26	1.28	13.78	45.63	539.1	0.33
	E3	2	1.9	16.27^f	0.94	1.37	19.43	181.77	0.88

注:P_c,围压;P_U,上游压力;δ_A,轴向应力;V_A,未施加应力的水饱和状态下的煤的 P 波速度;14.07^f,破坏应力。

利用达西定律在稳定情况下测量的样品水渗透率,为:

$$k = -\frac{q}{A}\frac{\mu}{\rho g}\left(\frac{\partial p}{\partial s}\right)^{-1} \quad (2)$$

其中，q 为沿长度、ds 和横截面积（A）的样品的轴向流单位时间采出的液体（水）的体积；μ 为流体黏度；ρ 为流体密度；g 为重力；$\partial p/\partial s$ 为 S 方向的液压梯度。

3 数据处理

3.1 X—射线计算层析成像切片的三维重构

从每组切割五块长度大约为 8 cm、直径为 4 cm 的煤芯（煤芯平行于层理面），用于分析施加三轴应力情况下渗透率的变化。通过测量渗透率间接获得以及通过声发射监测直接获得各种静水应力下的裂缝演变情况。所有的煤芯通过 X—射线计算层析成像扫描，直接评价裂缝网络的演化。保持 CT 切片的厚度（0.15 mm）和切片增量（0.9 mm）尽可能小，以便提高分辨率和对比度。为了便于数据管理并降低扫描费用，按照周期性间隔（0.9 mm）切片，而不是扫描整个体积。采用了一种逐步平均方法，以便使用模拟软件来获得煤芯可视化。扫描仪生成的图像为 1 024×1 024 像素，具有的像素分辨率为 40×40 μm^2。

μCT 技术的基本原理与传统的 CT 技术相同，在其他地方可找到详细资料（Cnudde 和 Boone，2013；Cnudde 等，2006；Flannery 等，1987；Ketcham 和 Carlson，2001；Mathews 等，2011；Montemagno 和 PyrakNolte，1999；Yao 等，2009）。通常，处理 X—射线衰减系数是不切实际的，因此在简化的数据中仅仅使用 CT 数（Karacan 和 Okandan，2001），其中：

$$CT_{number} = \left(\frac{\mu_c - \mu_w}{\mu_w}\right) \times 1\,000 \quad (3)$$

式中，μ_c 为计算的 X—射线衰减系数；μ_w 为对于水的衰减系数（Hunt 等，1987；Karacan 和 Okandan，2001）。

完成了有无煤芯夹持器情况下的 X—射线计算层析成像扫描，用于标定裂缝开度（图3）。在其他地方也报道过对标定和 X—射线伪影的详细讨论（Ketcham 和 Carlson，2001 年；Remeysen 和 Swennen，2006；Yao 等，2010）。由于密度差，可以通过 CT 值来区分裂缝孔隙、矿物和煤基质。通常，矿物的 CT 值为 N1 600 HU；裂缝的 CT 值通常为 b600 HU；煤基质的 CT 值为中间值，范围为 600～1 600 HU。然而，详细的门限值在不同样品之间是不同的，并涉及到标定。每次 CT 扫描产生一系列图像（每次有大约 80 个切片）。对于 4 种不同的静水应力条件，5 块煤芯一共产生 1 741 幅图像。使用标准图像分析技术来分析这些图像（Mimics 10TM 和 PS 6.0TM 软件），以便定量求得每个切片的裂缝面积。在 MimicsTM 软件中，还对每次 CT 扫描的切片进行叠加，以便对整个体积数据产生有效的煤芯剖面（三维重构），用于显示煤芯内的非均匀性。

使用 Fovea Pro 和 Photoshop 自动图像处理和图像分析方法也可以使裂缝面积定量化（Kumar 等，2011）。

3.2 裂缝和裂缝流体

为获得煤芯的三维模型，必须将 CT 图像转换为三维裂缝开度分布（Bertels 等，2001；Johns 等，1993；Keller，1998；Watanabe 等，2011a）。CT 值随着密度（和原子序数）的增大而增大，将它们用于区分矿物充填裂缝和开启裂缝（图4）。可以确定裂缝开度，如图3所示。由于 CT 图像三维像素尺寸的限制，只有开度为 40 μm 的图像才能分辨。对于单相流体，提

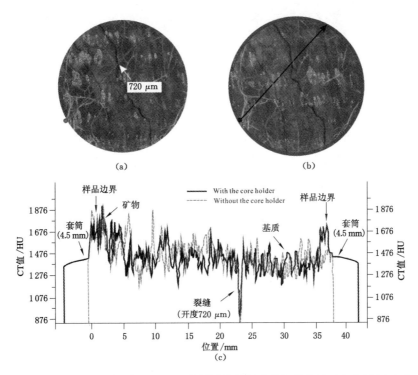

图 3 对裂缝开度刻度标准的 X-射线计算层析成像扫描中的观察信号(a)有和
(b)无煤芯夹持器,其中裂缝开度为 720 μm,(c)有无煤芯夹持器情况下的计算层析成像剖面

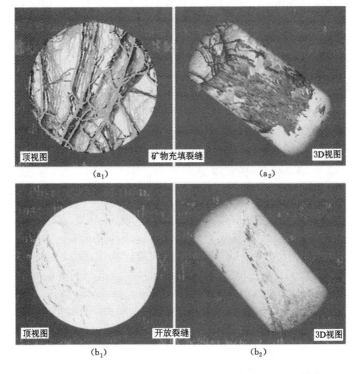

图 4 使用 Mimics 软件显示的原始煤芯中矿物充填裂缝的 3D 性能(a_1 和 a_2 为
从顶到底视图)和开裂缝(b_1 和 b_2)(a_1 和 b_1 为从上到下的三维视图;a_2 和 b_2 为侧面三维视图)

出了渗透率和裂缝开度之间的关系(Elsworth 和 Goodman,1986;McKee 和 Bumb,1988),即:

$$k_1 = \frac{w_f^2}{12} \cdot \varphi_f \tag{4}$$

其中,k_1局部渗透率,mD;φ_f为裂缝孔隙率,小数;w_f为裂缝开度,mm。

因此,裂缝开度越大,渗透率越大。通过前面描述的布尔运算来确定裂缝孔隙度(Yao等,2009)。在此使用 PS 6.0 软件,用分段法来取得每个 CT 切片的裂缝面积。因此,对所有切片的切片裂缝孔隙率求平均值,得到煤芯的孔隙率。此外,使用 CT 数据来评价局部裂缝渗透率,对于单裂隙,裂缝渗透率受到最窄部分的限制。

4 结果和讨论

4.1 煤分析

所有的煤样品都在矿井掘进工作面上包装,并迅速运送到实验室立即使用。表1展示了组分分析、镜质组反射率和(通常肉眼的)裂缝观察结果。在大约 30 mm×30 mm 的抛光板上进行了镜质组反射率($R_{o,m}$)、煤岩组分和微裂隙分析。在 Laborlxe 12 POL 显微镜下进行了分析,使用了德国 Leitz 公司生产的 MPS 60 照相系统(Cai 等,2011;Liu 等,2009)。样品的镜质组反射率($R_{o,m}$)的范围为 1.8%~3.28%,因此为半无烟煤到无烟煤。对于 B 样品,微细裂缝密度具有很强的微观非均匀性(75 条/9 cm²)。

4.2 X-射线计算层析成像实现裂缝三维可视化

由 X-射线计算层析成像产生的煤芯三维重构由灰度像素点组成。煤芯样品中天然裂缝的典型结果如图3和图4所示。矿物比煤的密度高、原子序数高,显示为白色颗粒或者灰值条带。在开启裂缝和矿物充填裂缝之间具有明显的差异。煤中的天然裂缝网格表现为绿线,主要为线性,但有些是层状裂缝,如图4所示。它们具有不均匀的分布,但有很好的连通性。非矿物充填裂缝不发育(通常较短,连通性差),它可能与成岩后期的应力强度和水动力学条件有关。理论上,开启微细裂缝的局部分布依赖于煤基质和矿物之间的边界。

当存在矿物时,割理更容易识别(Golab 等,2013)。为了有助于观察第四个加载周期的煤芯中的割理结构,采用假色使裂缝可见,由三条裂缝(F_1、F_2 和 F_3)组成的一个三维视图如图5所示。三条裂缝 F_1、F_2 和 F_3 的长度分别确定为 13.71 mm、50.84 mm 和 67.35 mm。观察了裂缝开口的详细细节,并使用 Mimics™ 软件进行测量(Yao 等,2009)。裂缝主要表现为煤芯中的细条带,说明在三轴应力条件下的轴向压缩过程中,形成了更多的细裂缝。在轴向应力条件下,长裂缝(裂缝 F_3)大致平行于唯一的压缩轴(δ_A)。裂缝 F_3 为煤芯中的主裂缝。在本煤芯中,矿物并不完全充填裂缝,因此割理充当了流体的通道。图5中可见三套裂缝。对于裂缝 F_1,最大宽度为 0.83 mm,其很短,不可能是煤芯 A 中的主裂缝。尽管裂缝 F_2 最宽,接近于 5 mm,在内裂缝的连通性很弱,部分连接到最长的裂缝 F_3,因此其对于渗透率具有主要贡献。

4.3 在周期载荷下的裂缝演变

对于一次扫描,CT 扫描仪产生具有 1 024×1 024 像素的一系列的灰度图像。在灰度图像中,每个像素具有灰度值 0~255。裂缝具有特定的灰度区间。分段技术首先要定义裂缝的 CT 值的上下阈值,然后将上下阈值之间的 CT 值区间定义为裂缝区域。由上下阈值

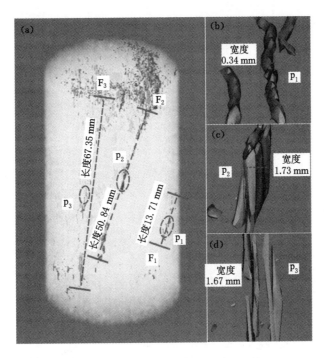

图 5 最后一个周期煤芯 A 裂缝的三维重构以及裂缝开口的定量长度和宽度
(F_1、F_2 和 F_3 是生成的主裂缝;p_1 代表 F_1;p_2 代表 F_2;p_3 代表 F_3)

取得平均 CT 值,定义为 T_G。通过定义一个阀值 T_G,对灰度图像进行布尔运算,将每个像素分成二进制数 0 和 1:

$$f(x,y) = \begin{cases} 0 & P(x,y) \leqslant T_G \\ 1 & P(x,y) > T_G \end{cases} \quad (4)$$

式中,$p(x,y)$ 是在位置 (x,y) 的一个像素的原始灰度值;$f(x,y)$ 是经过二进制处理后的值。

基于布尔运算,CT 图像被变换成黑白图像,其中黑色区域($f=0$)代表裂缝,白色区域代表煤基质($f=1$)(Yao 等,2009),从而求得切片裂缝的面积。这种方法用于求取不同周期加载阶段所有切片的裂缝面积,不同周期加载的每个切片位置的裂缝面积的动态变化情况如图 6 所示。对于几乎每块煤芯,从线性压缩到煤芯破裂阶段(第 I 阶段到第 IV 阶段),裂缝面积都增大一到两个数量级。在周期加载历史过程中,煤芯 A 的轴向应力从 0 MPa 增大到 14.4 MPa,使得裂缝面积从 1.41 mm² 增大到 33.01 mm²。尽管裂缝位置有轻微的偏差,从 A0 到 A3 的记忆效应也很明显(图 6)。显然,在重新加载轴向应力过程中,所有的煤芯都有这种裂缝的记忆效应(裂缝沿着原始裂缝轨迹延伸),这与轴向加载过程中裂缝的声发射的 Kaiser 效应类似(Deng 等,2011)。另一个有趣的现象是,在加载周期 A2 和 A3 之间,裂缝面积增加很大,这表明,加快的非弹性变形阶段是裂缝形成的最重要阶段。对于其他的煤芯,存在类似的观察结果。煤芯 C 对于裂缝具有最高的轴向应力(37.53 MPa),并在最后一个加载周期具有最大的裂缝面积。这应与煤化作用相关。煤芯 C 具有最高的 $R_{o,m}$(3.28%)。这些具有较高的 $R_{o,m}$ 的样品煤具有较高的轴向抗破坏能力,如图 6 所示。

4.4 裂缝演化的声学特性

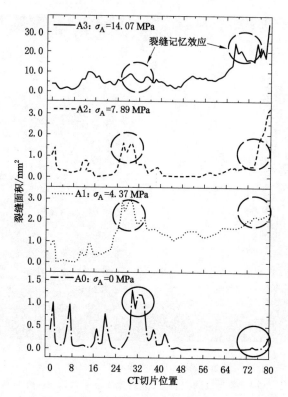

图 6 在周期轴向加载情况下煤芯 A 的裂缝延伸的记忆效应

4.4.1 最后一个加载周期的声发射

声发射技术用于定量描述煤和岩石是如何破裂的（Cox 和 Meredith，1993；He 等，2010；Zhao 和 Jiang，2010）。一般来说，在低应力条件下，声发射广泛地分布到整个煤芯中，说明变形是准均匀分布的。在单轴压缩条件下，声发射能量递减速度突然从 $0.23\sigma_m$（σ_m 为抗压强度）和 $0.82\sigma_m$ 开始增大（Zhao 和 Jiang，2010 年），这说明 $0.23\sigma_m$ 和 $0.82\sigma_m$ 为微细裂缝生成的主要起点。为了分析煤中原始微细裂缝对声发射事件的影响，进行了微细裂缝分析。显微镜下的原始煤芯微细裂缝密度变化范围从每 9 cm² 8 条（样品 C）到每 9 cm² 75 条（样品 B）不等（表 1）。微细裂缝影响着力学性质（弹性模量、泊松比、煤的强度等等）。在煤的强度和微细裂缝密度之间存在明显的正相关关系（表 1 和表 2）。如第 2.4 节所述，煤的宏观形变和破裂可以分成四个阶段（Medhurst 和 Brown，1998；Song 等，2012）。在周期性加载早期，煤具有相对完整的内部结构，煤体具有很强的弹性恢复和抵抗外加负荷的能力。在此阶段所输入的大部分能量可以用弹性能的形式保存，它可以在载荷减小后再生，导致此阶段具有一条小的滞变回线；在后面的周期加载阶段，样品的内部结构遭到破坏，减小了煤对外部负载的承受能力以及储存弹性能的能力。外部载荷导致的煤芯变形主要以耗散能量的形式释放，当外部载荷减小时，导致弱的弹性恢复，产生滞变回线，如图 2 所示。在压缩阶段（第 II 点前），煤体中几乎所有的原始损伤都发生变形。形成了新的微细裂缝（声发射信号强度），其数量在开始施加机械应力时增加，然后减少。

在选取的煤芯中（选择煤芯 A、煤芯 B 和煤芯 C 做声发射），只有煤芯 B 显示出非常低的振铃计数率和能率，如图 7 所示。煤芯 A、煤芯 B 和煤芯 C 的渗透率分别在 1.54 mD、

0.075 mD 和 0.143 mD 范围。煤芯 B 具有最低的渗透率。在视线弹性变形阶段(从第Ⅱ点到第Ⅲ点),在微环境中产生的声发射信号是阵发性的而不是连续性的。煤中的变形能量可能聚集到足够高以至于产生中等裂缝,并形成强的声发射信号。振铃计数率通常较高,而能率较低。这表明,有大量的微裂缝和中等裂缝产生,而大裂缝很少。对于煤芯 A 和煤芯 B 特别明显(图 7)。相反,在样品破裂之前,当事件速度急剧增大时,声发射振铃和能量逐渐增大(Wang 等,2013)。在加速非弹性变形阶段(第Ⅲ到第Ⅳ阶段,见图 7),在煤体中聚集了大量的弹塑性能量,导致声发射计数急剧上升。尽管在此阶段产生了少数大裂缝,它们通常具有几乎最强的声发射信号,包括振铃计数率和能率。煤芯 A($1.94\% R_{o,m}$)、煤芯 B($2.24\% R_{o,m}$)和煤芯 C($3.28\% R_{o,m}$)的总声发射计数率分别为 $0.76×10^4$、$9.6×10^4$、$72.2×10^4$。这说明声发射信号和 $R_{o,m}$ 之间存在一个正相关关系(图 7)。

因此,最初渗透率的快速增大的主要原因是形成了一种互相连通的裂缝网络。在此之后,渗透率的增大是由于先前存在的裂缝开口以及新裂缝的明显产生(图 6 和图 7)。

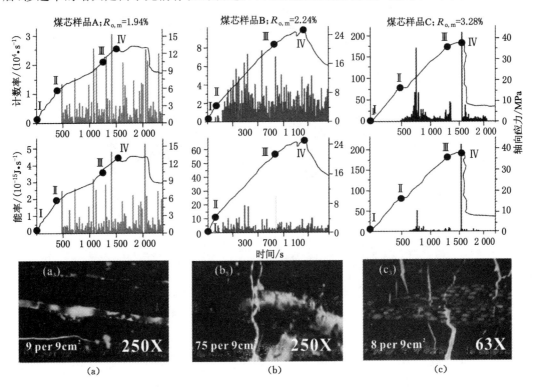

图 7 对最后一个周期加载阶段的选定样品(a_3、b_3 和 c_3)进行荧光显微观察,给出定量的声发射计数率(a_1、b_1 和 c_1)、能率(a_2、b_2 和 c_2)以及定量的裂缝密度

4.4.2 煤芯的 P 波速度

P 波路径平行于样品轴部,在变形期间 P 波方向/角度和速度取决于应力和裂缝几何形状。因此,观察到的速度特征可能与裂缝模式相关(Popp 和 Kern,2000)。破裂面往往描述为币形裂缝,其主控方向平行于挤压轴向(图 8)。在第四个加载期,水饱和状态下煤芯的 P 波速度的范围为 0.48~0.96 km/s(表 3,图 8)。其比前人的研究结果要低(Zhao 和 Hao,2006;Zhou,2012),说明对于 0°、45°和 90°的 P 波速度范围分别为 2.4~1.7

km/s,2.1～1.6 km/s和2.1～1.5 km/s。P波速度的差异主要是因为在本研究中使用了水饱和状态下的天然煤,而前人的研究中使用了带有人工裂缝的干煤。尽管存在这些差异,在P波速度和角度仍然具有相同的趋势。结果表明,随着P波和裂缝之间的夹角增大(从0°到90°),P波速度具有一种减小的趋势,如图8所示。有许多因素,如裂缝的各向异性、充填矿物的程度和位置、应力和含水饱和度都影响着P波沿整块煤芯的传播,因此很难孤立地用这些因素来评价其影响。前人的研究(Zhao和Hao,2006)表明,P波速度和角度具有一种周期性(一个周期180°)关系:从接近90°到180° P波速度上升,然而从180°到270°,P波速度下降。

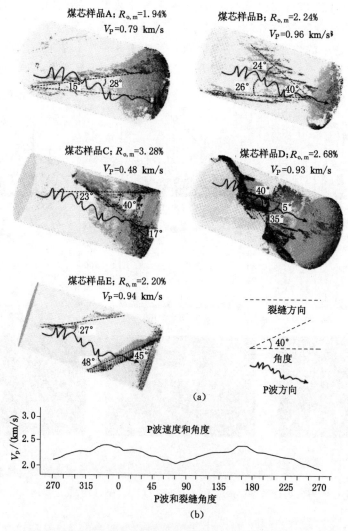

图8 (a)在最后一个加载周期煤芯样品的裂缝三维分布;
(b) P波速度和角度之间的关系(b资料来源于Zhao和Hao,2006)

尽管那些实验都是对人工裂缝煤芯进行的,但对天然煤仍然具有指导意义。

如上所述,P波速度也受到应力的影响。前人的工作(Meng等,2008;Zhou,2012)证实P波速度与围压的增大呈正相关关系。然而,其并没有考虑轴向应力对P波速度的影响。

需要一种实验方法来观察随着轴向应力的增大，P波速度的变化情况。随着轴向应力的增大，P波速度具有一种负相关。原始水饱和的煤芯通常具有的P波速度为1.78～2.53 km/s，如图9所示。压缩阶段的轴向应力导致许多微裂缝的闭合（或者开度减小），而测量P波速度时没有施加应力。因此煤芯内许多微细裂缝可能使煤的强度下降。所以P波速度明显减小。在下一阶段（视线弹性变形阶段），微细裂缝稳定增加，因此伴随这一阶段P波速度轻微地减小。

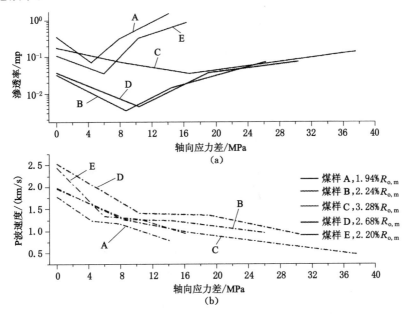

图9 对于水饱和的煤样品渗透率、P波速度和轴向压力增大之间的关系

在加速非弹性变形阶段，由于广泛的轴向压缩应力，将产生多条裂缝直到破裂（Wang等，2013；Zhao和Jiang，2010），使得P波速度减小。当煤芯处于破裂阶段，P波通常具有的平均速度为0.9 km/s。在线弹性阶段后，煤渗透率与P波速度呈负相关关系，并且高度依赖于方向。

4.5 三轴应力下的流体流动

4.5.1 轴向应力对煤渗透率的影响

渗透率与裂缝演变有关（Rowland等，2008）。正如图10所示，裂缝面积随轴向应力的增大而增大，在未施加任何应力情况下，通过CT图像来取得裂缝面积。煤芯A的CT切片的平均裂缝面积为0.18～8.02 mm^2，煤芯B为0.08～110.97 mm^2。煤芯D为0.96～28.08 mm^2，煤芯E为6.52～19.43 mm^2。大部分都增大一到两个数量级。对于煤芯C，面积增大四个数量级。根据方程（2），主裂缝和轴向之间不同角度所对应的煤渗透率分别是：13°为1.54 mD，24°～26°为0.179 mD，17°～23°为0.038 mD，35°为0.076 mD，27°～48°为0.88 mD。在轴向应力加载过程中，裂缝向"错误的"方向开启将导致观察到的渗透率的变化，会特别低（Popp和Kern，2000）。前人的研究表明，在整个样品中如果存在放射状裂缝，渗透率有少许改变。然而，如果有纵向裂缝穿过样品，渗透率增大三个数量级（Wang等，2011）。尽管煤芯C具有最大的裂缝面积，由于煤芯内裂缝的连通性弱,它不能控制最高的渗透率(图8)。在最后一个周期加载后,由于裂缝贯通整个煤芯,煤芯 A 具有最大的渗透率。预计在那些局部区域,裂缝连通性比煤芯的形状、分布或长度对于渗透率的影响更重要。

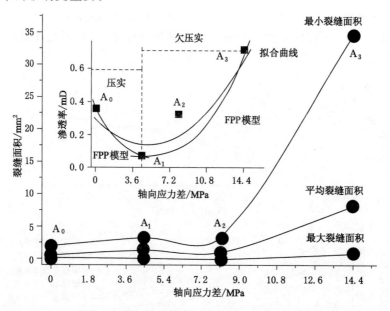

图 10　通过 X-射线计算层析成像得到的煤芯 A 在周期性轴向差异应力下的渗透率变化和裂缝面积(最小、平均和最大面积)

对应于增大的轴向差异应力,渗透率显示出一个"V 字形"(图 10),这可能归因于两种不同的机理:① 由于早期煤芯挤压导致渗透率减小;② 晚期由于裂缝的生成、煤的扩张和挤压压力降低的复杂过程导致渗透率增大(Wang 等,2013)。在早期,这些数据与简化的促弹性渗透率(PP)模型以及基于渗透率的裂缝孔隙率(FPP)模型模拟拟合很好(Gray,1987)(Palmer 和 Mansoori,1998),如图 10 所示。Grays 提出了揭示有效应力和渗透率关系的简化的促弹性模型(1987):

$$\frac{k}{k_0} = \exp\left(-\frac{3\sigma_e^h}{E_f}\right) \tag{5}$$

其中,E_f 为模拟的裂缝杨氏模量;k_0 为原始渗透率,mD;σ_e 为水平面的有效应力。

一种广泛应用的描述渗透率随孔隙率变化而变化,基于裂缝-孔隙率的模型如下(例如 Palmer 和 Mansoori,1998):

$$\frac{k}{k_0} = \left(\frac{\varphi}{\varphi_0}\right)^3 \tag{6}$$

其中,φ 为裂缝孔隙率;φ_0 为原始裂缝孔隙率。在第一个加载周期,当轴向应力增大,原始裂缝或部分孔隙受到挤压而闭合,因此除煤芯 C 外,渗透率在第一个周期显示减小。这种渗透率减小趋势延伸到第二个加载周期,应与特定的压缩阶段有关,这一阶段对挤压有很强的抵抗力(Yu 等,2013)。在第二个加载周期,当轴向应力进一步增大,轴向挤压产生许多裂缝,它们具有低到中等能率以及纵向变形,可由声发射信号加以验证,如图 7 所示。因此它的渗透率增大很快。随着轴向应力的增大,裂缝加速发育。产生主裂缝并互相连通;在此阶段形成主裂缝流动路径(图 11),因而具有较高的渗透率。根据方程(4)预测基于裂缝开口的主裂缝之一(裂缝 F_3)的局部渗透率为 0.01~0.33 mD 范围。

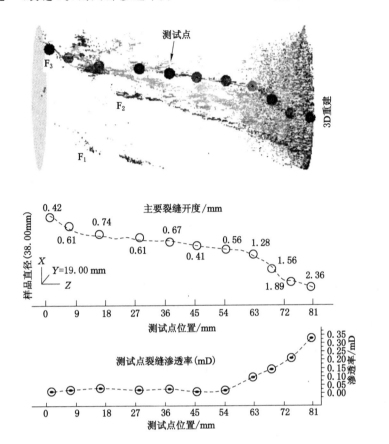

图 11 最后一个加载周期煤芯 A 的裂缝开口和局部渗透率(F_1、F_2 和 F_3 为主裂缝)

此值比测试渗透率(1.54 mD)低,这是由于忽略了其他两种裂缝、简化的模拟方程式和 CT 扫描约束造成的。

4.5.2 围压对煤渗透率的影响

进一步分析了围压为 2 MPa、4.0 MP4 和 6.0 MPa 的数据,以便探讨在恒定的孔隙压力条件下,渗透率和围压之间的关系。围压往往会影响煤的渗透率。随着围压增大,煤渗透率减小(Pan 等,2010)。这是由于煤芯变形往往使裂缝流体通道变窄,导致流速下降,从而使渗透率减小。由于轴向水流随着围压增大,裂缝开口变窄,加大了渗透率减小的趋势(Yu 等,2013)。对于所有的测试样,当围压升高后,渗透率减小,如图 12 所示,渗透率减小非常明显。在本研究中,在 2 MPa 围压的初始条件,含有裂缝的煤的渗透率在煤芯 A 中为 0.36 mD,煤芯 B 为 0.033 mD,煤芯 C 为 0.179 mD,煤芯 D 为 0.038 mD,煤芯 E 为 0.11 mD。在 4 MPa 围压下,煤芯的渗透率为:煤芯 A 为 0.07 mD,煤芯 B 为 0.006 mD,煤芯 C 为 0.035 mD,煤芯 D 为 0.001 6 mD,煤芯 E 为 0.018 mD,这与文献中的趋势相似(Vishal 等,2013)。随着围压增大,煤的渗透率降低一到两个数量级。

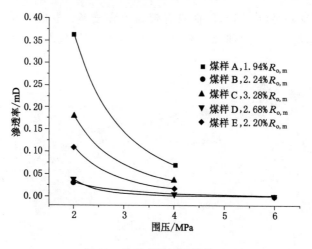

图 12　渗透率和围压的关系

5　结论

通过对煤样进行的一系列实验,包括 X－射线计算层析成像、声发射计数并检测 P 波速度和渗透率的变化,这些实验都是半无烟煤到无烟煤煤芯在三轴向压缩状态下运行直至破坏,以此来确定在周期加载(机械应力)情况下,煤裂缝及渗透率的演变。评价了渗透率随着围压的变化情况。得出了以下结论:

(1) 将 X－射线 CT 技术与声发射和 P 波速度的测量相结合,以便追踪周期加载情况下裂缝的演变情况。可以使用 CT 切片三维重构和声发射来确定在周期加载过程中发育的主(大)裂缝。可以得到裂缝的细节,显示裂缝密度、方向和开度,然后推断其对局部渗透率的影响。

(2) 在周期加载期间,在轴向应力重新加载过程中,所有煤芯显示出对裂缝的记忆效应——类似于声发射的 Kaiser 效应,但是对应于轴向再加载过程中的裂缝,并通过 CT 片计算的裂缝面积演变数据进行了验证测量。此外,可以表明,对于这些样品,煤级($R_{o,m}$)越高,轴向破坏应力越大。

(3) 分析了裂缝相对于 P 波方位角对 P 波速度的影响。结果表明,P 波速度随着 P 波传播方向和裂缝之间的夹角(从 0°到 90°)的增大而减小。此外,由于煤中形成裂缝,P 波速度随着轴向应力的增大而减小。

(4) 煤的渗透率与裂缝连通性、几何形状(裂缝开口、破裂面和角度等等)、密度和应力条件有直接关系。随着 P 波速度增大,渗透率在负载下减小。三轴应力状态下,裂缝闭合和开启的模型提供了一种完全实际的解释,它与通过三维应力实验观察到的声发射信号、P 波速度和渗透率变化趋势一致。

(5) 渗透率"V 形"图表明渗透率随着围压的变化而变化。这与变形阶段和煤体的破裂有密切关系。此外,随着围压增大,煤的渗透率降低一到两个数量级。在较高围压条件下,渗透率降低的幅度减小。

Reprinted and translated from International Journal of Coal Geology,Vol 122,Yidong Cai,Dameng Liu,

Jonathan P. Mathews, Zhejun Pan, Derek Elsworth, Yanbin Yao, Junqian Li, Xiaoqian Guo, Permeability evolution in fractrued coal-Combining triaxial confinement with X-ray computed tomography, acoustic emission and ultrasonic trchniques, p. 91-104, Copyright (2014), with permission from Elsevier.

参考文献

Akin, J. C., Kovscek, A. R., 2003. Computerised tomography in petroleum engineering research. Applications of Computerized X-ray Tomography in Geology and Related Domains. In: Jacobs, P., Mees, F., Swennen, R., Van Geet, M. (Eds.), vol. 215. Geological ociety, London, pp. 23-38 (Special Publication).

Backers, T., Stanchits, S., Dresen, G., 2005. Tensile fracture propagation and acoustic emission activity in sandstone: the effect of loading rate. Int. J. Rock Mech. Min. Sci. 42, 1094-1101.

Bertels, S. P., DiCarlo, D. A., Blunt, M. J., 2001. Measurement of aperture distribution, capillary pressure, relative permeability, and insitu saturation in a rock fracture using omputed tomography scanning. Water Resour. Res. 37(3), 649-662.

Butt, S. D., 1999. Development of an apparatus to study the gas permeability and acoustic emission characteristics of an outburst-prone sandstone as a function of stress. Int. J. Rock Mech. Min. Sci. 36(8), 1079-1085.

Cacas, M. C., Ledoux, E., de Marsily, G., Tillie, B., Barbreau, A., Durand, E., Feuga, B., Peaudecerf, P., 1990. Modeling fracture flow with a stochastic discrete fracture etwork: calibration and validation 1. Water Resour. Res. 26(3), 479-489.

Cai, Y., Liu, D., Yao, Y., Li, J., Qiu, Y., 2011. Geological controls on prediction of coalbed methane of No. 3 coal seam in Southern Qinshui Basin, North China. Int. J. Coal Geol. 88(2-3), 101-112.

Cai, Y., Liu, D., Pan, Z., Yao, Y., Li, J., Qiu, Y., 2013. Petrophysical haracterization of Chinese coal cores with heat treatment by nuclear magnetic resonance. Fuel 108, 292-302.

Chang, S. H., Lee, C. I., 2004. Estimation of cracking and damage mechanisms in rock under triaxial compression by moment tensor analysis of acoustic emission. Int. J. Rock Mech. Min. Sci. 41, 1069-1086.

Close, J. C., 1993. Natural fractures in coal. In: Law, B. E., Rice, D. D. (Eds.), Hydrocarbons from Coal. AAPG Studies in Geology, 38, pp. 119-132.

Cnudde, V., Boone, M. N., 2013. High-resolution X-ray computed tomography in geosciences: a review of the current technology and applications. Earth-Sci. Rev. http://dx.doi.org/10.1016/j.earscirev.2013.04.003.

Cnudde, V., Masschaele, B., Dierick, M., Vlassenbroeck, J., Van Hoorebeke, L., Jacobs, 2006. Recent progress in X-ray CT as a geosciences tool. Appl. Geochem. 21, 26-832.

Cox, S. J. D., Meredith, P. G., 1993. Microcrack formation and material softening in rock measured by monitoring acoustic emissions. Int. J. Rock Mech. Min. Sci. 30, 11-24.

Deng, X., Liu, X., Tian, S., 2011. Experimental study of original cracks eatures effecting on fracture of coal samples under uniaxial compression. Procedia Eng. 26, 681-688.

Elsworth, D., Goodman, R. E., 1986. Characterization of rock fissure hydraulic conductivity using idealized wall roughness profiles. Int. J. Rock Mech. Min. Sci. 23, 233-244.

Ertekin, T., 1995. Coalbed methane recovery modeling: what we know and what we need to learn. Turk. J. Oil Gas 1(1), 7-18.

Flannery, B. P., Deckman, H. W., Roberge, W. G., D'Amico, K. L., 1987. Three-dimensional X-ray microtomography. Science 237, 1439-1444.

Fu, X. M., 2005. Experimental study on uniaxial compression deformation and acoustic emission property of typical rocks. J. Chengdu Univ. Technol. (Sci. Technol. Version) 31, 17-21.

Ganne, P., Vervoort, A., Wevers, M., 2007. Quantification of prepeak brittle damage: correlation between acoustic emission and observed micro-fracturing. Int. J. Rock Mech. in. Sci. 44, 720-729.

Golab, A., Ward, C. R., Permana, A., Lennox, P., Botha, P., 2013. ighresolution three-dimensional imaging of coal using microfocus X-ray computed tomography, with special reference to modes of mineral occurrence. Int. J. Coal Geol. 113, 97-108.

Gray, I., 1987. Reservoir engineering in coal seams: part 1-the physical process of gas storage and movement in coal seams. SPE Reserv. Eng. 2 (1), 28-34.

Guo, R., 2008. Coal Characterization in CBM/ECBM Processes Using X-ray CT Analysis. CSPG/CSEG/CWLS GeoConvention, Calgary, Alberta, Canada (May 12-15).

He, M., Miao, J., Feng, J., 2010. Rock burst process of limestone and its acoustic emission characteristics under true-triaxial unloading conditions. Int. J. Rock Mech. Min. Sci. 47, 286-298.

Hunt, P. K., Engler, P., Bajscrowicz, C., 1987. Computed tomography as a core analysis tool: applications and artifact reduction techniques. Proceedings of SPE Annual Technical onference and Exhibition, Dallas. SPE Paper, 16952.

Johns, R. A., Steude, J. S., Castanier, L. M., Roberts, P. V., 1993. Nondestructive measurements f fracture aperture in crystalline rock cores using X-ray computed tomography. . Geophys. Res. 98(B2), 1889-1900.

Karacan, C., 2009. Reservoir rock properties of coal measure strata of the Lower Monon-gahela Group, Greene County (Southwestern Pennsylvania), from methane control and production perspectives. Int. J. Coal Geol. 78(1), 47-64.

Karacan, C., Okandan, E., 2000. Fracture/cleat analysis of coals from Zonguldak Basin (northwestern Turkey) relative to the potential of coalbed methane production. Int. J. Coal Geol. 44 (2), 109-125.

Karacan, C., Okandan, E., 2001. Adsorption and gas transport in coal microstructure: investigation and evaluation by quantitative X-ray CT imaging. Fuel 80, 509-520.

Karpyn, Z. T., Alajmi, A., Radaelli, F., Halleck, P. M., Grader, A. S., 2009. X-ray CT and hydrau-lic evidence for a relationship between fracture conductivity and adjacent matrix porosity. Eng. Geol. 103(3-4),139-145.

Keller, A. , 1998. High resolution, non-destructive measurement and characterization of fracture apertures. Int. J. Rock Mech. Min. Sci. 35(8),1037-1050.

Kendall, P. F. , Briggs, H. , 1933. The formation of rock joints and the cleat of coal. Proc. R. Soc. Edinb. 53,164-187.

Ketcham, R. A. , Carlson, W. D. , 2001. Acquisition, optimization and interpretation of X-ray omputed tomographic imagery: applications to the geosciences. Comput. Geosci. 7(4),381-400.

Kumar, H. , Lester, E. , Kingman, S. , Avila, C. , Jones, A. , Robinson, J. , Halleck, P. M. , Mathews, J. P. , 2011. Inducing fractures and increasing cleat apertures inbituminous coal under isostatic stress via application of microwave energy. Int. J. Coal Geol. 88(1),75-82.

Laubach, S. E. , Marrett, R. A. , Olson, J. E. , Scott, A. R. , 1998. Characteristics and origins of coal cleat:a review. Int. J. Coal Geol. 35,175-207.

Law, B. E. , 1993. The relation between coal rank and cleat spacing:implications for the prediction of permeability in coal. Proceedings of International Coalbed Methane Symposium II,pp. 435-442.

Liu, D. , Yao, Y. , Tang, D. , Tang, S. , Che, Y. , Huang, W. , 2009. Coal reservoir characteristics and coalbed methane resource assessment in Huainan and Huaibei coalfields, Southern North China. Int. J. Coal Geol. 79(3),97-112.

Mathews, J. P. , Denis, J. , Pone, N. , Mitchell, G. D. , Halleck, P. , 2011. High-resolution X-ray computed tomography observations of the thermal drying of lump-sized subbituminous coal. Fuel Process. Technol. 92 (1),58-64.

Mazumder, S. , Wolf, K. -H. A. A. , Elewaut, K. , 2006. Application of X-ray computed tomography or analyzing cleat spacing and cleat aperture in coal samples. Int. J. Coal Geol. 68,205-222.

Mckee, C. R. , Bumb, A. C. , 1988. A three-dimensional analytical model to aid in selecting monitoring locations in the vadose zone. Ground Water Monit. Rev. 8(2),124-136.

Medhurst, T. P. , Brown, E. T. , 1998. A study of the mechanical behaviour of coal for pillaresign. Int. J. Rock Mech. Min. Sci. 35(8),1087-1105.

Meng, Z. , Liu, C. , He, X. , Zhang, N. , 2008. Experimental research on acoustic wavevelocity of coal measures rocks and its influencing factors. J. Min. Saf. Eng. 25 (4),389-393.

Montemagno, C. D. , Pyrak-Nolte, L. J. , 1999. Fracture network versus single fractures:measurement of fracture geometry with X-ray tomography. Phys. Chem. Earth Solid Earth Geod. 24(7),575-579.

Nemoto, K. , Watanabe, N. , Hirano, N. , Tsuchiya, N. , 2009. Direct measurement of contact rea and stress dependence of anisotropic flow through rock fracture with heterogeneous aperture distribution. Earth Planet. Sci. Lett. 281(1-2),81-87.

Nick,K. E. ,Conway,M. W. ,Fowler,K. S. ,1995. The relation of diagnetic clays and sulfates to he treatment of coalbed methane reservoirs. Paper SPE 30736 Presented at the SPE nnual Technical Conference and Exhibition,Dallas,Texas,October,22-25. Society of Petroleum Engineers,Richardson,TX,p. 11.

Palmer,I. ,Mansoori,J. ,1998. Permeability depends on stress and pore pressure in coalbeds,a new model. SPE Reserv. Eval. Eng. 1(6),539-544.

Pan,Z. ,Connell,L. D. ,Camilleri,M. ,2010. Laboratory characterisation of coal reservoir per-meability for primary and enhanced coalbed methane recovery. Int. J. Coal Geol. 82 (3-4),252-261.

Pattison,C. I. ,Fielding,C. R. ,McWatters,R. H. ,Hamilton,L. H. ,1996. Nature and origin offractures in Permian coals from the Bowen basin,Queensland,Australia. In: Gayer,et al. (Eds.),Coalbed Methane and Coal Geology. London,Geological Society Special ublication,109,pp. 131-150.

Polak,A. ,Elsworth,D. ,Yasuhara,H. ,Grader,A. S. ,Halleck,P. M. ,2003. Permeability reduction of a natural fracture under net dissolution by hydrothermal fluids. Geophys. Res. Lett. 30(20),1-4.

Popp,T. ,Kern,H. ,2000. Monitoring the state of microfracturing in rock salt during deformation combined measurements of permeability and P- and S-wave velocities. Phys. Chem. Earth Solid Earth Geod. 25(2),149-154.

Remeysen,K. ,Swennen,R. ,2006. Beam hardening artifact reduction in microfocus computed tomography for improved quantitative coal characterization. Int. J. Coal Geol. 67 (1-2),101-111.

Rowland,J. C. ,Manga,M. ,Rose,T. P. ,2008. The influence of poorly interconnected fault one flow paths on spring geochemistry. Geofluids 8,93-101.

Song,D. ,Wang,E. ,Liu,J. ,2012. Relationship between EMR and dissipated energy of coal ock mass during cyclic loading process. Saf. Sci. 50(4),751-760.

Stach,E. ,Mackowsky,M. T. H. ,Teichmueller,M. ,Taylor,G. H. ,Chandra,D. R. , 1982. Coal Petrology. Gebruder Borntraeger,Stuttgart-Berlin 5-86.

Vinegar,H. J. ,Wellington,S. J. ,1987. Tomographic imaging of three-phase flow experiments. Rev. Sci. Instrum. 58(1),96-107.

Vinokurova,E. B. ,1978. The significance of sorption studies for practical coal mining. Solid uel Chem. 12 (6),132-139.

Vishal,V. ,Ranjith,P. G. ,Singh,T. N. ,2013. CO_2 permeability of Indian bituminous coals:implications for carbon sequestration. Int. J. Coal Geol. 105,36-47.

Wang,S. ,Elsworth,D. ,Liu,J. ,2011. Permeability evolution in fractured coal: the roles of racture geometry and water-content. Int. J. Coal Geol. 87(1),13-25.

Wang,S. ,Elsworth,D. ,Liu,J. ,2013. Permeability evolution during progressive deformation of intact coal and implications for instability inunderground coal seams. Int. Rock

Mech. Min. Sci. 58,34-45.

Watanabe,N. , Hirano,N. , Tsuchiya,N. , 2008. Determination of aperture structure and fluid flow in a rock fracture by high-resolution numerical modeling on the basis of a flow-through experiment under confining pressure. Water Resour. Res. 44(6),1-11.

Watanabe,N. , Ishibashi,T. , Hirano,N. , Tsuchiya,N. , Ohsaki,Y. , Tamagawa,T. , Tsuchiya,Y. , Okabe,H. , 2011a. Precise 3D numerical modeling of fracture flow coupled with X-ray computed tomography for reservoir core samples. SPE J. 16(3),683-690.

Watanabe,N. , Ishibashi,T. , Ohsaki,Y. , Tsuchiya,Y. , Tamagawa,T. , Hirano,O. , Okabe,H. , Tsuchiya,N. , 2011b. X-ray CT based numerical analysis of fracture flow for core samples under various confining pressures. Eng. Geol. 123(4),338-346.

Wolf,K.-H. A. A. ,Codreanu,D. B. ,Ephraim,R. ,Siemons,N. ,2004. Analysing cleat angles in coal seams using image analysis techniques on artificial drilling cuttings and prepared coal blocks. Geol. Belg. 7(3-4),105-114.

Wolf,K.-H. A. A. , van Bergen,F. ,Ephraim,R. ,Pagnier,H. ,2008. etermination of the leat angle distribution of the RECOPOL coal seams,using CT-scans and image nalysis on drilling cuttings and coal blocks. Int. J. Coal Geol. 73(3-4),259-272.

Wu,Y. ,Chen,J. ,Zeng,S. ,2011. The acoustic emission technique research on dynamic damage characteristics of the coal rock. Procedia Eng. 26,1076-1082.

Yao,Y. , Liu,D. , Che,Y. , Tang,D. , Tang,S. , Huang,W. , 2009. Non-destructive characterization of coal samples from China using microfocus X-ray computed tomography. Int. J. Coal Geol. 80 (2),113-123.

Yao,Y. ,Liu,D. ,Cai,Y. ,Li,J. ,2010. Advanced characterization of pores and fractures in coals by nuclear magnetic resonance and X-ray computed tomography. Sci. China Earth Sci. 53 (6),854-862.

Yu,Y. ,Zhang,H. ,Zhang,C. ,Hao,Z. ,Wang,L. ,2013. Effects of temperature and stress on ermeability of standard coal briquette specimen. J. China Coal Soc. 38 (6),36-941 (in Chinese with an English abstract).

Zhao,Q. ,Hao,S. ,2006. Anisotropy test instance of ultrasonic velocity and attenuation of coal sample. Prog. Geophys. 21(2),531-534 (in Chinese with an English bstract).

Zhao,Y. ,Jiang,Y. ,2010. Acoustic emission and thermal infrared precursors associated ith bump-prone coal failure. Int. J. Coal Geol. 83(1),11-20.

Zhou,F. ,2012. Experiment of influence of fractures on coal/rock acoustic velocity: with arboniferous seams of Qinshui basin as example. Coal Geol. Explor. 40(2),71-74(in Chinese with an English abstract).

Zhu,W. C. , Liu,J. , Elsworth,D. , Polak,A. , Grader,A. , Sheng,J. C. , Liu,J. X. , 2007. Tracer transport in a fractured chalk:X-ray CT characterization and digital-image-based (DIB) imulation. Transp. Porous Media 70(1),25-42.

三轴应力应变条件下的煤岩渗透率分析模型

Luke D. Connell, Meng Lu, Zhejun Pan
王玫珠 译　杨焦生 校

摘要：煤的渗透率易受有效应力的影响，因而在气体运移时需要考虑渗透率和煤层力学特性的耦合特征。煤基质具有解吸收缩和吸附膨胀特性，该特性与地质力学特性的耦合对煤层渗透率的解释至关重要。在 Shi-Durucan(2004) 及 Palmer-Mansoori(1996) 提出的煤岩渗透率模型中，简化为单轴应变和恒定垂向应力。但在实验室三轴渗透率测试和提高煤层气采收率的实验室驱替中，这些假定条件难以实现。通常实验室测试是在静水应力状态下，三轴室内封闭流体的压力均匀作用于样品表面。在该实验装置中，样品可进行三轴应变测试。本文提出了两种新的渗透率模型，均基于一般线性多孔弹性介质的本构方程，并考虑了煤样吸附气体膨胀的三轴应变和应力。本文提出了一种新的方法来表达煤岩吸附应变对裂隙孔隙度和渗透率的影响，并对煤基质、孔隙(或裂隙)和全煤吸附应变加以区分，并用一系列实验数据验证这些模型。该模型进一步探讨了煤岩渗透率如何随着煤岩收缩膨胀而变化、渗透率转折压力如何依赖于作用其上的有效应力。此外模拟结果表明孔隙应变明显大于(约 50 倍)全煤吸附应变。

1 引言

渗透率是决定煤储层中 CH_4 产量和 CO_2 封存量的关键特性。煤岩渗透性通常取决于其中的裂隙网络，裂隙孔隙度是确定煤岩渗透率的关键因素。裂隙开度对有效应力十分敏感，当有效应力增大时裂隙变窄，导致渗透率降低。煤中气体大多以吸附状态赋存，这是煤岩渗透特性中的又一复杂问题。煤解吸气体时煤基质收缩，吸附气体时煤基质膨胀，本文中煤基质的收缩或膨胀称为吸附变形。因此，对煤岩渗透性来说，存在两种相互牵制的效应，即降低孔隙压力(例如在产气初期)使有效应力增大，从而裂隙被压缩使得渗透率下降；但是压降也会造成煤层气解吸，使煤基质收缩，裂隙开度增大，使得渗透率升高。相反地，增大孔隙压力和含气量(例如在为了提高煤层气采收率而进行 CO_2 封存时)，会产生相反的过程。因而，煤岩渗透率并非储层压力的单调递增或递减函数，可能有一个最小值，对应于某一特定的储层压力，称之为渗透率转折压力。

Gray(1987)曾提出一种煤岩渗透率模型，该模型反映基质收缩和孔隙压力变化煤渗透率的影响。Harpalani 和 Zhao(1989)、Sawyer 等人(1990)、Seidle 等人(1992)、Seidle 和 Huitt(1995)、Palmer 和 Mansoori(1998)、Gilman 和 Beckie(2000)、Shi 和 Durucan(2004,2005)、Palmer(2009)等提出过许多模型，这些模型中均包含基质收缩和孔隙压力对渗透率的影响。近期 Liu 和 Rutgvist(2009)提出了一种新的煤岩渗透率模型，为三次型和指数型的组合形式。Liu 等人(2011)提出的一种煤渗透率模型，其对煤岩结构的解读不同于由 Seidle 等人(1992)提出的火柴棍概念模型。在这些模型中，Palmer-Mansoori(简称 P-M)模型(1998)和 Shi-Durucan(简称 S-D)模型(2004,2005)是用于模拟储层气体运移的两种常用模型。

上述模型应用单轴应力状态及上覆压力或围压为恒量这两个假设条件,以简化其推导过程,得出一个便于表达渗透率的简单方程。但是正如 Durucan-Edwards(1986)、Connell-Detournay(2009)以及 Connell(2009)使用耦合模型的结果,储层并不总能满足以上这些假设条件。实验室一般在三轴应力下对煤样进行测试,从而对样品进行特征分析以及进行驱替实验。这些测试中煤样处于静水压力状态和三轴应力环境中(例如 Durucan 和 Edwards,1986)。然而现存的煤储层渗透率模型均基于单轴应力和恒定垂向应力的假设条件,这些条件难以在实验中实现。Pan 等人(2010)提出了一种在三轴应力环境中进行实验室煤岩渗透率特征描述的方法,同时也提出了与围压或孔隙压力相关的地质力学性质,吸附应变和裂隙压缩系数。虽然这些测量值可应用于单轴应力下的渗透率模型,但这些模型不能反映静压下三轴应力环境中与围压和孔隙压力相关的渗透率特性。为了更容易在实验室常规条件下研究煤岩渗透性,需要建立一种新的模型,因为应变和应力假设对煤渗透性有重大影响。

本文用与 Shi-Durucan 和 Palmer-Mansoori 渗透率模型一致的方式提出两种新的理论模型:指数型和三次型。这两种模型均包括有效应力和吸附应变两种效应。在模型的推导过程中发现,和现存的方法相比,这里需将吸附应变分解为体应变、孔隙应变和基质应变。针对实验室测试中可能遇到的不同几何和力学条件,可推导出多个不同的渗透率模型,可扩展至更一般的情况。本文探讨了这两种模型,然后将这两种模型应用至一组实验数据,包括测得的渗透率和由一系列独立测试得出的岩石力学和渗透特征。

2 模型表述

2.1 两种常见模型的表述形式

本节主要论述本文建立模型的理论基础,下一节论述使用三轴应变和圆柱体进行实验的模型推导式。

全岩体积 V_b、颗粒或基质体积 V_m 和孔隙(或裂隙)体积 V_p 之间的体积守恒为 $V_b = V_p + V_m$。煤具有双孔隙结构,涉及两个孔隙系统。通常假设宏观孔隙率或裂隙孔隙率决定渗透率从而影响达西渗流,而微观孔隙率通常对渗透率几乎不影响。文中提及的孔隙体积为裂隙孔隙体积,使用下标 p 来表示裂隙孔隙体积,文中提及的裂隙压力为孔隙压力。孔隙率(φ)定义为 $\varphi = V_p / V_b$。类似 Cui-Bustin(2005)的方法得出:

$$\frac{d\varphi}{\varphi} = d\varepsilon_b - d\varepsilon_p \tag{1}$$

$$\frac{d\varphi}{1-\varphi} = d\varepsilon_m - d\varepsilon_b \tag{2}$$

煤岩渗透率 k 与裂隙孔隙率的关系为(如 Seidle 等,1992;Palmer 和 Mansoori,1998;Shi 和 Durucan,2004;Cui 和 Bustin,2005):

$$k = k_0 \left(\frac{\varphi}{\varphi_0}\right)^3 \tag{3}$$

在式(1)和式(2)中,$d\varepsilon_p = -dV_p/V_p$ 为微分的孔隙应变;$d\varepsilon_b = -dV_b/V_b$ 为微分的岩石体应变;$d\varepsilon_m = -dV_m/V_m$ 为微分的颗粒(基质)应变;k_0 和 φ_0 分别表示参考状态下的煤岩渗透率和裂隙孔隙率。

式(1)和式(2)是煤储层中裂隙孔隙率与应变关系的基础。方程式(3)中的渗透率与孔隙率的三次关系已得到很好地证实,据此可推导出体积应变与渗透率之间的关系。本文为描述在压力和含气量变化过程中煤岩的渗透特性,建立了两种模型。在 2.1 节中,推导出了与 Shi-Durucan 煤岩渗透率模型相似的指数方程。在 2.2 节中推导出了与 Palmer-Mansoori 模型近似的三次方程。在后面会对推导出的方程与这两种广泛使用的渗透率模型进行对比。

2.1.1 指数形式

直接对方程式(1)进行积分,得:

$$\frac{\varphi}{\varphi_0} = \exp\left[-\left(\int_{\varepsilon_p^0}^{\varepsilon_p} d\bar{\varepsilon}_p - \int_{\varepsilon_b^0}^{\varepsilon_b} d\bar{\varepsilon}_b\right)\right] \tag{4}$$

其中,ε_p^0 和 ε_b^0 分别表示参考压力下 ε_p 和 ε_b 的值。

煤岩中一项重要的影响因素为吸附应变,即吸附气体时煤基质膨胀,解吸时煤基质收缩。将吸附应变引入岩石体应变 ε_b 和孔隙应变 ε_p 中。根据体积平衡原理,dV_b 和 dV_p 可拆分为两部分,一部分由力学作用引起(分别表示为 $dV_b^{(M)}$ 和 $dV_p^{(M)}$),另一部分由气体吸附变形引起(分别表示为 $dV_b^{(S)}$ 和 $dV_p^{(S)}$)。即 $dV_b = dV_b^{(M)} + dV_b^{(S)}$ 和 $dV_p = dV_p^{(M)} + dV_p^{(S)}$。因此:

$$d\varepsilon_b = d\varepsilon_b^{(M)} + d\varepsilon_b^{(S)} \quad \text{和} \quad d\varepsilon_p = d\varepsilon_p^{(M)} + d\varepsilon_p^{(S)} \tag{5}$$

其中,$d\varepsilon_b^{(M)}$ 和 $d\varepsilon_p^{(M)}$ 分别表示岩石和孔隙的力学应变;$\varepsilon_b^{(S)}$ 和 $\varepsilon_p^{(S)}$ 为气体吸附引起基质膨胀导致的岩石和孔隙应变,这两者均为孔隙压力(p_p)的函数。

方程式(5)中 $\varepsilon_b^{(M)}$ 使用 Zimmerman 等人(1986)和 Jaeger 等人(2007)的方法,可表示为:

$$d\varepsilon_b^{(M)} = C_{bc}^{(M)} dp_c - C_{bp}^{(M)} dp_p \tag{6}$$

其中,$C_{bc}^{(M)} = -(\partial V_b/\partial p_c)_{\{p_p,\varepsilon_b^{(S)}\}}/V_b$ 和 $C_{bp}^{(M)} = -(\partial V_b/\partial p_p)_{\{p_c,\varepsilon_b^{(S)}\}}/V_b$ 为压缩系数,类似于 Zimmerman 等人(1986)定义的压缩系数。区别在于,这里的 V_b 为岩石的当前体积而不是初始体积(V_b^0)。$C_{bc}^{(M)}$ 和 $C_{bp}^{(M)}$ 的关系可用方程 $C_{bp}^{(M)} = C_{bc}^{(M)} - C_m^{(M)}$ 表达,其中 $C_m^{(M)}$ 为岩石基质的压缩系数,等同于 $1/K_m$,其中 K_m 为基质的体积模量,p_c 为围压。当把多孔岩石视作连续介质时,可由岩石局部流体静应力分量 $\hat{p} = \sigma_{ij}\delta_{ij}/3$ $(i,j=1,2,3)$ 估测出 p_c,其中 σ_{ij} 表示应力,δ_{ij} 为克罗内克符号,σ_{ij} 是导致介质体积变化的原因,同时 $S_{ij} = \sigma_{ij} - \hat{p}\delta_{ij}$ 仅导致介质形状变化。因此:

$$p_c = \hat{p} = \sigma_{ij}\delta_{ij}/3 \quad (i,j = 1,2,3) \tag{7}$$

孔隙的力学变形 $\varepsilon_p^{(M)}$ 与孔隙压缩系数 $C_{pc}^{(M)}$ 的关系可表示为 $C_{pc}^{(M)} = -(\partial V_p/\partial p_c)_{\{p_p,\varepsilon_b^{(S)}\}}/V_p$(注:此处 V_p 为当前孔隙体积,而不是初始值 V_p^0,后者不适用于应变较大的情况),力学孔隙应变 $\varepsilon_p^{(M)}$ 与煤基质压缩系数 $C_m^{(M)}$ 的关系可用以下方程表示:

$$d\varepsilon_p^{(M)} = C_{pc}^{(M)}(dp_c - dp_p) + C_m^{(M)} dp_p \tag{8}$$

将方程(5)~(8)带入方程(4),然后带入方程(3),得到:

$$k = k_0 \exp\left\{-3\left[\int_{(p_c^0,p_p^0)}^{(p_c,p_p)} (C_{pc}^{(M)} - C_{bc}^{(M)})(dp_c - dp_p) + (\tilde{\varepsilon}_p^{(S)} - \tilde{\varepsilon}_b^{(S)})\right]\right\} \tag{9}$$

以上方程中 $\varepsilon_b^{(S)}$ 和 $\varepsilon_p^{(S)}$ 上的符号"~"表示增量。煤岩中的 $C_{pc}^{(M)}$ 通常比 $C_{bc}^{(M)}$ 和 $C_m^{(M)}$ 大好几个数量级,因而常忽略不计 $C_{bc}^{(M)}$(Cui 和 Bustin,2004)。

将 $C_{bc}^{(M)}$ 忽略不计后,方程(9)变得类似于 Seidle 等人(1992)、Shi 和 Durucan(2004)以及 Cui 和 Bustin(2005)所提出的关系式。根据 Palmer(2009)对某些煤气田数据的验证和

Pan 等人(2010)观察到的实验结果,$C_{pc}^{(M)}$ 并非常数。Shi 和 Durucan(2009)将裂隙压缩系数定义为应力的指数函数,对他们提出的煤岩渗透率模型(Shi 和 Durucan,2004)进行了修正,使之与圣胡安盆地法尔韦油田中观察到的煤岩渗透特性吻合。然而使用常数 $C_{pc}^{(M)}$ 可极大简化实算过程(Mckee 等,1987;Seidle 等,1992;Shi 和 Durucan,2004)。在常量 $C_{pc}^{(M)}$ 的近似下,方程(9)可表达为:

$$k = k_0 \exp\{-3[C_{pc}^{(M)}(\tilde{p}_c - \tilde{p}_p) + (\tilde{\varepsilon}_p^{(S)} - \tilde{\varepsilon}_b^{(S)})]\} \qquad (10)$$

2.1.2 三次式

对方程(2)进行积分可得:

$$\frac{1-\varphi}{1-\varphi_0} = \exp\left[-\left(\int_{\varepsilon_m^0}^{\varepsilon_m} \mathrm{d}\bar{\varepsilon}_m - \int_{\varepsilon_b^0}^{\varepsilon_b} \mathrm{d}\bar{\varepsilon}_b\right)\right] \qquad (11)$$

在大多数情况中,可假设 $\int_{\varepsilon_m^0}^{\varepsilon_m} \mathrm{d}\bar{\varepsilon}_m \ll 1$ 和 $\int_{\varepsilon_b^0}^{\varepsilon_b} \mathrm{d}\bar{\varepsilon}_b \ll 1$。当 $x \ll 1$ 时,使用展开式 $\exp(-x) \approx 1-x$,方程(11)可近似写成:

$$\varphi = \varphi_0 + \int_{\varepsilon_m^0}^{\varepsilon_m} \mathrm{d}\bar{\varepsilon}_m - \int_{\varepsilon_b^0}^{\varepsilon_b} \mathrm{d}\bar{\varepsilon}_b \qquad (12)$$

如上所述,煤岩 $\varphi_0 \ll 1$,因而省略高阶形式 $\varphi_0 \left(\int_{\varepsilon_m^0}^{\varepsilon_m} \mathrm{d}\bar{\varepsilon}_m - \int_{\varepsilon_b^0}^{\varepsilon_b} \mathrm{d}\bar{\varepsilon}_b\right)$。

与 ε_p 和 ε_b 相同,也可将基质应变 ε_m 分为两部分:力学应变分量 $\varepsilon_m^{(M)}$ 和气体吸附应变分量 $\varepsilon_m^{(S)}$,即有:

$$\mathrm{d}\varepsilon_m = \mathrm{d}\varepsilon_m^{(M)} + \mathrm{d}\varepsilon_m^{(S)} \qquad (13)$$

基质应变可由下列方程定义(Jaeger 等,2007):

$$\mathrm{d}\varepsilon_m^{(M)} = \frac{\mathrm{d}C_m^{(M)}}{1-\varphi_0}(\mathrm{d}p_c - \varphi_0 \mathrm{d}p_p) \qquad (14)$$

将方程(13)~(14)、$\mathrm{d}\tilde{\varepsilon}_b$ 和 $C_{bp}^{(M)} = C_{bc}^{(M)} - C_m^{(M)}$ 一同代入方程(12),得到:

$$\frac{\varphi}{\varphi_0} = 1 + \frac{1}{\varphi_0}\left[\int_{(p_c^0, p_p^0)}^{(p_c, p_p)} \left[\frac{C_m^{(M)}}{1-\varphi_0} - C_{bc}^{(M)}\right](\mathrm{d}p_c - \mathrm{d}p_p) + (\tilde{\varepsilon}_b^{(S)} - \tilde{\varepsilon}_m^{(M)})\right] \qquad (15)$$

当 $C_{bc}^{(M)} \gg C_m^{(M)}$,且 $C_{bc}^{(M)}$ 为常数的情况下,可将方程式(15)改写为:

$$\frac{\varphi}{\varphi_0} = 1 - \frac{1}{\varphi_0}\left[\frac{1}{K}(\tilde{p}_c - \tilde{p}_p) + (\tilde{\varepsilon}_b^{(S)} - \tilde{\varepsilon}_m^{(S)})\right], C_{bc}^{(M)} = 1/K$$

代入方程(3),可得:

$$k = k_0 \left\{1 - \frac{1}{\varphi_0}\left[\frac{1}{K}(\tilde{p}_c - \tilde{p}_p) + (\tilde{\varepsilon}_b^{(S)} - \tilde{\varepsilon}_m^{(S)})\right]\right\}^3 \qquad (16)$$

除去吸附应变项,方程(16)等同于 Cui 和 Bustin(2005)提出的方程。

2.1.3 模型表达式的讨论

(1) 全岩体、孔隙和基质的吸附变形量

本文定义了3种气体吸附的体应变:$\varepsilon_b^{(S)}$,$\varepsilon_p^{(S)}$,$\varepsilon_m^{(S)}$。$\varepsilon_b^{(S)}$ 易于测量,而 $\varepsilon_m^{(S)}$ 和 $\varepsilon_p^{(S)}$ 特别是 $\varepsilon_p^{(S)}$ 难以测量。Cui 和 Bustin(2005)以及 Liu 等人(2010)在推导渗透率表达式时假定孔隙应变与全岩体积应变相等。基于该假定,静水压力下气体吸附产生的孔隙应变和全岩体吸附应变可相互抵消,从而推导出一个渗透率的方程式,其中渗透率为围压和孔隙压力之差的函数,就像方程(10)一样。本文通过假设 $\varepsilon_m^{(S)}$ 和 $\varepsilon_p^{(S)}$ 均为 $\varepsilon_b^{(S)}$ 的函数,导出一个更为广泛的方程式,即 $\varepsilon_p^{(S)} = \psi_p(\varepsilon_b^{(S)})$ 和 $\varepsilon_m^{(S)} = \psi_m(\varepsilon_b^{(S)})$。将受 $\varepsilon_b^{(S)}$ 影响的 ψ_p 和 ψ_m 一阶泰勒展开,得到:

$$\tilde{\varepsilon}_p^{(S)} = \gamma \tilde{\varepsilon}_b^{(S)} \quad \text{和} \quad \tilde{\varepsilon}_m^{(S)} = \beta \tilde{\varepsilon}_b^{(S)} \tag{17}$$

其中,$\gamma = \partial \psi_p / \partial \varepsilon_b^{(S)} |_{\tilde{\varepsilon}_b^{(S)}=0}$ 和 $\beta = \partial \psi_m / \partial \varepsilon_b^{(S)} |_{\tilde{\varepsilon}_b^{(S)}=0}$,在本文为常数。

方程(17)中若测出 $\varepsilon_m^{(S)}$(可由一小块仅含煤基质不含裂隙的岩样测出)和 $\varepsilon_b^{(S)}$,则可得参数 β。β 或 γ 可通过实验数据的历史拟合确定。

(2) 指数形式与三次形式的对比

根据方程式(17),方程(10)的一阶展开式为:

$$k \approx k_0 \{1 - [C_{pc}^{(M)}(\tilde{p}_c - \tilde{p}_p) - (1-\gamma)\tilde{\varepsilon}_b^{(S)}]\}^3 \tag{18}$$

方程(16)可改写为:

$$k = k_0 \left\{1 - \frac{1}{\varphi}\left[\frac{1}{K}(\tilde{p}_c - \tilde{p}_p) - (\beta-1)\tilde{\varepsilon}_b^{(S)}\right]\right\}^3 \tag{19}$$

由 Jaeger 等人(2007)提出的方法,我们可以得出 $C_{pc}^{(M)} = (C_{bc}^{(M)} - C_m^{(M)})/\varphi$。根据推导方程(16)的假定条件,即与 $C_{bc}^{(M)}$ 相比,$C_m^{(M)}$ 可忽略不计,引入体积弹性模量可得 $C_{pc}^{(M)} \cong 1/\varphi_0 K$,其中 $\varphi \approx \varphi_0$。因此排除吸附应变项,以上两个方程式为等价方程。方程(18)和(19)与以上描述的 $C_{pc}^{(M)} \cong 1/\varphi_0 K$ 约等式相比较,$(1-\gamma) = (\beta-1)/\varphi_0$ 或 $\gamma \propto (\beta-1)/\varphi_0$。

2.2 三轴测试中需要考虑的其他因素

为了将方程(10)或方程(16)应用到非静水条件下的应力或应变实验装置中,就需建立围压 $\tilde{p}_c$(或者与方程(7)的局部静水应力 $\hat{p}$)、三轴应变和几何构型以及岩样的力学约束之间的关系。考虑到特定的一些条件,这一建立过程可通过求解平衡方程得出,并在下一节进行描述。

2.2.1 岩芯夹持器结构

附录中图 A-1 为静压下测渗透率与驱替实验的装置图。煤柱(见图1)长为 L_c,半径为 R_c,与周围流体之间有一层橡胶膜,以隔离提供围压的流体,轴向与径向的应力可存在差异。

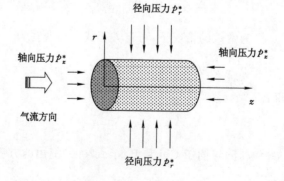

图 1 岩芯样品示意图

2.2.2 三轴样品室中煤样的平衡方程式

z 表示轴方向,r 表示柱面坐标系中的径向(见图1),作用于岩样的应力为 $\sigma_{ij}(i,j=r,z,\theta)$,其平衡方程可写为:

$$\frac{\partial \tilde{\sigma}_{rr}}{\partial r} + \frac{\partial \tilde{\sigma}_{rz}}{\partial z} + \frac{\tilde{\sigma}_{rr} - \tilde{\sigma}_{\theta\theta}}{r} = 0 \tag{20}$$

$$\frac{\partial \tilde{\sigma}_{rz}}{\partial r} + \frac{\partial \tilde{\sigma}_{zz}}{\partial z} + \frac{\tilde{\sigma}_{rz}}{r} = 0 \tag{21}$$

边界条件可定义为:

$$\tilde{\sigma}_{rr}|_{r=R_c} = \tilde{p}_r^* (径向压力) 和 \tilde{\sigma}_{rz}|_{r=R_c} = 0 (无摩擦力) \tag{22}$$

$$\tilde{\sigma}_{zz}|_{z=0} = \tilde{p}_z^* (轴向压力) 和 \tilde{\sigma}_{zz}|_{z=L_c} = \tilde{p}_z^* (轴向约束) \tag{23}$$

其中,$\tilde{p}_r^*$ 和 $\tilde{p}_z^*$ 分别表示径向和轴向应力或围压。

类比热弹性应变得出的吸附引起的体应变,可将线性多孔弹性本构关系(Rice 和 Cleary,1976;Coussy,1995,2004)写为:

$$\tilde{\sigma}_{ij} = 2G\tilde{\varepsilon}_{ij} + \lambda \tilde{\varepsilon} \delta_{ij} - \alpha \tilde{p}_p \delta_{ij} - 3K\tilde{\varepsilon}_b^{(S)}(p_p, p_p^0)\delta_{ij} \quad (i,j=1,2,3) \tag{24}$$

其中,$\tilde{\varepsilon} = \tilde{\varepsilon}_{ij}\delta_{ij}$,$\tilde{\varepsilon}_{ij}$ 对应的是岩体。为了方便与其他文献中的常规表示保持一致(例如 Shi 和 Durucan,2004;Jaeger 等,2007),此处不使用下标 b 和上标 M。

方程(24)在柱面坐标系中表达为:

$$\tilde{\varepsilon}_{rr} = \frac{1}{E}\tilde{\sigma}_{rr} - \frac{\nu}{E}\tilde{\sigma}_{\theta\theta} - \frac{\nu}{E}\tilde{\sigma}_{zz} + \frac{\alpha}{3K}\tilde{p}_p + \frac{1}{3}\tilde{\varepsilon}_b^{(S)}(p_p, p_p^0) \tag{25}$$

$$\tilde{\varepsilon}_{\theta\theta} = \frac{1}{E}\tilde{\sigma}_{\theta\theta} - \frac{\nu}{E}\tilde{\sigma}_{rr} - \frac{\nu}{E}\tilde{\sigma}_{zz} + \frac{\alpha}{3K}\tilde{p}_p + \frac{1}{3}\tilde{\varepsilon}_b^{(S)}(p_p, p_p^0) \tag{26}$$

$$\tilde{\varepsilon}_{zz} = \frac{1}{E}\tilde{\sigma}_{zz} - \frac{\nu}{E}\tilde{\sigma}_{rr} - \frac{\nu}{E}\tilde{\sigma}_{\theta\theta} + \frac{\alpha}{3K}\tilde{p}_p + \frac{1}{3}\tilde{\varepsilon}_b^{(S)}(p_p, p_p^0) \tag{27}$$

$$\tilde{\varepsilon}_{rz} = \frac{2(1+\nu)}{E}\tilde{\sigma}_{rz} \tag{28}$$

其中,$\tilde{\varepsilon}_{ij}(i,j=r,z,\theta)$ 表示岩石各个方向的应变增量;G 和 K 分别表示剪切模量和体积模量;λ 为岩石的拉姆常数;E 为杨氏模量;ν 为泊松比;α 为 Biot 系数(Biot,1941,1955)。

2.2.3 平衡方程的解

假设在测试过程中正应力增量 $\tilde{\sigma}_{zz}$ 和轴向孔隙压力 p_p 分布均衡,则:

$$\partial \tilde{\sigma}_{zz}/\partial z \approx 0 \text{ 或者 } \tilde{\sigma}_{zz} \approx \tilde{p}_z^* = 常数 \tag{29}$$

剪切应力增量 $\tilde{\sigma}_{rz}$ 可被忽略(如方程(22)中第二个方程所示)。根据方程(29)可得 $\tilde{\sigma}_{rz} \approx 0$。因此,方程(20)可简化为,

$$\frac{d\tilde{\sigma}_{rr}}{dr} + \frac{\tilde{\sigma}_{rr} - \tilde{\sigma}_{\theta\theta}}{r} = 0 \tag{30}$$

用方程(25)~(28)中应变分量 $\tilde{\varepsilon}_{rr}(=\partial \tilde{u}_r/\partial r)$ 和 $\tilde{\varepsilon}_{\theta\theta}^R[=\partial \tilde{u}_\theta/(r\partial\theta) + \tilde{u}_r/r = \tilde{u}_r/r]$($\tilde{u}_r$ 和 $\tilde{u}_\theta$ 分别为 r 和 θ 方向上的位移增量)代替方程(30)中的 $\tilde{\sigma}_{rr}$ 和 $\tilde{\sigma}_{\theta\theta}$,可得:

$$\frac{d^2\tilde{u}_r}{dr^2} + \frac{1}{r}\frac{d\tilde{u}_r}{dr} - \frac{\tilde{u}_r}{r^2} = (1+\nu)\frac{d}{dr}\left[\frac{\alpha}{3K}\tilde{p}_p + \frac{1}{3}\tilde{\varepsilon}_b^{(S)}(p_p, p_p^0) + \frac{\nu}{E}\tilde{p}_z^*\right] \tag{31}$$

方程(31)等号左边可改写为 $\frac{d}{dr}\left[\frac{1}{r}\frac{d(r\tilde{u}_r)}{dr}\right]$,按 Timoshenko 和 Goodier(1984)提出的方法,可得出方程的解。通过类比热弹性应变,易解出 $\tilde{u}_r$:

$$\tilde{u}_r = (1+\nu)\frac{1}{r}\int_0^r \bar{r}\left[\frac{\alpha}{3K}\tilde{p}_p + \frac{1}{3}\tilde{\varepsilon}_b^{(S)}(p_p, p_p^0) + \frac{\nu}{E}\tilde{p}_z^*\right]d\bar{r} + C_1 r + \frac{C_2}{r} \tag{32}$$

在方程(32)中,C_1 和 C_2 是 2 个常数,由相关的边界条件确定。实际上,从方程(32)中不难看出,在 $r \to 0$ 时,$\tilde{u}_r$ 必然为零,所以 $C_2 = 0$。

将方程(32)$\tilde{u}_r$ 的表达式代入本构关系方程(25)~(27)中,结合方程(22)和(23)的边界约束条件确定常数 C_1。将 p_c(通过方程式(7))代入一般模型表达式(10)或(16)中,可得出所需的模型表达式。

显然,若孔隙压力非均匀分布,那么 $\tilde{u}_r$ 和局部围压为孔隙压力分布决定的空间坐标下的函数。在这种情况下,需要体积均值来求得整个煤样的平均渗透率,即:

$$\langle k \rangle = k_0 \left\langle \left(\frac{\varphi}{\varphi_0}\right)^3 \right\rangle \tag{34}$$

其中,$\langle \cdot \rangle$ 代表整个煤样的体积均值,例如 $\langle \cdot \rangle = (1/V_B)\int_{V_B}(\cdot)\mathrm{d}V$,其中 V_B 为煤样的体积。

若孔隙压力为均匀分布或近似均匀分布(这种情况存在于许多涉及岩样中压力梯度的实验室岩芯驱替实验中,压力梯度与孔隙压力相关性较小),则方程(32)方括号内的项为常量,且方程(32)中积分项可积分,使得 $\tilde{u}_r$ 成为 r 的线性函数。可写为:

$$\tilde{u}_r = C_1^* r \tag{35}$$

其中,$C_1^* = (1+\nu)(\widetilde{\alpha p_p}/(3K) + \tilde{\varepsilon}_b^{(S)}/3 + \nu \tilde{p}_z^*/E)/2 + C_1$ 是与空间坐标 r 无关的常量。

所以,方程(35)中整个煤样的应变和应力均为常量,可直接根据边界条件求出。可使用这些值得出 $\tilde{p}_i^*(i=r,z)$ 的表达式,然后可将这些表达式代入方程(10)或方程(16)。

2.2.4 模型表达式

(1) 非静水压力的约束条件($\tilde{p}_r^* \neq \tilde{p}_z^*$)

$$k = k_0 \exp\{-3[C_{p c}^{(M)}(\frac{1}{3}(2\tilde{p}_r^* + \tilde{p}_z^*) - \tilde{p}_p) - (1-\gamma)\tilde{\varepsilon}_b^{(S)}]\} \tag{36}$$

显然,当 $\tilde{p}_r^* = \tilde{p}_z^* = \tilde{p}^*$ 时,可将方程(36)直接归为静水流体压力的情况。

(2) 无约束条件 $\tilde{p}_r^* = \tilde{p}_z^* = \tilde{p}_p$

$$k = k_0 \exp[3(1-\gamma)\tilde{\varepsilon}_b^{(S)}] \tag{37}$$

(3) 刚性约束条件

① 全刚性约束条件($\tilde{u}_r|_{r=R_c} = \tilde{u}_z|_{z=0} = \tilde{u}_z|_{z=L_c} = 0$)

$$k = k_0 \exp\{-3[-C_{p c}^{(M)}((\alpha+1)\tilde{p}_p + K\tilde{\varepsilon}_b^{(S)}) - (1-\gamma)\tilde{\varepsilon}_b^{(S)}]\} \tag{38}$$

② 刚性侧限约束条件($\tilde{u}_r|_{r=R_c} = 0; \tilde{\sigma}_{zz}|_{z=0} = \tilde{\sigma}_{zz}|_{z=L_c} = \tilde{p}_z^*$)

$$k = k_0 \exp\left\{-3\left[C_{p c}^{(M)}\left[-\frac{(2\alpha+3)}{3}\tilde{p}_p + \frac{2K}{3}\tilde{\varepsilon}_b^{(S)} + \frac{3-\nu}{3(1-\nu)}\tilde{p}_z^*\right] - (1-\gamma)\tilde{\varepsilon}_b^{(S)}\right]\right\} \tag{39}$$

③ 刚性端面约束条件($\tilde{u}_z|_{z=L_c} = 0; \tilde{\sigma}_{rr}|_{r=R_c} = \tilde{p}_r^*$)

$$k = k_0 \exp\left\{-3\left[C_{p c}^{(M)}\left[\frac{2(1+\nu)}{3}\tilde{p}_r^* - (\frac{\alpha E}{9K}+1)\tilde{p}_p - \frac{E}{9}\tilde{\varepsilon}_b^{(S)}\right] - (1-\gamma)\tilde{\varepsilon}_b^{(S)}\right]\right\} \tag{40}$$

也可通过类比以上方程式得到指数型对应的表达式,为了文章的简洁,在此未一一列出。

2.2.5 吸附作用引起的体积应变 $\varepsilon_b^{(S)}$

关于 $\varepsilon_b^{(S)}$ 已有了很多模型(例如 Levine,1996;Shi 和 Durucan,2004,2005;Pan 和 Connell,2007),在本文中,我们运用朗缪尔型模型,遵循 Shi-Durucan(2004)、Cui-Bustin(2005)等提出的方法来分析膨胀应变,即:

$$\tilde{\varepsilon}_b^{(S)}(p_p,p_0) = -\left(\frac{\varepsilon_l p_p}{p_p + p_\varepsilon} - \frac{\varepsilon_l p_p^0}{p_p^0 + p_\varepsilon}\right) \tag{41}$$

其中,ε_l 和 p_ε 为朗缪尔型基质膨胀/收缩常量(Shi 和 Durucan,2004)。方程(41)认为体积减小为正,增大为负。

2.3 渗透率转折压力

以方程(36)~(40)所示的表达式为基础,可根据 Shi-Durucan(2004)的步骤推导出围压与渗透率转折压力之间的关系。在此我们以方程(36)和 $\tilde{p}_r^* = \tilde{p}_z^*$ 条件下的三次型方程式以及方程(37)为例来估测不同条件下的 p_{rb}。

(1) 静水状态——围压恒定

在这种情况下:

$$\tilde{p}_r^* = \tilde{p}_z^* = p^* = 常量 \tag{42}$$

渗透率转折压力 p_{rb} 可通过将 $\mathrm{d}k/\mathrm{d}p_p\big|_{p_p=p_{rb}}=0$ 代入方程(36)得到:

$$p_{rb} = \sqrt{\frac{(1-\gamma)p_\varepsilon \varepsilon_l}{C_{pc}^{(M)}}} - p_\varepsilon \tag{43}$$

像那些假设上覆压力恒定的表达式(Palmer-Mansoori,1998;Shi-Durucan,2004)一样,方程(43)的渗透率转折压力 p_{rb} 也与孔隙参考压力 p_p^0 和围压无关。然而,与 Palmer-Mansoori 和 Shi-Durucan 提出的转折压力对比,方程(43)中出现了新的参数 λ。此外,通过方程(43)可看出渗透率转折压力只在 $|(1-\gamma)/C_{pc}^{(M)}| > |p_\varepsilon/\varepsilon_l|$ 时存在。

对于三次型,联合方程(19)和方程(41),可得:

$$p_{rb} = \sqrt{(\beta-1)K p_\varepsilon \varepsilon_l} - p_\varepsilon \tag{44}$$

方程(44)与方程(43)相比,渗透率转折压力的三次型表达式中涉及参数 K、β、ε_l 和 p_ε,渗透率转折压力仅在 $|(\beta-1)K| > |p_\varepsilon/\varepsilon_l|$ 时存在。

(2) 静水状态——围压为孔隙压力的常数增量

这种情况通常在实验中遇到。由此 $\tilde{p}_r^* = \tilde{p}_z^* = p_p + \Delta p_c$,其中 Δp_c 为一个常数。那么方程(36)变为:

$$k = k_0 \exp\{-3[C_{pc}^{(M)}\Delta p_c - (1-\gamma)\tilde{\varepsilon}_b^{(S)}]\} \tag{45}$$

由于基质膨胀通常导致裂隙孔隙率下降,方程(45)中渗透率为孔隙压力的单调递减函数。因此渗透率转折压力不存在,而且不难看出此结论也可用于三次型表达式。

(3) 无约束条件

从方程(37)中可看出在这种情况下渗透率仅为吸附作用引起体应变的函数,而且在这个条件下不存在渗透率转折压力。

2.4 推广至多组分气体流动

用多组分煤膨胀或收缩模型代替此处 $\varepsilon_b^{(S)}$ 的表达式,可将本文提出的模型推广至多组分气体吸附模型(Shi 和 Durucan,2005;Pan 和 Connell,2007)。我们在对 $\tilde{\varepsilon}_b^{(M)}$ 和 $\tilde{\varepsilon}_m^{(M)}$ 分别进行估测的同时,从变形叠加中推导出模型表达式,即方程(5)和(13)。

3 三轴实验

文中提出的模型表达式有以下参数：$C_{pc}^{(M)}$、K（或 E 和 ν）、k_0、φ_0、ε_l、p_ε 和 α（非静水状态时）。本文中这些属性均由一系列独立的实验测定，然后用于渗透率模型方程式(36)和(19)中，并与测定的渗透率进行比较以验证本模型。

测试均在半径 67 mm、长度 167 mm 的澳大利亚悉尼盆地南部的煤样上进行。使用三轴测试装置，其中岩样由橡皮膜套封。这些实验使用了静水条件，意味着样品边界围压均匀且样品变形不受限。使用轴向与径向应变仪测出体应变，使用高压注射泵控制围压和孔隙压力，这些测量均在恒温 35 ℃ 下进行以模拟储层温度。关于实验方法和装备的更多细节可见 Pan 等人(2010)资料。

测试项目包括：

(1) 体积模量的测量

通过轴向荷载和样品体积变形测出样品体积模量 K。根据多次循环不排水三轴实验（见图 2），样品的体积模量约为 1 600 MPa。

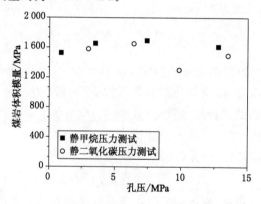

图 2 煤岩体积模量与孔隙压力的关系

(2) 初始渗透率、初始裂隙孔隙率和孔隙压缩系数的测定

使用氦气测得初始渗透率 k_0，初始孔隙率 φ 和裂隙压缩系数 $C_{pc}^{(M)}$。由于氦气的吸附性可以忽略，不会导致基质膨胀或收缩。在不同的孔隙压力和围压下进行了 3 组氦气实验。在 3 组实验中，围压 $p^* = p + \Delta p_c$，压差 $\Delta p_c > 0$(Jaeger 等，2007)。图 3 给出了孔隙压力 $p = 2.1$ MPa 和 $p = 10.1$ MPa 时渗透率与压差的关系。图 4 给出了在压差 $\Delta p_c = 3.0$ MPa 下，渗透率随孔隙压力的变化情况。根据上述 3 组渗透率测试数据，在没有膨胀效应时（例如 $\tilde{\varepsilon}_b^{(S)} = 0$）参数 k_0、φ_0、$C_{pc}^{(M)}$ 可用于方程(36)和(19)。

(3) 煤的吸附应变

通过一系列孔隙压力下的 CH_4 和 CO_2 含量来测定吸附应变，从而推算出吸附应变参数。通过数据拟合可以得到朗缪尔模型参数 $\varepsilon_l(CH_4)$、$p_\varepsilon(CH_4)$、$\varepsilon_l(CO_2)$ 和 $p_\varepsilon(CO_2)$。图 5 显示压差为 1 MPa 下，注 CH_4 时测得的岩样膨胀应变与孔隙压力。通过图中径向(r^-)与轴向(z^-)上的 2 组应变，可看出不同方向上的应变相同，说明对本样品而言，将煤岩当作各向同性介质这一假设适用。

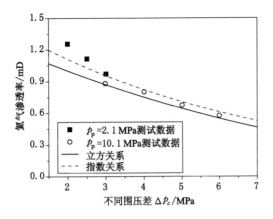

图 3 两种孔隙压力下氦气测得的渗透率与压差的关系

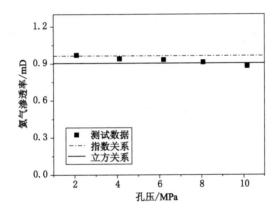

图 4 压差 3 MPa 下注氦气的渗透率与孔隙压力关系

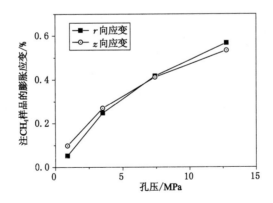

图 5 压差 1 MPa 下注甲烷的膨胀应变与孔隙压力关系

需修正测得的吸附应变以消除围压与孔隙压力的力学效应,得到以下关系式:

$$\tilde{\varepsilon}_{b,n}^{(S)}(\text{无约束条件}) = \tilde{\varepsilon}_{b,n}^{(S)}(\text{实测}) - \frac{1}{3K}(\alpha \tilde{p}_p - \tilde{p}^*) \quad (n = r, z) \tag{46}$$

此处 $\tilde{\varepsilon}_{b,n}^{(S)}$ 为 n^- 方向上的线性应变,在各向同性条件下等于 $\tilde{\varepsilon}_b^{(S)}/3$。图 6 显示无约束条件下的实验结果。运用方程(41)和这些结果来确定参数 $\varepsilon_l(\text{CH}_4)$ 和 $p_\varepsilon(\text{CH}_4)$,所得的值见表 1。

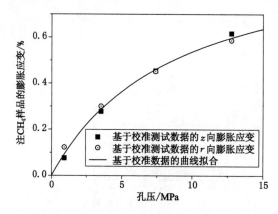

图 6　已校准的注甲烷膨胀应变实验数据,与朗缪尔曲线吻合

表 1　材料参数或模型参数

参数	数值	参数	数值
K/MPa	1 600	$p_\epsilon(\text{CH}_4)/\text{MPa}$	8.9
$\varphi_0/\%$	1.2~1.5	$\varepsilon_l(\text{CO}_2)/\%$	1.5
k_0/mD	1.5	$p_\epsilon(\text{CO}_2)/\text{MPa}$	11.6
$C_{pc}^{(M)}/\text{MPa}$	0.05	β	1.4
$\varepsilon_l(\text{CH}_4)/\%$	1.0	γ	−52.8

按照同样的步骤也可确定注 CO_2 时的应变参数。图 7 表示了注 CO_2（压差为 1 MPa）下岩样径向与轴向的应变。使用方程(46)对这些测量值进行修正以得到岩石的体积膨胀或收缩应变（见图 8），通过修正确定参数 $\varepsilon_l(CO_2)$ 和 $p_\epsilon(CO_2)$，结果见表 1。

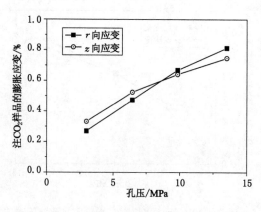

图 7　压差 1 MPa 下注二氧化碳的膨胀应变与孔隙压力关系

应注意吸附应变为负数，图 8 中显示的是绝对值。

(4) 模型参数 β、γ 的确定

图 9 中的实验数据说明在孔隙压力为 $p=0.9, 3.5, 7.4$ 和 12.8 MPa 下，吸附甲烷的煤岩渗透率与压差的关系。根据图中数据和之前得出的 $C_{pc}^{(M)}$、K、k_0、φ_0、$\varepsilon_l(\text{CH}_4)$ 和 $p_\epsilon(\text{CH}_4)$

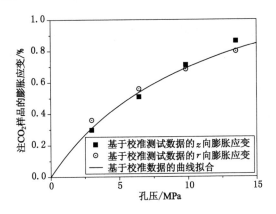

图 8　已校准的注二氧化碳膨胀应变实验数据,与朗缪尔曲线吻合

的值,我们可用非线性回归法来确定方程(36)中 γ,得出 $\gamma \approx -52.8$,模型拟合结果见图 9。同样的方法,使用渗透率三次方程(19),得出 $\beta \approx 1.4$,三次表达式的模型拟合结果见图 10。

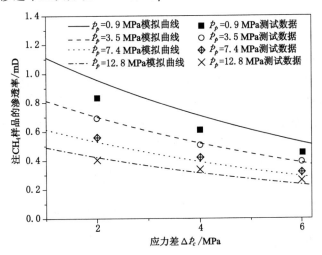

图 9　4 种孔隙压力下,注甲烷测得的渗透率与压差关系图,使用指数型表达式(36)

通过图 9 或图 10 中的结果可看出压差对煤岩渗透率起到了重要作用。例如图 9 中,当孔隙压力约为 0.9 MPa 时,煤岩渗透率 k 在 $\Delta p_c = 2.0$ MPa 时接近 0.83 mD;在 $\Delta p_c = 4.0$ MPa 时变为 0.61 mD;在 $\Delta p_c = 6.0$ MPa 进一步降至 0.45 mD,该值约为 $\Delta p_c = 0.9$ MPa 时 k 的一半。

得出的 γ 绝对值约为 52.8,结合方程组(17)中第一个方程,说明吸附作用产生的孔隙应变 $\tilde{\varepsilon}_p^{(S)}$ 的数量级比对应的岩体应变 $\tilde{\varepsilon}_b^{(S)}$ 高出约 50 倍。正如图 6 和图 8 以及表 1 中数据所示,典型的甲烷和二氧化碳吸附体积膨胀应变分别为 $\varepsilon_l(CH_4) = 1.0\%$,$\varepsilon_l(CO_2) = 1.5\%$。因此,甲烷吸附引起的孔隙体积应变 $\tilde{\varepsilon}_p^{(S)}$ 约为 50%,而二氧化碳吸附引起的孔隙体积应变 $\tilde{\varepsilon}_p^{(S)}$ 超过 75%,说明在这种情况下不能将 $\tilde{\varepsilon}_p^{(S)}$ 视作"微小应变"或等同于煤岩体应变。

β 约为 1.4,通过方程组(17)中第二个方程式,吸附产生的基质体应变 $\tilde{\varepsilon}_m^{(S)}$ 稍大于对应的岩石体积应变 $\tilde{\varepsilon}_b^{(S)}$,但该样品中两者的数量级相同。

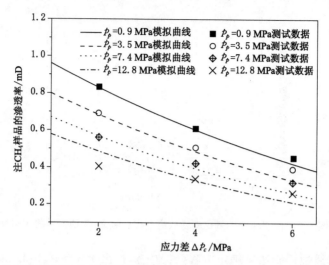

图10 4种孔隙压力下,注甲烷测得的渗透率与压差关系图,使用三次型表达式(19)

4 模型验证

本节使用 3 组渗透率实验数据,并结合上一章得出的参数值,来验证本文提出的指数型和三次型模型。这两种模型均用于压差可变的情况下注甲烷和二氧化碳得到渗透率。

(1) 与孔隙压力有关的注甲烷渗透率的预测

在图 11 中,在压差 $\Delta p_c = 2.0, 4.0$ 和 6.0 MPa 下注甲烷用指数模型(方程(36))算出的渗透率,与实测的渗透率进行了对比。图 12 对比了三次模型(方程(19))结果与实测结果。

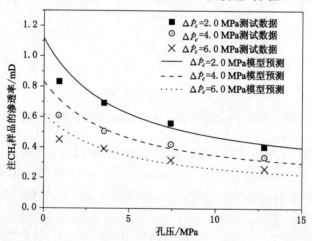

图11 不同压差下,指数模型预测注甲烷渗透率与实验匹配结果

从图 11 中可看出指数型关系式方程(36)算出的渗透率与实验结果吻合较好,除了在孔隙压力较低时模型预测的值高于实验值。

如图 12 所示,三次型方程式(19)也能很好地预测渗透率。与实验数据相比,模型预测数值仅在较高孔隙压力(大于 10 MPa)且应力差为 2.0 MPa 时出现较大偏差,高出实验数据约 20%。

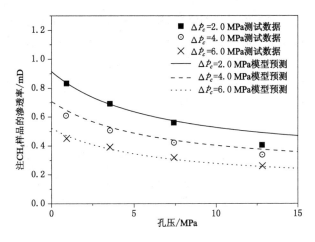

图 12　不同压差下，三次模型预测注甲烷渗透率与实验匹配结果

（2）与孔隙压力有关的注二氧化碳渗透率的预测

图 13 和图 14 分别说明四个不同的压差下，与孔隙压力和围压相关的注二氧化碳的模型预测与实验渗透率。

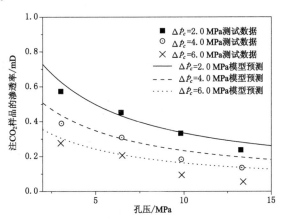

图 13　不同压差下，指数模型预测注二氧化碳渗透率与实验匹配结果

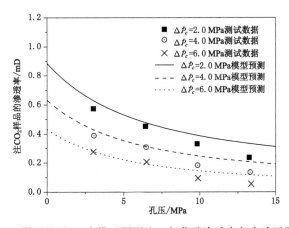

图 14　不同压差下，三次模型预测注二氧化碳渗透率与实验匹配结果

图13显示指数关系式方程(36)的结果,图14显示三次型表达式方程(19)的结果。可看出,两种模型的预测值在中低孔隙压力(1～7 MPa)范围内与实验值较吻合。当孔隙压力大于7 MPa时,两种模型预测的渗透率大大高于实验值。

图15和图16表示在三种不同孔隙压力下,指数型和三次型模型预测的渗透率与压差的关系。模型与实验结果的一致性不如图11～图14。方程(36)和(19)得出的渗透率均高于实验值,需通过进一步研究来解释。

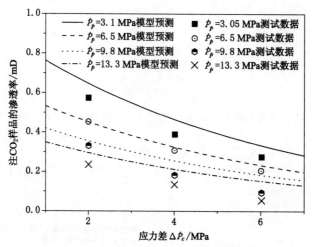

图15 不同压差下,指数模型预测注二氧化碳渗透率与实验匹配结果

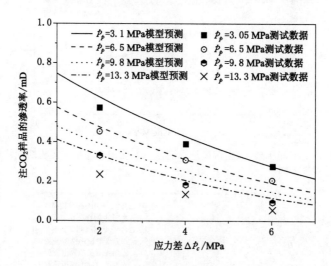

图16 不同压差下,三次模型预测注二氧化碳渗透率与实验匹配结果

在这些渗透率实验中,围压与孔隙压力之差为常数,所以适用方程(45)。从这个方程中可知这些实验中不存在渗透率转折压力(p_{rb})。

图15和16中的k_0值分别高出注甲烷和注二氧化碳实验最佳拟合值的10%～15%,方程(36)解出$k_0=1.5$ mD,方程(19)解出$k_0=1.3$ mD。另一方面,注氮气拟合出的压缩系数$C_{pc}^{(M)}$值为0.05 MPa,比注二氧化碳的最佳拟合值0.055 MPa约低10%。

5 结论

煤岩渗透率的复杂性在于其对有效应力的敏感性,并受气体解吸收缩和气体吸附膨胀的影响。在煤层气产出的过程中,孔隙压力和气体含量减小,渗透率也会随之变化。为了准确预测煤层气产量或考虑储层气体运移等问题,了解煤岩渗透率演化十分重要。已有多种相关模型,但在模型应用时有一个重要的问题,即对模型参数的估值。渗透率模型中的常数可以通过室内实验或原位观察以及历史拟合确定(Palmer 和 Mansoori,1998;Shi 和 Durucan,2004)。历史拟合需要足够多的煤层气历史生产数据来辨别多种复杂因素,通常需要同时得到多个参数。但是比如吸附应变等,只有在很长时间后才会对渗透率产生影响,所以在历史拟合时需要长期的生产数据。

通过室内实验可以确定渗透率参数,特别是在煤层气生产数据相对有限时。这些实验能减少必须通过历史数据拟合才能得到的参数数量,或在没有生产数据的情况下能结合其他参数,为预测提供依据。但是室内实验会遇到一系列有关尺寸和岩芯处理的问题,特别是绝对渗透率对尺寸和岩芯处理方式极为敏感,使用实验室数据时应格外小心。绝对渗透率的测定并非本文的论述重点,本文重点论述一系列对煤岩渗透率有影响的参数的测定,例如裂隙压缩系数、岩石力学参数和收缩/膨胀应变。试井试验对估测绝对渗透率来说更为可靠,但现有的试井资料无法估测煤层的全部特征。

本文在实验室可达到的条件下,根据完善的理论基础推导出两种新的渗透率模型。在推导时认识到,也许孔隙压力或围压以及 Palmer(2009)提出的特性影响的岩石力学参数并非常数,因此用积分项来表示这些参数。在最终的表达式中为了与其他方法保持一致,常数项取代了这些积分项,这些常数在相关压力范围内可算作平均值。本文提出了2种渗透率模型:三次型和指数型,与其他现有的模型方程进行了对比,三次模型等效于指数模型的一种近似形式。并根据室内测试的不同的边界条件提出了一系列的模型形式。

本文另一个创新点是对吸附应变的研究,将吸附应变中的体积吸附应变、孔隙吸附应变和基质吸附应变区分开来。由于力学作用,三种应变间的关系与所受的应力状态有关。例如,方程式(6)和(8)在无约束的静水压力下,即在孔隙压力与围压相等的情况下,岩石、孔隙和基质力学应变均相等。与此相反,气体吸附或解吸应变仍受到力学因素的影响。在现有的(如 Shi-Durucan 和 Palmer-Mansoori)渗透率模型中,就要将体应变用到渗透率关系式中。但根据 Cui-Bustin(2005)的研究结果,需假定孔隙与体积吸附应变相等才可得到该形式的表达式。在本文的推导中引入体积、孔隙和基质吸附应变,并假定孔隙和基质吸附应变与体积应变成正比,推导出的方程式形式更广泛,适用性更强,适用于不同的孔隙压力和围压情况中。通过理论依据和模型在实验室数据上的应用可说明这些吸附应变并不相等。研究中发现孔隙吸附应变比体积吸附应变约大50倍。在某种程度上,孔隙吸附应变与裂隙孔隙率相关,煤层裂隙孔隙率较低,直接导致孔隙吸附应变比体积或基质应变大好几个数量级。

本研究中提出的模型为常规实验室测定煤岩渗透率参数提供了一个基础。本模型考虑到了实验室通常使用的三轴应变状态下静水应力,而现有相关模型均基于单轴应变和上覆应力恒定的假设条件,使其更难有效应用于实验中。通过派生的模型可发现,围压对渗透率有显著影响。当非恒定的围压存在时,渗透率转折压力不再如 Palmer-Mansoori(1998)提出的方程(14)或 Shi-Durucan(2004)提出的方程(11)所表现的那样,仅由材料自身性质确定。例如本研究中,当根据方程 $p^* = p + \Delta p_c (\Delta p_c > 0)$ 时,不存在渗透率转折压力。三轴应变和变围压对煤渗透率的影响本文已经进行探讨,对现场影响因素的考虑基础为基于应力—流体耦合模型的数值模拟,如 Connell-Detournay(2009)。本研究提出的模型和实验室测试方法,为深入剖析这个研究方向提供了分析思路。

术语

$C_{pc}^{(M)}$ ——孔隙(裂隙)压缩系数,Pa^{-1};

E ——杨氏模量,Pa;

G ——岩石的剪切模量,Pa;

k ——渗透率,达西;

k_0 ——参考状态下的渗透率,达西;

K ——全煤块的体积弹性模量,Pa;

K_m ——基质的体积弹性模量,Pa;

p ——孔隙压力,Pa;

p_p^0 ——参考状态下的孔隙压力,Pa;

p_ε ——朗缪尔型基质膨胀/收缩常数,Pa;

p_{rb} ——渗透率转折压力,Pa;

p^* ——围压,Pa;

p_r^*, p_z^* ——r 和 z 方向的压力,Pa;

Δp_c^* ——压力差,Pa;

r, z, θ ——煤样径向、轴向和角方向;

T ——温度,K;

u_r, u_θ ——r 和 θ 方向的位移;

α ——Biot 系数,无量纲;

β ——模型参数,无量纲;

γ ——模型参数,无量纲;

ε_b ——全煤块的体积应变,无量纲;

ε_p ——孔隙(裂隙)的体积应变,无量纲

ε_m ——颗粒(基质)的体积应变,无量纲;

ε_l ——朗缪尔型基质膨胀/收缩常量,无量纲;

$\varepsilon_b^{(S)}$ ——吸附作用产生的全煤块体积应变,无量纲;

$\varepsilon_p^{(S)}$ ——吸附作用产生的孔隙体积应变,无量纲;

$\varepsilon_m^{(S)}$ ——吸附作用产生的基质体积应变,无量纲;

$\varepsilon_{b,n}^{(S)}$ ——岩石 n 方向线性膨胀/收缩应变,无量纲;

φ ——裂隙孔隙率,无量纲;

φ_0 ——参考状态下的裂隙孔隙率,无量纲;

λ ——拉梅系数,Pa;

ν ——泊松比,无量纲;

σ_{ij}——应力，Pa；

σ_{rr}，σ_{zz}，$\sigma_{\theta\theta}$——r、z 和 θ 方向的应力，Pa；

σ_{rz}——剪切应力，Pa；

本文中，下标"0"表示参考状态，上标"～"为减去参考状态的增量。

附录 A

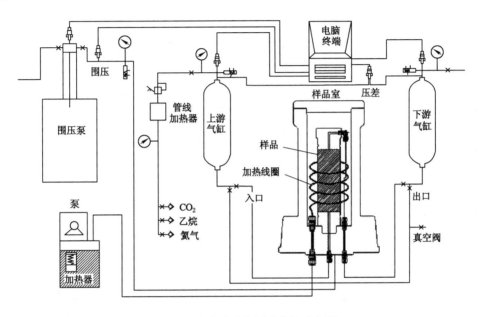

图 A-1　室内渗透率测试装置示意图

Reprinted and translated from International Journal of Coal Geology, Vol 84 (2), Luke D. Connell, Meng Lu, Zhejun Pan, An analytical coal permeability model for tri-axial strain and stress conditions, p. 103-114, Copyright (2010), with permission from Elsevier.

参考文献

Biot, M. A., 1941. General theory of elasticity of three dimensional consolidation. Journal of Applied Physics 12, 155-164.

Biot, M. A., 1955. Theory of elasticity and consolidation for porous anisotropic solid. Journal of Applied Physics 26, 182-185.

Connell, L. D., 2009. Coupled flow and geomechanicalprocesses during gas production from coal seams. International Journal of Coal Geology 79, 18-28.

Connell, L. D., Detournay, 2009. Coupled flow and geomechanical processes duringenhanced coal seam methane recovery through CO_2 sequestration. International Journal of Coal Geology 77, 222-233.

Coussy, O., 1995. Mechanics of Porous Continua. John Wiley & Sons, New York City. Coussy, O., 2004. Poro Mechanics. John Wiley & Sons, West Sussex, England.

Cui, X., Bustin, M., 2005. Volumetric strain associated with methane desorption and its impact on coalbed gas production from deep coal seams. American Association of Petroleum Geologists Bulletin 89(9),1181-1202.

Durucan,S. ,Edwards,J. S. ,1986. The Effect of stress and fracturing on permeability of coal. Mining Science and Technology 3,205-216.

Gilman,A. ,Beckie,R. ,2000. Flow of coalbed methane to a gallery. Transport in Porous Media 41,1-16.

Gray,I. ,1987. Reservoir engineering in coal seams:Part I-The physical process of gas storage and movement in coal seams. SPERE 2(1),28-34 SPE-12514-PA.

Harpalani,S. ,Zhao,X. ,1989. An investigation of the effect of gas desorption on coal permeability formation. Proc. Coalbed Methane Symp. Tuscaloosa,Alabama,pp. 57-64.

Jaeger,J. C. ,Cook, N. G. ,Zimmerman,R. W. ,2007. Fundamentals of Rock Mechanics,4th edition. Blackwell Publishing,Victoria,Australia.

Levine,J. R. ,1996. Model study of the influence of matrix shrinkage on absolute permeability of coal bed reservoirs. In:Gayer, R. , Harris, I. (Eds.), Coalbed Methane and Coal Geology:Geological Society Special Publication,109,pp. 197-212. London.

Liu,J. ,Chen,Z. ,Elsworth,D. ,Miao,X. ,Mao,X. ,2010. Evaluation of stress−controlled swelling processes. International Journal of Coal Geology 82,446-455.

Liu,H. H. ,Rutgvist,J. ,2010. A new coal-permeability model:internal swelling stress and fracture-matrix interaction. Transport in Porous Media 82(1),157-171.

McKee,C. R. ,Bumb, A. C. ,Koenig, R. A. ,1987. Stress-dependent permeability and porosity of coal. Proc. Coalbed Methane Symposium,Tuscaloosa,Alabama,pp. 183-190.

Palmer,I. ,2009. Permeability changes in coal:analytical modelling. International Journal of Coal Geology 77,119-126.

Palmer,I. ,Mansoori,J. ,1998. How permeability depends on stress and pore pressure in coalbeds:a new model. SPEREE 1(6),539-544.

Pan, Z. , Connell, L. D. , 2007. A theoretical model for gas adsorption-induced coal swelling. International Journal of Coal Geology 69,243-252.

Pan,Z. ,Connell,L. D. ,Camilleri,M. ,2010. Laboratory characterisation of coal permeability for primary and enhanced coalbed methane recovery. International Journal of Coal Geology 82(3-4),252-261.

Rice,J. R. ,Cleary,M. R. ,1976. Some basic stress diffusion solutions for fluid-saturated elastic porous media with compressible constituents. Review of Geophysics and Physics 14 (2),227-241.

Sawyer,W. K. ,Paul,G. W. ,Schraufnagel, R. A. ,1990. Development and application of a 3D coalbed simulator. Paper CIM/SPE 90-119. Proc. Petroleum Society CIM,Calgary.

Seidle,J. P. ,Huitt,L. G. ,1995. Experimental measurement of coal matrix shrinkage due to gas desorption and implications for cleat permeability increases. Paper SPE 30010 presented at SPE International Meeting on Petroleum Engineering,Beijing,China,pp. 14-17. November.

Seidle, J. P., Jeansonne, D. J., Erickson, D. J., 1992. Application of matchstickgeometry to stress dependent permeability in coals. Paper SPE 24361 presented at SPE Rocky Mountain Regional Meeting, Casper, Wyoming, pp. 18-21. May.

Shi, J. Q., Durucan, S., 2004. Drawdown induced changes in permeability of coalbeds: a new interpretation of the reservoir response to primary recovery. Transport in Porous Media 56, 1-16.

Shi, J. Q., Durucan, S., 2005. A model for changes in coalbed permeability during primary and enhanced methance recovery. SPEREE 8(4), 291-299 SPE 87230-PA.

Shi, J. Q., Durucan, S., 2009. Exponential growth in San Juan Basin Fruitland coalbed permeability with reservoir drawdown-model match and new insights. Presented at SPE Rocky Mountain Petroleum Technology Conference, Denver, Colorado, USA. April. SPE 123206.

Timoshenko, S. P., Goodier, J. N., 1984. Theory of Elasticity, 3rd edition. McGraw-Hill International Book Company, London. P442.

Zimmerman, R. W., Somerton, W. H., King, M. S., 1986. Compressibility of porous rocks. Journal of Geophysical Research 91(12), 765-777.

气体吸附引起煤膨胀的理论模型

Zhejun Pan, Luke D. Connell
赵洋 译　王勃 校

摘要：煤吸附气体发生膨胀，解吸发生收缩。对于深部不可采煤层中的煤层气开采和 CO_2 封存而言，气体吸附引起的煤体积变化会使储层渗透率发生极大变化。本文推导了可用于描述在吸附和应变平衡下吸附引起煤膨胀的理论模型。该模型利用能量守恒法，假设吸附引起的表面能变化等于煤固体的弹性能变化。模型中需要用到的参数包括煤的弹性模量、气体等温吸附式以及包括煤的密度及孔隙率在内的可测量参数。结果表明，模型与膨胀实验结果非常吻合。模型能够描述煤在不同气体和极高压条件下的膨胀行为。在极高压力下，煤膨胀量达到最大值后减小。此外，该模型可用于描述混合气体吸附引起的膨胀，从而此模型可以直接应用于注 CO_2 提高煤层气采收率的研究。

1　前言

煤吸附气体发生膨胀是一个众所周知的现象。采用应变仪（Levine,1996）或光学方法（Robertson 和 Christiansen,2005）的实验分析表明，煤会因 CO_2、CH_4 及其他气体的吸附而发生膨胀。观察到的膨胀是两种相反作用之间的差值：气体吸附引起煤基质体积的扩张与孔隙压力增大导致的基质压缩。实验数据表明，煤膨胀曲线最初具有吸附等温线类似的形态，但在高压条件下，随压力增加吸附气体增长率减小，基质被压缩占主导影响，体应变减小。

吸附引起的煤膨胀对煤层气开采和 CO_2 封存具有重要意义。煤层渗透率主要取决于割理孔径，煤层中的割理孔径大小为有效应力的函数，即降低孔隙压力后有效应力升高从而会使割理孔径减小。煤在围压下的膨胀和收缩也会改变割理孔径。部分煤基质的体积变化需由煤孔隙来容纳，主要是割理孔隙。虽然气体吸附和解吸引起的体应变与煤总体积相比很小（例如可达到 4%），然而割理孔隙率也很小（例如 2%），因此会引起实际煤层气生产和 CO_2 注入过程中渗透率的强烈变化（Pekot 和 Reeves,2002）。

Levine（1996）总结了一系列吸附引起煤膨胀的测量结果。这些结果表明当压力达到 2.1 MPa 时，煤吸附 CO_2 的线性膨胀率（或线性应变）约为 0.6%；相同压力下，CH_4 吸附引起的膨胀小于 CO_2，当压力达到 2.1 MPa 时，煤吸附 CH_4 的线性应变约为 0.3%。Levine（1996）还测量了取自伊利诺州的一个烟煤样品的膨胀率，测量结果表明在 3.1 MPa 时煤样吸附 CO_2 的线性膨胀率为 0.41%，在 5.2 MPa 时煤样吸附 CH_4 的线性膨胀率为 0.18%。Levine（1996）发现这些膨胀曲线与吸附等温线具有相同的形态，因此用朗缪尔方程来描述。

Chikatamarla 等（2004）测量了 4 个煤样在 5.0 MPa 压力下由 H_2S、CO_2、CH_4 和 N_2 吸附引起的膨胀，测量结果表明在 0.6 MPa 压力下，煤吸附 H_2S 的体应变为 1.4%～9.3%，

吸附 CO_2 为 0.26%～0.66%，吸附 CH_4 为 0.09%～0.30%，吸附 N_2 为 0.004%～0.026%。结果亦表明体应变和压力的关系可用朗缪尔方程来描述，体应变与吸附气体量近似呈线性关系。

Robertson 和 Christiansen(2005)发现压力为 5.3 MPa 时，煤吸附 CO_2 的线性应变小于 1.0%；压力为 6.9 MPa 时，煤吸附 CH_4 的线性应变约为 0.2%。他们还测量了烟煤和次烟煤样品在 CO_2、CH_4 和 N_2 中的吸附膨胀。结果表明 5.5 MPa 时，次烟煤吸附 CO_2 引起的线性应变为 2.1%，超过烟煤膨胀量的两倍；6.9 MPa 时，两种煤吸附 CH_4 引起的应变近似，约为 0.5%；6.9 MPa 时，吸附 N_2 引起的煤膨胀约为 0.2%。

St. George 和 Barakat(2001)的研究中，测量了取自新西兰的煤样在 4.0 MPa 时吸附 CO_2、CH_4、N_2 和 He 的体应变，CO_2 对应的体应变为 2.1%、CH_4 为 0.4%、N_2 为 0.2%。Moffat 和 Weale(1955)测量了压力高达 70.0 MPa 时，煤吸附 CH_4 的膨胀。虽然对不同煤而言膨胀程度不同，但是膨胀等温线在 15.0 MPa 附近达到最大值后开始下降。

Levine(1996)利用朗缪尔形式的方程描述膨胀，并与实验测量之间有良好的一致性。Palmer 和 Mansoori(1998)应用此模型描述煤层中割理孔隙率的变化。Pekot 和 Reeves(2002)使用膨胀量与吸附气体量呈线性关系的方程，并通过观察 Levine 的实验结果引入了一个额外的参数来代表不同气体在相同吸附量时引起的煤膨胀差异。但是，这些纯经验模型只能描述煤层在低压和中压力下的膨胀行为，并且需要有膨胀的实测值。另外一个复杂性就是将实验室膨胀数据与储层条件下进行对比。实际上，描述煤膨胀/收缩的参数往往只能通过历史拟合来确定。但是此过程需要长期的气体生产或 CO_2 注入，这使得储层预测过程很困难。

本文基于能量守恒法提出了用于描述吸附引起煤体积变化的模型，作为描述膨胀/收缩对渗透率影响的第一步。本模型假设吸附引起的表面能变化与煤固体的弹性能变化相等，然后用已发表的气体吸附引起煤膨胀的实验测量结果对模型进行检验。

2 模型建立

因吸附气体或浸泡于液体导致固体表面能变化时，多孔物体介质就会发生膨胀(Scherer,1986)。如果某物体的比表面能(γ)因吸附气体或浸泡于液体而发生变化，物体也会相应膨胀；如果 γ 升高，物体就会收缩以减小其表面积，反之亦然(Scherer,1986)。Scherer(1986)和 Bentz 等(1998)采用此方法模拟了多孔玻璃介质吸附水蒸气的膨胀。在他们的研究中，是在低压条件下吸附水蒸气，而煤层中气体吸附引起的膨胀是在相对较高的气体压力下。在本文中，首先推导了多孔介质中高压气体吸附的表面能；随后应用孔隙结构模型将表面能与固体弹性能联系起来描述煤膨胀。

2.1 表面势能

Myers(2002)采用了多孔介质吸附的热力学理论来推导表面势能，假设固体吸附剂不可压缩。本文的工作中，作者将 Myers 的理论延伸至吸附剂可压缩。

Myers 针对微孔吸附剂的吸附方法(采用溶液热力学理论)，出发点为微孔吸附剂(包含 C 种气相吸附物)凝聚相的内部能量基本微分方程(Myers,2002)：

$$dU = TdS - PdV + \sum_{i=1}^{C}\mu_i dn_i + \mu dm \tag{1}$$

凝聚相（包含固体吸附剂和被吸附气体）内部能量的积分形式为(Myers,2002)：

$$U = TS - PV + \sum_{i=1}^{C} \mu_i n_i + \mu m \tag{2}$$

固体吸附剂内部能量的积分形式为(Myers,2002)：

$$U^s = TS^s - PV^s + \mu^s m \tag{3}$$

根据 Myers 对平衡条件和单位质量固体吸附剂的研究，被吸附相的质量广延函数可利用凝聚相对应的函数减去纯固体吸附剂的函数得到(Myers,2002)：

$$U^a = U - U^s \tag{4}$$

$$S^a = S - S^s \tag{5}$$

$$V^a = V - V^s \tag{6}$$

$$n_i^a = n_i \tag{7}$$

其中，V 为凝聚相的视体积；V^s 为固体在平衡压力和温度下、无吸附状态的视体积。

对于不可压缩固体吸附剂而言(Myers,2002)：

$$V = V^s = V_s^* \tag{8}$$

其中，V_s^* 为纯净吸附剂在真空中的视体积(Myers,2002)。

但对于可压缩固体吸附剂，方程(8)不成立，因为吸附引起膨胀导致 V 和 V^s 并不相等。此外，由于力学压缩，V^s 不等于 V_s^*，V^s 与 V_s^* 之间的差别可用非吸附性气体进行测量。因此，对于可压缩的固体吸附剂而言 V^a 不等于零，这就是吸附剂因吸附和力学压缩所致视体积变化的差异。所以，下面推导的公式与 Myers 不同。根据方程(2)~(7)可得到：

$$U^a = TS^a - PV^a + \sum_{i=1}^{C} \mu_i n_i^a + \Phi \tag{9}$$

其中，$\Phi = \mu - \mu^s$ 为表面势能，等于每单位质量吸附剂吸附引起的表面能变化。

U^a 的微分形式可以写作：

$$dU^a = dU - dU^s \tag{10}$$

假设吸附剂的质量不变，由方程(1)可得到 U 和 U^s 的微分形式：

$$dU = TdS - PdV + \sum_{i=1}^{C} \mu_i dn_i \tag{11}$$

$$dU^s = TdS^s - PdV^s \tag{12}$$

方程(11)减去方程(12)得到：

$$dU^a = TdS^a - PdV^a + \sum_{i=1}^{C} \mu_i dn_i^a \tag{13}$$

利用方程(9)，得到被吸附相的 Gibbs 自由能：

$$G^a = U^a + PV^a - TS^a = \sum_{i=1}^{C} \mu_i n_i^a + \Phi \tag{14}$$

利用方程(13)得到 Gibbs 自由能的微分：

$$\begin{aligned} dG^a &= dU^a + PdV^a + V^a dP - TdS^a - S^a dT \\ &= -S^a dT + V^a dP + \sum_{i=1}^{C} \mu_i dn_i^a \end{aligned} \tag{15}$$

根据方程(14)：

$$\Phi = G^a - \sum_{i=1}^{C} \mu_i n_i^a \tag{16}$$

根据方程(16)的微分并利用方程(15)得到：

$$\mathrm{d}\Phi = \mathrm{d}G^a - \sum_{i=1}^{C} \mu_i \mathrm{d}n_i^a - \sum_{i=1}^{C} n_i^a \mathrm{d}\mu_i = -S^a \mathrm{d}T + V^a \mathrm{d}P - \sum_{i=1}^{C} n_i^a \mathrm{d}\mu_i \tag{17}$$

根据等温条件可改写为：

$$\mathrm{d}\Phi = V^a \mathrm{d}P - \sum_{i=1}^{C} n_i^a \mathrm{d}\mu_i = V^a \mathrm{d}P - RT \sum_{i=1}^{C} n_i^a \mathrm{d}\ln f_i \tag{18}$$

积分形式为：

$$\Phi = \int_0^P V^a \mathrm{d}P - RT \int_0^P \left(\sum_{i=1}^{C} n_i^a \mathrm{d}\ln f_i \right) \tag{19}$$

比表面能 $\gamma = \Phi/A$，式中 A 为单位质量吸附剂的表面积。

2.2 孔隙结构模型

煤是由许多大分子交联聚合物和无机矿物质组成的天然复合材料(Larsen,2004)。利用 Scherer(1986)模拟水及其蒸气吸附引起玻璃膨胀时所采用的模型来描述交联煤结构。假设弹性各向同性，弹性能变化等于表面能变化，Scherer(1986)推导的线性应变为：

$$\varepsilon = -\frac{\gamma A \rho_s}{E_s} f(x, \nu_s) \tag{20}$$

其中：

$$f(x, \nu_s) = \frac{[2(1-\nu_s) - (1+\nu_s)cx][3 - 5\nu_s - 4(1-2\nu_s)cx]}{(3-5\nu_s)(2-3cx)} \tag{21}$$

其中，$c = 8\sqrt{2}/3\pi = 1.200$，$x = a/l$。

据此结构模型，通过下式即可计算基质孔隙率：

$$\varphi = 1 - 3\pi x^2(1 - cx) \tag{22}$$

在 Scherer 的研究中，考虑的是较低水蒸气压力，Scherer 的方法可修改适用于高压吸附。高压气体会压缩煤固体，由压力引起的应变为(Goodman,1980)：

$$\varepsilon = -\frac{P}{E_s}(1 - 2\nu_s) \tag{23}$$

结合吸附和压缩应变，利用 $\gamma = \Phi/A$ 得到总应变为：

$$\varepsilon = -\frac{\Phi \rho_s}{E_s} f(x, \nu_s) - \frac{P}{E_s}(1 - 2\nu_s) \tag{24}$$

2.3 弹性模量

弹性模量 E_s 为固体相的模量，其不同于包括孔隙在内煤的杨氏模量 E。E_s 可利用氦气压缩测量或 E 算得。根据 Scherer 结构模型，E_s 与 E 之间的关系为(Scherer,1986)：

$$E = \frac{E_s \rho}{(3\rho_s - 2\rho)} \tag{25}$$

或根据氦气压缩测试(假设氦气不会吸附于煤中)：

$$\varepsilon_V = \frac{P}{K_s} = \frac{P}{E_s} 3(1 - 2\nu_s) \tag{26}$$

但是，实际上氦气可能吸附于煤中(Mahajan,1984)，因此根据方程(26)预测的 K_s 可能会高于其实际值。所以，方程(26)虽然能为固体的弹性模量提供很好的参考，但应谨慎使用。

对煤而言,固体的泊松比 ν_s 不可直接测量。但是,Bentz 等(1998)针对随机分布的非重叠球形孔隙组成的多孔介质所建立的 ν 与 ν_s 之间的关系可作参考：

$$\nu = \nu_s + \frac{3(1-\nu_s^2)(1-5\nu_s)\varphi}{2(7-5\nu_s)} \tag{27}$$

2.4 煤密度和孔隙度

利用氦气可对煤密度和孔隙率进行测量。但是,由于煤中部分孔隙对氦气来讲可能是闭合的,氦气可能会吸附于煤,使用氦气测得的煤密度可能不同于其真实密度(Mahajan, 1984;Larsen 等,1995)。但氦分子是可用的最小分子,其穿透煤所有孔隙的可能性最大(Mahajan,1984),因此利用氦气测量的煤密度和孔隙率是可用的最佳估计值。此外应指出的是,该模型中使用的孔隙率为煤基质孔隙率,而不是割理系统的孔隙率。

2.5 表面积

在微孔介质中表面积无任何意义(Myers,2002),但是为了建立此模型,对表面积仅使用其数学含义。虽然在建立模型时需要表面积,但计算膨胀率时并不需要。

3 结果

根据朗缪尔等温吸附模型：

$$n^a = \frac{LBP}{1+BP} \tag{28}$$

为计算简便,假设逸度与压力相等,表面势能可计算为：

$$\Phi = \int_0^P V^a dP - RT \int_0^P (\sum_{i=1}^C n_i^a d\ln f_i) = \int_0^P V^a dP - RT \int_0^P \frac{LB}{1+BP} dP$$

$$= \int_0^P V^a dP - RTL\ln(1+BP) \tag{29}$$

对非理想气体而言逸度不等于压力,比如高压(接近或超过其临界压力 7.4 MPa)下的 CO_2。虽然如此,对低压下的 CO_2 和任何压力下的 CH_4 而言,逸度与压力相等是一种合理的近似。V^a 为单位体积吸附剂的体积变化,其与应变之间的关系为：

$$V^a = \frac{\varepsilon_V}{\rho} = \frac{\varepsilon_V}{\rho_s(1-\varphi)} = \frac{3\varepsilon}{\rho_s(1-\varphi)} \tag{30}$$

根据方程(29)和(30),方程(24)可写为：

$$\varepsilon = RTL\ln(1+BP)\frac{\rho_s}{E_s}f(x,\nu_s) - \frac{P}{E_s}(1-2\nu_s) - \frac{3f(x,\nu_s)}{(1-\varphi)E_s}\int_0^P \varepsilon dP \tag{31}$$

低压下,方程(31)可简化为：

$$\varepsilon = RTL\ln(1+BP)\frac{\rho_s}{E_s}f(x,\nu_s) - \frac{P}{E_s}(1-2\nu_s) \tag{32}$$

高压时,应采用方程(31)并通过数值方法计算膨胀应变。

3.1 Levine 的数据

Levine(1996)对 Fruitland 的煤样进行了 CO_2 和 CH_4 吸附与膨胀测量。对 CO_2 的测量压力达 3.0 MPa,CH_4 达 5.0 MPa,方程(29)对这些数据有效。将方程(32)应用于本文的膨胀数据,方程(32)所需的其他参数包括弹性模量、泊松比、煤密度和孔隙率,可通过膨胀实验数据估计或拟合得到。

朗缪尔模型参数如表 1 所示。假设孔隙率为 6.0%，煤的密度为 1.30 g/cm³。弹性模量和泊松比通过 CH_4 膨胀数据拟合得到，这些参数以及 CO_2 的吸附参数用于计算 CO_2 引起的膨胀。模型参数值如表 1 所示。估测的煤固体体积模量 K_s 为 2.0 GPa，属于合理值，与其他估测值相符合（由 Robertson 和 Christiansen(2005) 所做的氦气压缩测试可知，其使用的煤的固体体积模量 K_s 约为 1.85 GPa；由 Moffat 和 Weale(1955) 针对 J 煤型所做的氦气压缩测试可知，K_s 约为 8.57 GPa）。拟合的泊松比为 0.372，这也是合理的，因为煤的泊松比一般为 0.2～0.4(Levine, 1996)。

表 1　　　　　　　　　　　　　　煤膨胀模型参数

数据来源	气体	煤	L /(mmol/g)	B /MPa⁻¹	φ /%	ρ_s /(g/cc)	E_s /GPa	ν_s	K_s /GPa
Levine	CH_4	Fruitland	1.257	0.294	6.0*	1.300*	1.54	0.372	2.00
Levine	CO_2	Fruitland	1.488	0.953	6.0*	1.300*	1.54	0.372	2.00
Moffat & Weale	CH_4	Coal D	2.879	0.646	4.9	1.305	7.11	0.279	5.38
Moffat & Weale	CH_4	Coal G	1.260	1.890	7.0	1.300	2.89	0.403	4.97
Moffat & Weale	CH_4	Coal H	1.890	0.388	8.1	1.298	2.65	0.371	3.42
Moffat & Weale	CH_4	Coal J	2.483	0.237	10.2	1.321	1.16	0.450	3.84
Moffat & Weale	CH_4	Charcoal	4.105	0.336	10.0*	1.522	2.63	0.342	2.78

图 1 展示了不同压力下观察和计算的膨胀量，模型结果与实验数据匹配良好。图 2 为不同吸附量时的膨胀量。从图 2 中可看出，煤的膨胀与吸附量的关系随气体类型而变化，这种现象就是 Pekot 和 Reeves(2002) 指出的膨胀差异性。从图中可看出，本文的新模型能够精确描述这种现象。

3.2　Moffat 和 Weale 的数据

气体吸附引起的煤膨胀，一般来讲包括 3 种类型的能量：表面势能、固体的弹性能及气体做的功。在极高压力下，吸附引起的表面势能变化比气体做的功小得多。这就引起固体的整体压缩，导致固体体积在达到最大膨胀值后开始收缩。Moffat 和 Weale(1955) 的实验工作证实了此现象。

Moffat 和 Weale(1955) 的吸附数据均为 Gibbs 过剩吸附，需通过方程(33)转换为绝对吸附，然后使用到膨胀模型中。

$$n^a = \frac{n^g}{1-\rho^b/\rho^a} \tag{33}$$

方程(33)中 CH_4 的密度 ρ^a 为 0.371 g/cm³。然后用朗缪尔等温吸附模型拟合压力至 20

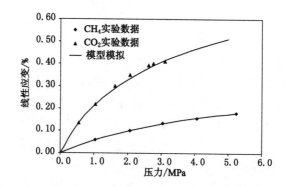

图 1　吸附引起煤膨胀模拟——Levine 的数据

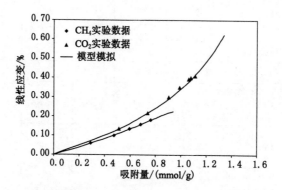

图 2　吸附引起煤膨胀模拟——Levine 的数据

MPa 的绝对吸附数据。Moffat 和 Weale(1955)的膨胀实验数据显示，D、G 和 H 型煤的吸附解吸有明显的滞后回路现象。本文使用了解吸过程的数据，解吸行为和实验测得的吸附气体量—压力行为一致，因为这些数据是从高压到低压得到的。

Moffat 和 Weale(1955)文章中煤的密度和孔隙率如表 1 所示，该表也列出了估算的朗缪尔参数、弹性模量和泊松比。Moffat 和 Weale 的实验结果和本文的模拟结果见图 3～图 7 所示。本文提出的模型与实验数据具有很高的一致性。在这些结果中，煤固体的体积模量 K_s 根据实验的膨胀数据拟合得到，K_s 值的范围为 2.78～5.38 GPa，这对煤来讲是合理的。泊松比与体积模量 K_s 同时拟合获得，其范围为 0.279～0.403，这对煤来讲也是合理的。对于 J 类煤，泊松比为 0.450，略高于煤的通常范围。

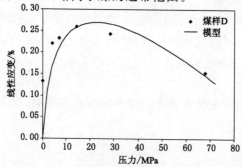

图 3　吸附引起煤膨胀模拟——Moffat 和 Weale 的煤 D

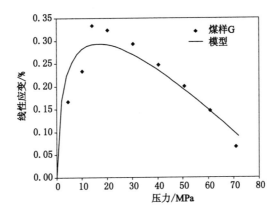

图 4　吸附引起煤膨胀模拟——Moffat 和 Weale 的煤 G

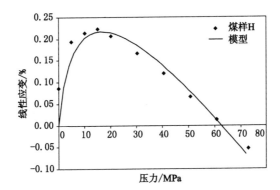

图 5　吸附引起煤膨胀模拟——Moffat 和 Weale 的煤 H

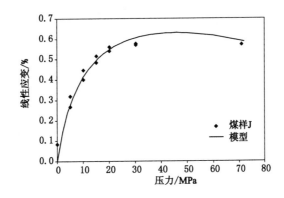

图 6　吸附引起煤膨胀模拟——Moffat 和 Weale 的煤 J

测量 CH_4 膨胀数据时的压力最高达 70 MPa,比大多数煤储层压力或碳封存的 CO_2 注入压力都高得多,但是这些高压结果表明本模型能够描述全压力范围的膨胀现象。此外,煤 J 和木炭的实验数据表明,在高压条件下,其下降幅度低于煤 D、G 和 H 或无下降趋势。如上所示,整体膨胀量为吸附引起膨胀和气体压缩的综合作用。膨胀量与煤的吸附能力及其弹性性质密切相关,例如,煤 J 比煤 H 吸附能力更强、体积模量更大,或煤 J 更易膨胀而不易被压缩,因此,煤 J 比煤 H 膨胀最大值更高、下降趋势更小。

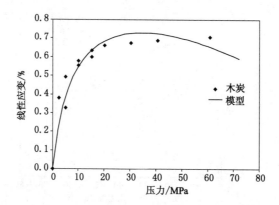

图 7 吸附引起煤膨胀模拟——Moffat 和 Weale 的木炭

4 讨论

4.1 混合气体吸附引起的膨胀

该模型很容易扩展至描述混合气体吸附所引起的膨胀,需采用多组分吸附模型,例如可使用扩展的朗缪尔模型:

$$n_i^a = \frac{L_i B_i P y_i}{1 + B_i P y_i} \tag{34}$$

假设气体逸度等于压力,可得到表面势能为:

$$\Phi = \int_0^P V^a dP - RT \sum_{i=1}^c L_i \ln(1 + B_i y_i P) \tag{35}$$

4.2 吸附模型

朗缪尔模型是一个相对简单的吸附模型,适用于描述低压吸附,但在高压吸附中的应用曾被质疑(Clarkson,2003)。描述等温吸附曲线的一种选择是朗缪尔模型的改进模型,可表示为:

$$n^a = \frac{LBP^\eta}{1 + BP^\eta} \tag{36}$$

据此表面势可写作:

$$\begin{aligned}\Phi &= \int_0^P V^a dP - RT \int_o^P \left(\sum_{i=1}^C n_i^a d\ln f_i\right) = \int_0^P V^a dP - RT \int_0^P \frac{LBP^{\eta-1}}{1+BP^\eta} dP \\ &= \int_0^P V^a dP - \frac{RTL}{\eta} \ln(1 + BP^\eta)\end{aligned} \tag{37}$$

也可使用更复杂的吸附模型,但需要表面势能积分项的数值计算,同时,需要对高压气体使用逸度而不是压力,这会增加计算的复杂性。

4.3 煤膨胀各向异性和孔隙结构模型

煤膨胀有时表现出各向异性(Levine,1996)。在本模型中,假设弹性表现出各向同性,这是对未表现出或轻微表现出膨胀各向异性的合理简化。对于表现强烈膨胀各向异性的煤来说,各向同性弹性结构模型不再适用。

5 结论

本文提出了一个描述吸附引起煤膨胀的理论模型。前人所提出的模型均属于经验性模型,本模型基于气体吸附所致表面势能变化与固体体积改变所致弹性能变化之间的能量守恒。模型中所有参数都具有物理意义,这为气体吸附造成的收缩/膨胀提供了预测依据。

本模型所使用的参数包括等温吸附式、煤密度、孔隙率、固体弹性模量和泊松比,前三种参数通常在煤层气研究中测量得到。煤固体的弹性模量和泊松比则需要额外的测量,方程(25)和(27)提供了由常规地质力学估算上述参数的模型,但需开展更多的工作以测试方程(25)和(27)对煤的精确性。

本模型结合了影响煤体积变化的两种过程,即气体吸附引起的膨胀和气体压力引起的基质压缩,因此能描述煤在整个压力范围内的膨胀表现。更重要的是,能描述高压下的膨胀表现,此时膨胀量会在达到膨胀最大值后下降。此外,还能准确描述与气体类型有关的膨胀差异现象,即在相同吸附量的情况下,CO_2 吸附引起的煤膨胀比 CH_4 更显著。与此同时,模型还可延伸用于描述混合气体吸附引起的膨胀表现。

本模型为建立煤膨胀/收缩对渗透率影响提供了良好的基础。事实上还需要理解储层压力下膨胀/收缩对煤孔隙率的影响,从而与渗透率联系起来。但是,膨胀/收缩对孔隙率的影响是由煤层和上覆地层的地质力学性质所控制的复杂效应。

术语

a——孔隙结构模型的圆柱体半径,m;

A——比表面积,m^2/kg;

B——朗缪尔常数,Pa^{-1};

c——孔隙结构模型常数,1.200;

C——组分数(—);

E——弹性模量,Pa;

f——逸度,Pa;

G——比 Gibbs 自由能,J/kg;

K——体积模量,Pa;

l——模型的长度,m;

L——朗缪尔常数,mol/kg;

m——吸附剂的质量,kg;

n——单位质量吸附剂吸附的量,mol/kg;

P——压力,Pa;

R——气体常数,8.314 J/(mol·K);

S——比熵,J/(kg·K);

T——温度,K;

U——比内部能,J/kg;

V——比体积,m^3/kg;

x——a/l;

y——气相组分(—)。

下标

i——第 i 种组分；

s——固体相；

V——体积的。

上标

a——吸附相；

b——气体相；

g——Gibbs 特性参数；

s——固体相；

$*$——真空状态。

希腊字母

ε——应变(—)；

φ——孔隙率(—)；

Φ——表面势能,J/kg；

γ——比表面能,J/(kg·m^2)；

η——朗缪尔模型的负载系数(—)；

μ——化学势,J/kg；

ν——泊松比(—)；

ρ——密度,kg/m^3。

Reprinted and translated from International Journal of Coal Geology, Vol69(4), Zhejun Pan, Luke D. Connell, A theorecical model for gas adsorption-induced coal swelling, p. 243-252, Copyright (2007), with permission from Elsevier.

参考文献

Bentz, D. P., Garboczi, E. J., Quenard, D. A., 1998. Modelling drying shrinkage in reconstructed porous materials: application to porous Vycor glass. Modelling and Simulation in Materials Science and Engineering 6, 211-236.

Chikatamarla, L., Cui, X., Bustin, R. M., 2004. Implications of volumetric swelling/shrinkage of coal in sequestration of acid gases. 2004 International Coalbed Methane Symposium Proceedings, Tuscaloosa, Alabama. paper 0435.

Clarkson, C. R., 2003. Application of a new multicomponent gas adsorption model to coal gas adsorption systems. SPE Journal 9, 236-251.

Goodman, R. E., 1980. Introduction to Rock Mechanics. John Wiley & Sons, New York. 173 pp.

Larsen, W. J., 2004. The effects of dissolved CO_2 on coal structure and properties. International Journal of Coal Geology 57, 63-70.

Larsen, W. J., Hall, P., Wernett, P. C., 1995. Pore structure of Argonne premium coals. Energy & Fuels 9, 324-330.

Levine, J. R., 1996. Model study of the influence of matrix shrinkage on absolute permeability of coal bed reservoirs. In: Gayer, R., Harris, I. (Eds.), Coalbed Methane and Coal Geology, vol. 109. Geological Society Special Publication, London, pp. 197-212.

Mahajan, O. P., 1984. Physical characterization of coal. Powder Technology 40, 1-15.

Moffat, D. H., Weale, K. E., 1955. Sorption by coal of methane at high pressures. Fuel 34, 449-462.

Myers, A. L., 2002. Thermodynamics of adsorption in porous materials. AIChE Journal 48 (1), 145-160.

Palmer, I., Mansoori, J., 1998. How permeability depends on stress and pore pressure in coalbeds: a new model. SPE Reservoir Evaluation and Engineering, SPE 52607 539-544 (Dec.).

Pekot, L. J., Reeves, S. R., 2002. Modeling coal matrix shrinkage and differential swelling with CO_2 injection for enhanced coalbed methane recovery and carbon sequestration applications. Topical report, Contract No. DE-FC26-00NT40924, U. S. DOE, Washington, DC, 14. 17 pp.

Robertson, E. P., Christiansen, R. L., 2005. Measurement of sorption-induced strain. Presented at the 2005 International Coalbed Methane Symposium, Tuscaloosa, Alabama, 17-19 May. Paper 0532.

Scherer, G. W., 1986. Dilation of porous glass. Journal of the American Ceramic Society 69 (6), 473-480.

St. George, J. D., Barakat, M. A., 2001. The change in effective stress associated with shrinkage from gas desorption in coal. International Journal of Coal Geology 69 (6), 83-115.

煤各向异性膨胀模型及其在煤层气生产和注气增产过程中对渗透率的影响

Zhejun Pan, Luke D. Connell

郑贵强 译　王勃 校

摘要：煤层气吸附/解吸过程中的膨胀/收缩是一个众所周知的现象，部分煤的膨胀/收缩表现出较强的各向异性，垂直于层理方向的膨胀比平行于层理方向的膨胀更显著。本文对一个澳大利亚煤样进行实验测量，发现其在吸附氮气、甲烷和二氧化碳时具有较强的各向异性膨胀特性，在垂直层理方向上的膨胀率几乎是平行层理方向的两倍。本文认为各向异性是由煤层的力学性质和基质结构的各向异性引起的。Pan 和 Connell 的煤膨胀模型采用了能量平衡法，即由吸附引起的表面能变化等于煤固体的弹性能变化。本文结合煤力学特性和结构的各向异性进一步发展了此模型，使之可应用于描述煤膨胀的各向异性。本文所建立的各向异性膨胀模型能够准确地描述实验数据，可用一组参数来描述煤层的性质、基质结构和三种气体的吸附等温线。此外，该模型也适用于描述其他文献中类似的各向异性膨胀测量结果。该各向异性煤膨胀模型还适用于各向异性渗透率模型，用来描述煤层气抽采和提高抽采过程中的渗透率变化。我们发现，应用各向异性膨胀的渗透率计算值显著不同于使用各向同性体积膨胀应变的渗透率计算值。这表明，对于具有较强各向异性膨胀的煤层，应采用各向异性膨胀和渗透率模型，以便更准确地描述在煤层气抽采和注气增产过程中的渗透率变化。

1 引言

气体吸附/解吸引起的煤膨胀/收缩是一个众所周知的现象，是在煤层气生产和注气提高煤层气生产过程中储层渗透率变化的一个关键因素（Palmer 和 Mansoori，1998；Shi 和 Durucan，2005）。众多研究人员对气体吸附引起的煤膨胀现象进行了大量的实验测量（Chikatamarla 等，2004；Day 等，2008；Levine，1996；Moffat 和 Weale，1955；Pan 等，2010a，b；Reucroft 和 Patel，1986；Reucroft 和 Sethuraman，1987；Robertson 和 Christiansen，2005；St. George 和 Barakat，2001）。然而，大多数膨胀测量只考虑了单轴或一个方向的膨胀，只有很少几项研究测量了煤样沿一个以上方向的膨胀。Levine（1996）测量了两组含高挥发质的煤样（从美国伊利诺伊州取得）在 CH_4 和 CO_2 中的膨胀行为。结果表明，当压力高达 800 psi（5.5 MPa）时，其中一个煤样在 CH_4 和 CO_2 中的膨胀率在垂直于层理方向上比平行于层理方向高出 10%；第二个煤样在当压力高达 500 psi（3.4 MPa）时，在 CH_4 中的膨胀率在垂直和平行层理的两个方向相似，但在 CO_2 中的膨胀率在垂直于层理方向比平行于层理方向高 25%。最近，Day 等（2008）测量了在 CO_2 中，当压力达 14 MPa 时煤的各向膨胀率。测量发现，对于从澳大利亚 Hunter Valley 和 Bowen 盆地获取的两个煤样而言，在垂直于层理方向上的膨胀率比平行于层理方向的膨胀率高 70%；而对于从澳大利亚 Illawarra 获取的煤样而言，其在垂直于层理方向上的膨胀率比平行于层理方向的膨胀率高出约 30%。Illawarra 煤样的平均镜质体反射率为 1.29%，高于

Hunter Valley 和 Bowen 两个煤样(分别为 0.89% 和 0.95%)。上述结果表明,低阶煤往往表现出更强的膨胀各向异性。也有其他文章应用 X 射线断层扫描技术研究煤层在约束条件下的膨胀性时发现,煤的膨胀性在各个方向上存在差异且具有非均质性(Karacan,2003,2007;Pone 等,2009)。虽然已观察到部分煤存在较强的膨胀各向异性,但是对膨胀各向异性如何影响储层的渗透率和气体的流动尚未得到很好解释。

评价煤膨胀对渗透率的影响,需要将膨胀模型和渗透率模型相结合。Gray(1987)在其渗透率模型中的膨胀/收缩应变和压力之间采用了线性关系。Levine(1996)发现,这种线性关系会高估煤层膨胀和收缩的影响,尤其是在高压条件下采用类朗缪尔方程来描述基于实验观察的膨胀行为时。采用朗缪尔方程来描述膨胀应变的方法已被广泛使用(Palmer 和 Mansoori,1998;Seidle 和 Huitt,1995;Shi 和 Durucan,2004)。为了描述混合气体吸附引起的膨胀,有些研究人员(Connell,2009;Connell 和 Detournay,2009;Cui 和 Bustin,2005;Mitra 和 Harpalani,2007)采用了扩展的类朗缪尔方程。Sawyer 等(1990)和一些研究人员(如 Shi 和 Durucan,2005)则采用了膨胀应变和总吸附量之间的线性关系。然而,上述所有描述膨胀应变的方法都属于经验性方法,并且只能在一定的压力范围内适用。在描述混合气体吸附所引起的煤膨胀时,上述方法可能会导致较大的误差(Mitra 和 Harpalani,2007)。

为了更准确地描述气体吸附引起的膨胀应变,了解引起膨胀的气体和煤之间的相互作用是关键。Larsen(2004)提出,CO_2 对煤膨胀行为的影响类似于那些能够溶解并使煤膨胀的液体。他认为 CO_2 也是溶解于煤中,并且像增塑剂一样使煤的物理结构重排,从而使煤膨胀。然而,Day 等(2008)发现即使煤样多次暴露于 CO_2,其膨胀也属于完全弹性,无证据表明 CO_2 可作为煤的增塑剂。此外,文献中的其他测量数据表明,当吸附量相同时,二氧化碳的膨胀率与其他气体(如甲烷)的膨胀率有相同的幅度(Levine,1996;Pan 等,2010a)。这可能表明,二氧化碳的膨胀机制类似于其他气体,而不是像溶液一样。因为假如 CO_2 如液体般溶解在煤结构中,那么在高压条件下二氧化碳会使煤膨胀量增加。此外,Ozdemir 等(2004)发现煤中二氧化碳吸附属于典型的物理吸附,类似于热吸附。物理吸附意味着气体在吸附剂表面与其发生相互作用,因此吸附引起膨胀的力来源于吸附于表面的气体分子。

最近,Pan 和 Connell(2007)提出了一种基于吸附热力学(Myers,2002)和弹性理论(采用 Scherer(1986)结构模型)的模型。该模型通过假设吸附引起的表面能变化等于煤固体的弹性能变化,描述气体吸附引起的膨胀。Pan 和 Connell 的膨胀模型基于一系列的煤属性参数和不同气体的等温吸附式,能够描述不同气体引起的煤膨胀。通过使用相同的煤属性参数和混合气体的等温吸附式,上述模型很容易扩展用于描述混合气体吸附下的煤膨胀。研究结果表明,Pan 和 Connell 模型能准确地描述混合气体引起煤膨胀的实验结果(Clarkson 等,2010)。该模型应用于 Palmer 和 Mansoori(1998)的渗透率模型,可准确描述 San Juan 盆地煤层气生产数据,该井产出的甲烷中含有高浓度的二氧化碳(Clarkson 等,2010)。需要指出的是,上述 Pan 和 Connell 模型只适用于储层条件且气体吸附于煤表面。在高温条件下,煤的性质可能发生改变(Larsen,2004),如果气体与煤相互作用超出物理吸附,膨胀机制将变得更加复杂。

上述所有方法均假设各向同性膨胀。对于各向异性膨胀不明显或几乎无各向异性膨胀的煤而言,假设各向同性是一个很好的近似。而对于具有很强各向异性膨胀行为的煤而言,如 Day 等(2008)所研究的煤样,假设各向同性可能无效,甚至可能导致对煤层渗透率的错误预测。此外，包含各向异性膨胀的渗透率模型需要各向异性特性参数，来描述煤层气生产和增产过程中渗透率的各向异性变化。现在已有许多描述煤膨胀/收缩影响的煤储层渗透率模型(Cui 和 Bustin,2005;Cui 等,2007;Gilman 和 Beckie,2000;Gray,1987;Liu 等,2010;Palmer 和 Mansoori,1998;Pekot,2003;Pekot 和 Reeves,2003;Seidle 和 Huitt,1995;Shi 和 Durucan,2004, 2005),然而,上述模型均假设煤的物性和渗透率在各个方向上相同。最近,Wang 等(2009)和 Wu 等(2010)提出的模型可用于描述考虑煤层物性各向异性引起的渗透率各向异性,但是他们的研究中仍采用了各向同性膨胀假设。各向异性渗透率模型与各向异性煤膨胀模型的结合，将提供一种更准确描述渗透率的方法,这对许多煤层而言更为适用。

本项研究中,根据 Pan 和 Connell(2007)的膨胀模型,提出了一个各向异性膨胀模型,包含各向异性煤层物性。随后,对一种澳大利亚煤样进行了 N_2、CH_4 和 CO_2 的膨胀测量。该煤样取自澳大利亚新南威尔士洲的一种中低阶煤。实验结果表明,煤样在上述三种气体中均表现出较强的各向异性膨胀。然后,将所建立的各向异性膨胀模型用于描述本次研究的实验数据及从文献获得的其他数据。最后,将该各向异性膨胀模型纳入渗透率模型,用来研究煤层气生产和增产过程中的渗透率变化。

2 模型推导

煤具有极强的非均质性和样品差异,因而很难用一个简单的结构模型来描述。其非均质性可部分归因于层理性(Mahajan,1984)及交联性(Larsen,2004)。Pan 和 Connell(2007)基于 Scherer(1986)的结构模型,并在各向同性假设的基础上,成功地描述了气体吸附引起的煤膨胀。在本次研究中,我们采用类似的方法,但基于各向异性煤层物性的假设。煤层物性的各向异性包括:① 力学性能,如杨氏模量和泊松比;② 方向性的基质固体结构。需要注意的是,由于不同气体的吸附位置存在差异,因此不同气体的膨胀各向异性也有所不同。Tambach 等(2009)通过分子动力学模拟发现,特定气体具有特定的吸附位置,但该项研究限于纳米尺度。本次研究中,假设在岩芯尺度下,不同气体的吸附位置差异性可通过纳米尺度效应的随机安排而均值化,因而其对各向异性膨胀的影响有限。因此,我们假设引起各向异性膨胀的主要原因是力学性能和煤层结构的各向异性。

Scherer(1986)所用的概念模型由沿 x、y 和 z 方向的三个圆柱体构成,假定每个圆柱体具有相同的半径、长度和力学性能。气体吸附所致的长度变化与每个方向的膨胀相关。本次研究中,假设三个圆柱体具有各向异性力学性能,每个圆柱体的长度不同,但半径相同,假设相同半径确保三个圆柱体具有相同的横截面,以简化模型。需要指出的是三个圆柱体的半径相同只是一个简化的假设,并不表明实际煤中的圆柱体一定具有相同的半径。详细推导过程见附录。模型得到的 x 轴方向的圆柱体膨胀应变为:

$$\varepsilon_{Lx} = \frac{-\Phi \rho_s(1-cx)}{2-3cx} \frac{[2c_1+(c_2+c_3-2c_1)cx_x][(2c_1+c_2+c_3)-2(c_1+c_2+c_3)cx_x]}{(1-cx_x)(2c_1+c_2+c_3)} - \frac{1-\nu_{yx}^s-\nu_{zx}^s}{E_x^s}P \tag{1}$$

其中:

$$c_1 = \frac{2-\nu_{yx}^s-\nu_{zx}^s}{2E_x^s} \tag{2}$$

$$c_2 = \frac{1 - 2\nu_{xy}^s - \nu_{zy}^s}{2E_y^s} \tag{3}$$

$$c_3 = \frac{1 - 2\nu_{xz}^s - \nu_{yz}^s}{2E_z^s} \tag{4}$$

当用朗缪尔模型描述等温吸附时，Φ 表示表面势能变化，由 Pan 和 Connell(2007)给出：

$$\Phi = \int_0^P V^a \, dP - RT \sum_{i=1}^C L_i \ln(1 + B_i y_i P) \tag{5}$$

据此推导出 y 轴方向的膨胀应变为：

$$\varepsilon_{ly} = \frac{-\Phi \rho_s (1-cx)}{2-3cx} \frac{[2d_2 + (d_1 + d_3 - 2d_2)cx_y][(2d_2 + d_1 + d_3) - 2(d_1 + d_2 + d_3)cx_y]}{(1-cx_y)(2d_2 + d_1 + d_3)} - \frac{1 - \nu_{xy}^s - \nu_{zy}^s}{E_y^s} P \tag{6}$$

其中：

$$d_1 = \frac{1 - 2\nu_{yx}^s - \nu_{zx}^s}{2E_x^s} \tag{7}$$

$$d_2 = \frac{2 - \nu_{xy}^s - \nu_{zy}^s}{2E_y^s} \tag{8}$$

$$d_3 = \frac{1 - \nu_{xz}^s - 2\nu_{yz}^s}{2E_z^s} \tag{9}$$

z 轴方向的膨胀应变为：

$$\varepsilon_{lz} = \frac{-\Phi \rho_s (1-cx)}{2-3cx} \frac{[2f_3 + (f_1 + f_2 - 2f_3)cx_z][(2f_3 + f_1 + f_2) - 2(f_1 + f_2 + f_3)cx_z]}{(1-cx_z)(2f_3 + f_1 + f_2)} - \frac{1 - \nu_{xz}^s - \nu_{yz}^s}{E_z^s} P \tag{10}$$

其中：

$$f_1 = \frac{1 - \nu_{yx}^s - 2\nu_{zx}^s}{2E_x^s} \tag{11}$$

$$f_2 = \frac{1 - \nu_{xy}^s - 2\nu_{zy}^s}{2E_y^s} \tag{12}$$

$$f_3 = \frac{2 - \nu_{xz}^s - \nu_{yz}^s}{2E_z^s} \tag{13}$$

式中，$a = \frac{1}{S\rho_s}$；$\frac{2-3cx}{1-cx}$；$\frac{1}{x} = \frac{1}{3}\left(\frac{1}{x_x} + \frac{1}{x_y} + \frac{1}{x_z}\right)$；$x_x = \frac{a}{l_x}$；$x_y = \frac{a}{l_y}$；$x_z = \frac{a}{l_z}$。

结构参数 x_x、x_y、x_z 可以用于推导煤层微孔隙的孔隙率，该孔隙率是一个可测的参数。对于这种结构模型，其微孔隙率为：

$$\varphi = 1 - \pi[x_y x_z (1 - cx_x) + x_x x_z (1 - cx_y) + x_x x_y (1 - cx_z)] \tag{14}$$

3 实验研究和结果

对取自澳大利亚新南威尔士州 Hunter Valley 的一个煤样测量了其方向性膨胀应变和吸附。使用三轴渗透率装置能够在静水压力条件下测量吸附和渗透率。在每一个吸附步骤中，均测量了径向和轴向位移，以获得膨胀应变。详细实验步骤请参阅 Pan 等(2010a)。该煤样直径为 60.8 mm，长度为 105.2 mm，质量为 409.7 g，因此，其体积密度为1.34 g/cc。

图1和图2显示了煤样沿轴向和径向的膨胀应变,分别垂直和平行于层理。约10 MPa时,吸附N_2、CH_4和CO_2使得在平行于层理方向的膨胀应变分别为垂直层理方向的47%、52%和60%。不同气体引起膨胀比例存在差异的原因尚不清楚,但可能因为在整个测量过程中,由于气体压力引起从CO_2到CH_4再到N_2的压缩应变不断增加,因此测量的膨胀应变从CO_2到CH_4再到N_2不断减小。这种解释将在下面的模型研究中进行验证。

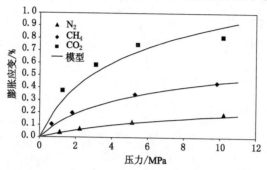

图1 案例1中垂直于层理的膨胀应变

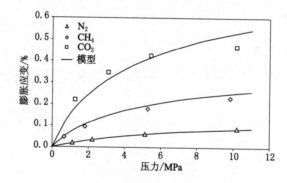

图2 案例1中平行于层理的膨胀应变

图3给出了N_2、CH_4和CO_2的吸附等温线。N_2、CH_4和CO_2的吸附量约为1∶1.5∶3。这个比例与文献中吸附数据的比例相似(Fitzgerald等,2005)。采用朗缪尔模型描述的结果也显示于图3,朗缪尔模型可准确描述实验数据。朗缪尔模型的参数见表1,相关参数将用于煤膨胀模型。

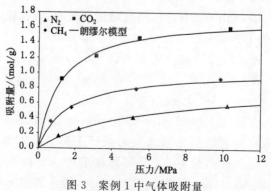

图3 案例1中气体吸附量

表 1 膨胀应变模型中的参数

数据来源	气体	L /(mmol/g)	B /MPa^{-1}	ρ_s /(g/mL)	$E_{s,x}$ /GPa	$E_{s,y}$ /GPa	$E_{s,z}$ /GPa	ν_s	x_x	x_y	x_z	φ /%
方法 1												
本工作	CO_2	1.759	0.826	1.47	1.15	1.15	1.15	0.47	0.5	0.5	0.4	8.9*
本工作	CH_4	1.059	0.597									
本工作	N_2	0.877	0.189									
Day et al. (2008)	CO_2	2.100	1.230	1.4*	1.8	1.8	1.8	0.33	0.5	0.5	0.375	9.7*
方法 2												
本工作	CO_2	1.759	0.826	1.47	1.4	1.4	0.95	0.47	0.473	0.473	0.473	8.9*
本工作	CH_4	1.059	0.597									
本工作	N_2	0.877	0.189									
Day et al. (2008)	CO_2	2.100	1.230	1.4*	2.4	2.4	1.6	0.33	0.467	0.467	0.467	9.7*

* 估计值。

4 各向异性膨胀模型的结果与讨论

4.1 案例 1：Hunter Valley 的实验验证

实验结果表明，平行于层理的两个方向的膨胀应变几乎相同。因此，在建模中，假设煤的力学性能和结构在平行于层理的两个方向 x 轴和 y 轴相同。各向异性膨胀主要表现在垂直和平行层理方向之间。

为了减少模型的参数，假定泊松比具有各向同性，从而将 6 个泊松比减少至 1 个。采用两种方法来评估模型的结果：方法 1 假设杨氏模量在三个方向上相同；方法 2 假设三个方向的结构参数 x 相同。根据方法 1 或 2 来调整模型参数，将上面所建立的模型用于拟合实验测量。这两种方法只用于模型的验证，煤的真实物性和结构介于由这两种方法获得的数值之间。采用方法 1 获得的垂直和平行于层理方向的模型结果分别如图 1 和图 2 中所示，模型与测量结果之间具有较好的吻合性。模拟结果仅使用了一组煤物性值来表示三种气体引起的膨胀，这表明每种气体的膨胀应变主要取决于气体的吸附等温式和气体压力。对于煤层而言，1.15 GPa 的杨氏模量在预期范围之内，而 0.47 的泊松比高于煤层的常见泊松比，但仍可与其他结果匹配(Pan 和 Connell, 2007)。此外，煤的杨氏模量和泊松比可分别由 Scherer(1986)给出的方程式(15)和 Bentz 等(1998)给出的方程式(16)估算得到，计算结果为 $E=0.89$ GPa，$\nu=0.44$。$E=0.89$ GPa 接近临界最小值，但仍位于煤的杨氏模量值域范围内(Pan 等，2010a,b)；$\nu=0.44$ 略微偏高，但也在煤的泊松比值域范围之内，Gentzis 等 (2007)报道加拿大部分煤的泊松比为 0.48。结构参数 x_z 约为 0.4，表示垂直层理方向的煤层间距比平行层理方向的煤层间距大 25% 左右。模型参数见表 1，采用方法 2 所获得的建模参数也见表 1。

$$E = \frac{E_s \rho}{(3\rho_s - 2\rho)} \tag{15}$$

$$\nu = \nu_s + \frac{3(1-\nu_s^2)(1-5\nu_s)\varphi}{2(7-5\nu_s)} \tag{16}$$

方法2中,结构参数x在三个方向上相同,均为0.473,这表明其孔隙率为8.9%,与方法1的孔隙率相同。泊松比与方法1的泊松比相同。x,y和z方向的杨氏模量为1.4 GPa和0.95 GPa。该拟合结果类似于方法1获得的模型拟合结果,因此未展示在模型拟合结果图中。这两种方法代表两种理想情况,实际上煤的性质结合了力学性质和结构各向异性,当数据不充分时,任何一种方法都可用于减少实验数据拟合所需的参数。

吸附量与膨胀应变之间的关系如图4所示。在低吸附量时,实验得到的三类气体的膨胀应变结果相似。而当吸附量增高时,垂直和平行方向的膨胀应变表现出差异性。此外,Levine(1996)还观察到不同气体之间膨胀应变不同的情况,Pekot和Reeves(2003)也对其进行了相应的描述。这些结果与文献中的描述类似,本文提出的各向异性模型能准确描述图4所示的现象。

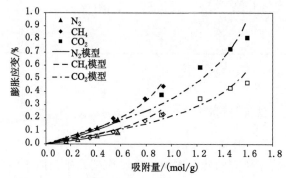

图4 案例1中吸附量与膨胀应变之间的关系
实心符号:垂直层理;空心符号:平行层理

如上节所述,不同气体引起的两个不同方向的膨胀比例不同,此结果已由本文提出的模型所验证。膨胀比例差异可用膨胀机制进行解释,包括气体吸附所致的膨胀和气体压力(与气相组分无关)所致的压缩。由于压缩仅依赖于气体压力,对于不同的气体,其对测量膨胀应变的影响不同;由于吸附引起的膨胀应变取决于吸附量,对于不同的气体,其对测量膨胀应变的影响也不同。因此,对于给定的吸附量,如果不考虑气体的类型差别,膨胀应变结果相同。但是由于各气体的压力不同,因此压缩量也不同。

4.2 案例2:Day等(2008)的实验验证

Day等(2008)的实验结果也用于验证本文提出的各向异性膨胀模型。Day等只做了CO_2的膨胀实验,结果如图5所示。当压力大于6 MPa时,平行层理方向的膨胀率是垂直层理方向膨胀率的60%左右。前一节所述的两种方法均可应用于模型中,从而得到相关的实验数据。采用方法1时,煤固体的杨氏模量和泊松比分别为1.8 GPa和0.33,均位于预期范围之内。

结构参数x_x,x_y为0.5,x_z为0.375,表明煤层微孔隙率为9.7%,垂直于层理方向的层间距离比平行层理方向大33%左右。应该指出的是,朗缪尔吸附参数是在略高的温度下获

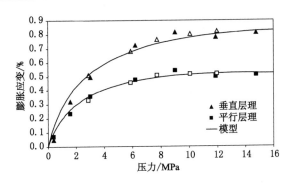

图 5　煤样 1 在 CO_2 中的膨胀应变随压力的变化曲线（据 Day 等，2008）
实心符号：吸附；空心符号：解吸

得的,因此杨氏模量和泊松比可能稍微偏离真实值。模拟结果如图 5 所示,与实验数据达到了良好的吻合效果。模型参数见表 1。

方法 2 也可用于验证实验数据,模型参数见表 1。为了减少模型的参数,假设结构属性各向同性,而杨氏模量各向异性,可实现良好的拟合效果。在这种情况下,x 为 0.467 可表示与方法 1 相同的煤基质孔隙率。z 方向的杨氏模量是 1.6 GPa,x,y 方向均为 2.4 GPa。泊松比假设与方法 1 一样。所有参数均在典型的煤物性值范围内。模型拟合结果几乎与方法 1 的拟合结果相同,因此在图 5 中未展示。两种方法仅代表实验数据,煤层属性的真实情况可能介于两种方法之间。

图 6 给出了与吸附量相关的实验数据,也给出了模拟结果。从图中可以看出,膨胀应变随吸附量增加而增加,与吸附量的关系并不是线性相关。可见本模型可精确描述所有这些实验结果。

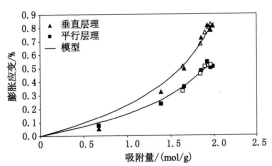

图 6　煤样 1 在 CO_2 中的膨胀应变随吸附量的变化曲线（据 Day 等，2008）
实心符号：吸附；空心符号：解吸

5　各向异性渗透率变化

为了评价各向异性膨胀对渗透率的影响,需采用包含各向异性膨胀的各向异性渗透率模型。如上所述,前人的研究集中于应用各向同性膨胀的各向同性渗透率模型。为了评估各向异性渗透率变化,首先建立多孔介质正交对称的各向异性弹性方程(Jaeger 和 Cook,1969),并对比各向异性基质膨胀和热膨胀。煤的应变和压力关系可表示为:

$$\Delta \varepsilon_i = \frac{\Delta \sigma_i}{E_i} - \sum_{j=x,j\neq i}^{z}\left[\nu_{ji}\frac{\Delta \sigma_j}{E_j}\right] + \Delta \varepsilon_i^s + \alpha_i \Delta T \quad (i=x,y,z) \tag{17}$$

Gu 和 Chalaturnyk(2010)推导出的类似方程(17)可用于描述考虑各向异性的应变与应力关系。Cui 和 Bustin(2005)以及 Shi 和 Durucan(2004)将方程(17)进行简化用于各向同性的研究。Wang 等(2009)使用类似方程(17)的方程进一步发展了煤层渗透率各向异性模型,他们认为方程(17)左边的应变变化是割理的应变变化。但本研究中的应变变化是正应变变化,与 Cui 和 Bustin(2005)、Gu 和 Chalaturnyk(2010)及 Shi 和 Durucan(2004)一样。

根据单轴应变假设(Palmer 和 Mansoori,1998;Shi 和 Durucan,2004),x 和 y 方向的应变变化为零,在等温条件下,方程(17)可写成:

$$0 = \frac{\Delta \sigma_x}{E_x} - \nu_{yx}\frac{\Delta \sigma_y}{E_y} - \nu_{zx}\frac{\Delta \sigma_z}{E_z} + \Delta \varepsilon_x^s \tag{18}$$

$$0 = \frac{\Delta \sigma_y}{E_y} - \nu_{xy}\frac{\Delta \sigma_x}{E_x} - \nu_{zy}\frac{\Delta \sigma_z}{E_z} + \Delta \varepsilon_y^s \tag{19}$$

$$\Delta \varepsilon_z = \frac{\Delta \sigma_z}{E_z} - \nu_{xz}\frac{\Delta \sigma_x}{E_x} - \nu_{yz}\frac{\Delta \sigma_y}{E_y} + \Delta \varepsilon_z^s \tag{20}$$

求解式(18)和式(19)的 $\Delta \sigma_x$ 和 $\Delta \sigma_y$:

$$\Delta \sigma_x = \frac{\frac{E_x}{E_z}(\nu_{zx}+\nu_{yx}\nu_{zy})\Delta \sigma_z - E_x(\Delta \varepsilon_x^s + \nu_{yx}\Delta \varepsilon_y^s)}{1-\nu_{xy}\nu_{yx}} \tag{21}$$

$$\Delta \sigma_y = \frac{\frac{E_y}{E_z}(\nu_{zy}+\nu_{xy}\nu_{zx})\Delta \sigma_z - E_y(\Delta \varepsilon_y^s + \nu_{xy}\Delta \varepsilon_x^s)}{1-\nu_{xy}\nu_{yx}} \tag{22}$$

应用垂直覆压为常数($\Delta \tau = 0$)的假设(Shi 和 Durucan,2004),垂直方向的有效应力为:

$$\Delta \sigma_z = \Delta(\tau - \alpha P) = \Delta \tau - \Delta(\alpha P) = -\Delta(\alpha P) \tag{23}$$

式中,α 为 Biot 系数。

假设煤层地质力学属性和膨胀在平行层理的两个方向相同,应用方程(23)、(21)和(22),可得到:

$$\Delta \sigma_x = \Delta \sigma_y = \frac{E_x}{E_z}\frac{(\nu_{zx}+\nu_{xy}\nu_{zy})}{1-\nu_{xy}^2}(-\Delta \alpha P) - \frac{E_x \Delta \varepsilon_x^s}{(1-\nu_{xy})} \tag{24}$$

方程式(24)类似于 Shi 和 Durucan(2004)的方程,x、y 方向的应力变化相同。应用 Shi 和 Durucan(2004)的应力—渗透率关系式:

$$k_i = k_{i,0}\mathrm{e}^{-3c_f(\sigma_i-\sigma_{i,0})} \quad (i=x,y) \tag{25}$$

应该注意,方程式(25)适用于简化条件,当 x、y 方向的煤层地质力学属性和膨胀性不同时,该方程式需进一步的研究验证。

进一步假设所有的泊松比(ν)相同,方程式(24)可以简化为下列方程式:

$$\Delta \sigma_x = \Delta \sigma_y = \frac{E_x}{E_z}\frac{\nu}{1-\nu}(-\Delta \alpha P) - \frac{E_x \Delta \varepsilon_x^s}{(1-\nu)} \tag{26}$$

采用方程式(26),分别计算了各向异性膨胀和平均膨胀应变(体应变的三分之一)下的渗透率,并对两者进行了对比。所用的测量值来源于本工作。通过压降来模拟煤层气抽采和 CO_2 驱替煤层气过程,均采用两种方法:① x、y 方向的弹性模量相同,应用方程(15),由表 1 中方法 1 的固体弹性模量估算而来;② x、y 方向的弹性模量不同,应用方程式(15),由

表1中方法2的固体弹性模量估算而来。采用方程式(16),泊松比由固体泊松比估算,所有参数见表2。

表 2 各向异性渗透率模型参数

	E_x/GPa	E_z/GPa	ν	c_f/MPa^{-1}	α
方法 1	0.89	0.89	0.44	0.08	1.0
方法 2	1.08	0.74	0.44	0.08	1.0

图7展示了平均甲烷膨胀的模拟结果,也展示了各向异性模拟结果,以作对比。平均膨胀应变通过使用结构参数 x_x、x_y、x_z(三者均等于0.43)进行模拟,其他模型参数与各向异性膨胀模拟相同。图8给出了煤层气开采过程中,考虑各向异性膨胀和各向同性地质力学属性计算得到的渗透率变化。假定开采过程中储层气体饱和,压力和含气量处于平衡状态。如图所示,两种不同方法得到的渗透率存在显著差异,尤其是在低压条件下。与计算的各向异性的膨胀应变相比而言,使用平均膨胀应变会高估渗透率回弹。图9给出了渗透率的变化情况,用以研究各向异性杨氏模量在垂直和平行层理方向上的影响。与图8相比,当使用各向异性弹性模量时(表2中的方法2),孔隙压力的影响增大。因此,抽采过程中,煤层收缩造成的渗透率回弹不显著。此外,使用各向异性地质力学属性时,采用各向异性膨胀应变和平均膨胀应变之间的差别稍微增大。

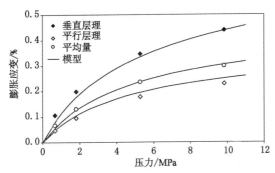

图 7 渗透率模拟所用的甲烷气体膨胀应变(本项研究得到)

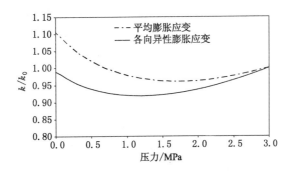

图 8 饱和甲烷气藏因压降引起的渗透率变化(采用表2中的方法1)

为了提高煤层气的产量,在生产过程中会注入 CO_2 驱替 CH_4。图10给出了 CO_2 吸附

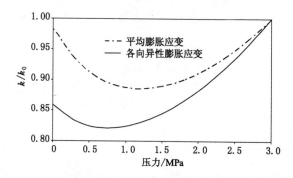

图 9　饱和甲烷气藏因压降引起的渗透率变化(采用表 2 中的方法 2)

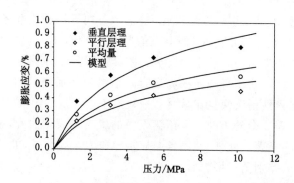

图 10　ECBM 过程中渗透率模拟所用的 CO_2 膨胀应变(本项研究得到)

下的膨胀应变,采用两种不同的方法来表征膨胀,利用图 7 所示甲烷膨胀应变所用的相同模型属性,计算得出结果。假设条件如下:气体压力从 0 MPa 增加到 9 MPa,与此同时,气相中的 CO_2 摩尔分数从 0.0 增加至 0.9。此外,还假定基质中的气体吸附与气相的气体压力和气体组分处于平衡状态,即认为气体在基质里面的浓度分布均匀。图 11 显示了此种情况下的应变变化,从图中可以看到,高压下应变达到平稳状态,因为在这种情况下,吸附量达到平稳状态。图 12 展示了使用两种不同方法描述膨胀过程及使用各向同性地质力学属性时的渗透率变化情况。采用各向异性膨胀与平均膨胀之间再次表现出显著的差异。后一种方法高估了高压情况下的渗透率,差异可高达 33%。最初渗透率降低归因于膨胀,而在更高压力下渗透率只是轻度回弹,此时膨胀达到了平稳状态,因此孔隙压力的增加开始在渗透率变化的影响因素中占据主导地位。图 13 显示了采用两种不同方法描述膨胀及使用各向异性地质力学

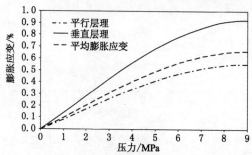

图 11　ECBM 过程中混合气体吸附引起的膨胀应变

属性时的渗透率变化。如图所示,使用各向异性弹性模量时,增大了两个方法引起的渗透率差异。在高压条件下,渗透率差异可达40%。由此说明,在具有强各向异性地质力学属性和膨胀性的煤储层中,使用各向异性渗透率模型可能会使渗透率预测的精度增加。

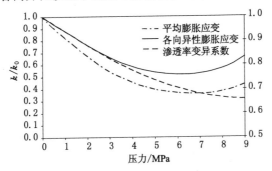

图 12　ECBM 过程中的渗透率变化(采用方法 1)

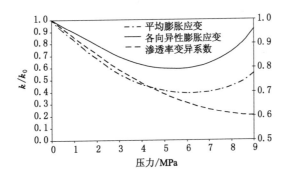

图 13　ECBM 过程中的渗透率变化(采用方法 2)

6　结论

本文提出了一个用于描述气体吸附引起煤层各向异性膨胀的理论模型,考虑了煤的各向异性力学性质和结构。模型验证结果表明,与膨胀实验的观察结果相吻合。更重要的是,在使用一组通用的煤属性和结构参数情况下,该模型能够描述气体类型不同引起的煤膨胀。然而,此类参数(尽管具有明确的物理含义)与微观结构相关,利用当前设备可能难以进行测量。此外,该模型涉及很多模型参数。实际应用过程中,可假定部分各向异性力学属性相同。例 6 个泊松比可通过不同的假设减少数量,其中包括各向同性假设将 6 个泊松比减少至 1 个。此外,杨氏模量与结构参数也具有类似的影响,因此为了拟合实验数据,可应用各向异性杨氏模量或各向异性结构。然而,这仅仅是为了使模型使用方便,并不意味是煤层属性的实际值。尽管如此,用一组力学和结构参数仍可用于描述不同气体(具有不同的朗缪尔吸附参数)引起的膨胀。

本文推导的各向异性渗透率模型,可用于阐释各向异性膨胀应变对渗透率的影响。结果表明,储层条件下,采用各向异性膨胀应变和采用平均膨胀应变的渗透率具有显著差异。使用平均膨胀应变计算得到的渗透率往往高于采用各向异性膨胀模型得到的渗透率。结果还表明,在煤层气生产和注气增产过程中,各向异性弹性模量对渗透率预测具有重大影响。

然而,上述分析均基于一个简化的各向异性渗透率模型,因此采用不同膨胀应变描述方法所得的渗透率差异大小可能还取决于所用的渗透率模型。

感谢

非常感谢 CSIRO 煤炭技术研究中心提供资金支持。感谢 Michael Camilleri 和 Deasy Heryanto 所做的实验研究及实验数据分析工作。

附录 A 各向异性煤层膨胀模型推导

根据 Scherer(1986)的方法,假设煤基质内固体由一系列单元网格组成,包含 x,y,z 方向上三个圆柱体,如图 14 所示。假定三个圆柱体具有相同半径,但具有不同长度:l_x,l_y,l_z。因此,每个方向的膨胀应变等于 x,y,z 方向圆柱体的轴向应变。

$$\varepsilon_{Lx} = \frac{\mathrm{d}l_x}{l_x} \quad (A\text{-}27)$$

$$\varepsilon_{ly} = \frac{\mathrm{d}l_y}{l_y} \quad (A\text{-}28)$$

$$\varepsilon_{lz} = \frac{\mathrm{d}l_z}{l_z} \quad (A\text{-}29)$$

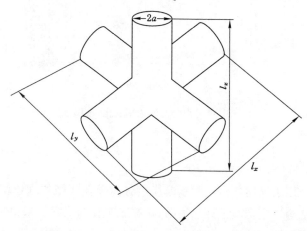

图 14 简化的煤基质结构

根据 Scherer(1986)的研究,为了简化分析,假定圆柱体交叉处的体积是一个简单圆柱体的一部分。因此,固相被分成了三个圆柱体,圆柱体半径为 a,在 x,y,z 方向的长度分别为 l_x-ca,l_y-ca 和 l_z-ca。参数 c 是孔隙结构模型常数($c=8\sqrt{2}/3\pi=1.200$)。

圆柱体的力学性能也具有各向异性。对于各向异性材料,应变与应力之间的关系可表示为(假设正交对称)(Jaeger 和 Cook,1969):

$$\varepsilon_x = s_{11}\sigma_x + s_{12}\sigma_y + s_{13}\sigma_z \quad (A\text{-}30)$$

$$\varepsilon_y = s_{21}\sigma_x + s_{22}\sigma_y + s_{23}\sigma_z \quad (A\text{-}31)$$

$$\varepsilon_z = s_{31}\sigma_x + s_{32}\sigma_y + s_{33}\sigma_z \quad (A\text{-}32)$$

或写成矩阵形式:

$$[\varepsilon] = [s] \times [\sigma] \tag{A-33}$$

其中:

$$[s] = \begin{bmatrix} 1/E_x^s & -\nu_{yx}^s/E_x^s & -\nu_{zx}^s/E_x^s \\ -\nu_{xy}^s/E_y^s & 1/E_y^s & -\nu_{zy}^s/E_y^s \\ -\nu_{xz}^s/E_z^s & -\nu_{yz}^s/E_z^s & 1/E_z^s \end{bmatrix} \tag{A-34}$$

假设正应变表现为膨胀,根据 Scherer(1986)可知固体因吸附所致的应力为:

$$\sigma_x/2 = \sigma_y = \sigma_z = -\Delta\gamma/a \tag{A-35}$$

因此可以得到:

$$\varepsilon_x = \frac{2 - \nu_{yx}^s - \nu_{zx}^s}{2E_x^s}\sigma_x = c_1\sigma_x \tag{A-36}$$

$$\varepsilon_y = \frac{1 - 2\nu_{xy}^s - \nu_{zy}^s}{2E_y^s}\sigma_x = c_2\sigma_x \tag{A-37}$$

$$\varepsilon_z = \frac{1 - 2\nu_{xz}^s - \nu_{yz}^s}{2E_z^s}\sigma_x = c_3\sigma_x \tag{A-38}$$

因此,单位体积弹性能量 V_0 为(Scherer,1986):

$$V_{0,x} = (\sigma_x\varepsilon_x + \sigma_y\varepsilon_y + \sigma_z\varepsilon_z)/2 \tag{A-39}$$

运用方程(A-35)至(A-38)至(A-39),可得到:

$$V_{0,x} = \varepsilon_x^2(2c_1 + c_2 + c_3)/4c_1^2 \tag{A-40}$$

x 方向圆柱体的有效表面积:

$$S_{c,x} = 2\pi a l_x - 8\sqrt{2}\,a^2 \tag{A-41}$$

$$dS_{c,x} = 2\pi a l_x \left[\frac{dl_x}{l_x} - (1 - 3cx_x)\frac{da}{a}\right] \tag{A-42}$$

其中:

$$x_x = \frac{a}{l_x} \tag{A-43}$$

由于在 x、y、z 方向的膨胀呈现出各向异性,选取 a 作为 y、z 方向应变的平均值:

$$\frac{da}{a} = \frac{c_2 + c_3}{2c_1}\varepsilon_x \tag{A-44}$$

或者:

$$\frac{da}{a} = \frac{c_2 + c_3}{2c_1}\frac{d(l_x - ca)}{l_x - ca} \tag{A-45}$$

由此导出:

$$\frac{da}{a} = \frac{c_2 + c_3}{2c_2 + (c_2 + c_3 - 2c_1)cx_x}\frac{dl_x}{l_x} \tag{A-46}$$

根据方程(A-45)和(A-46),可以得出:

$$\varepsilon_x = \frac{d(l_x - ca)}{l_x - ca} = \frac{2c_1}{2c_1 + (c_2 + c_3 - 2c_1)cx_x}\frac{dl_x}{l_x} \tag{A-47}$$

把方程(A-46)和(A-47)代入方程(A-42)可得:

$$dS_{c,x} = 2\pi a l_x \varepsilon_x \left[\frac{(2c_1 + c_2 + c_3) - 2(c_1 + c_2 + c_3)cx_x}{2c_1}\right] \tag{A-48}$$

能量平衡满足:

$$V_c V_{0,x} + (1/2)\Delta\gamma \mathrm{d}S_{c,x} = 0 \tag{A-49}$$

其中：

$$V_{c,x} = \pi a^2 (l_x - ca) \tag{A-50}$$

因此：

$$\varepsilon_x = \frac{-\Delta\gamma}{a} \frac{c_1[(2c_1 + c_2 + c_3) - 2(c_1 + c_2 + c_3)cx_x]}{(1 - cx_x)(2c_1 + c_2 + c_3)} \tag{A-51}$$

应用方程（A-47）：

$$\varepsilon_{lx} = \frac{\mathrm{d}l_x}{l_x} = \frac{-\Delta\gamma}{a} \frac{[2c_1 + (c_2 + c_3 - 2c_1)cx_x][(2c_1 + c_2 + c_3) - 2(c_1 + c_2 + c_3)cx_x]}{(1 - cx_x)(2c_1 + c_2 + c_3)} \tag{A-52}$$

同理，对于 y 方向圆柱体，其膨胀应变为：

$$\varepsilon_{ly} = \frac{\mathrm{d}l_y}{l_y} = \frac{-\Delta\gamma}{a} \frac{[2d_2 + (d_1 + d_3 - 2d_2)cx_y][(2d_2 + d_1 + d_3) - 2(d_1 + d_2 + d_3)cx_y]}{(1 - cx_y)(2d_2 + d_1 + d_3)} \tag{A-53}$$

其中：

$$d_1 = \frac{1 - 2\nu_{yx}^s - \nu_{zx}^s}{2E_x^s} \tag{A-54}$$

$$d_2 = \frac{2 - \nu_{xy}^s - \nu_{zy}^s}{2E_y^s} \tag{A-55}$$

$$d_3 = \frac{1 - \nu_{xz}^s - 2\nu_{yz}^s}{2E_z^s} \tag{A-56}$$

对于 z 方向圆柱体，其膨胀应变为：

$$\varepsilon_{lz} = \frac{\mathrm{d}l_z}{l_z} = \frac{-\Delta\gamma}{a} \frac{[2f_3 + (f_1 + f_2 - 2f_3)cx_z][(2f_3 + f_1 + f_2) - 2(f_1 + f_2 + f_3)cx_z]}{(1 - cx_z)(2f_3 + f_1 + f_2)} \tag{A-57}$$

其中：

$$f_1 = \frac{1 - \nu_{yx}^s - 2\nu_{zx}^s}{2E_x^s} \tag{A-58}$$

$$f_2 = \frac{1 - \nu_{xy}^s - 2\nu_{zy}^s}{2E_y^s} \tag{A-59}$$

$$f_3 = \frac{2 - \nu_{xz}^s - \nu_{yz}^s}{2E_z^s} \tag{A-60}$$

计算比表面积：

$$S = \frac{S_c}{\rho_s V_c} = \frac{2\pi a(l_x + l_y + l_z) - 3 \times 8\sqrt{2}a^2}{\rho_s \pi a^2(l_x + l_y + l_z - 3ca)} \tag{A-61}$$

由此导出：

$$S = \frac{1}{a\rho_s} \frac{2 - 3cx}{1 - cx} \tag{A-62}$$

其中：

$$\frac{1}{x} = \frac{1}{3}\left(\frac{1}{x_x} + \frac{1}{x_y} + \frac{1}{x_z}\right) \tag{A-63}$$

因此：
$$a = \frac{1}{S\rho_s} \frac{2-3cx}{1-cx} \tag{A-64}$$

把方程(A-64)代入方程(A-52)、(A-53)、(A-57)，分别得到圆柱体 x、y、z 方向的膨胀应变。考虑到气体压力所致的力学压缩效应，视膨胀应变或测量膨胀应变为：

$$\varepsilon_{Lx} = \frac{-\Phi\rho_s(1-cx)}{2-3cx} \frac{[2c_1+(c_2+c_3-2c_1)cx_x][(2c_1+c_2+c_3)-2(c_1+c_2+c_3)cx_x]}{(1-cx_x)(2c_1+c_2+c_3)} - \frac{1-\nu_{yx}^s-\nu_{zx}^s}{E_x^s}P \tag{A-65}$$

$$\varepsilon_{Ly} = \frac{-\Phi\rho_s(1-cx)}{2-3cx} \frac{[2d_2+(d_1+d_3-2d_2)cx_y][(2d_2+d_1+d_3)-2(d_1+d_2+d_3)cx_y]}{(1-cx_y)(2d_2+d_1+d_3)} - \frac{1-\nu_{xy}^s-\nu_{zy}^s}{E_y^s}P \tag{A-66}$$

$$\varepsilon_{Lz} = \frac{-\Phi\rho_s(1-cx)}{2-3cx} \frac{[2f_3+(f_1+f_2-2f_3)cx_z][(2f_3+f_1+f_2)-2(f_1+f_2+f_3)cx_z]}{(1-cx_z)(2f_3+f_1+f_2)} - \frac{1-\nu_{xz}^s-\nu_{yz}^s}{E_z^s}P \tag{A-67}$$

词汇表

a——煤柱半径；

B——朗缪尔常数，Pa^{-1}；

c——孔隙结构模型常数，1.200；

C——组分数（—）；

c_f——割理压缩系数；

E——弹性模量，Pa；

k——渗透率，mD；

l——煤柱长度；

L——朗缪尔常数，$mole/kg$；

P——压力，Pa；

R——气体常数，8.314 $J/(mol \cdot K)$；

S——比表面积，m^2/kg；

s——压缩系数，Pa^{-1}；

S_c——圆柱体的有效面积，m^2；

T——温度，K；

V_0——比体积，m^3/kg；

V_c——圆柱体体积，m^3；

x——比值，a/l；

y——气相组分（—）。

下标

i——i 组分，i 方向；

l——线性膨胀；

s——固相；

x,y——x,y 方向，平行于层理；

z——z 方向，垂直于层理；

0——参考状态。

上标

s——固相。

希腊字母

α——热膨胀系数，K^{-1}；

Biot——系数（—）；

β——压缩衰变系数，Pa^{-1}；

ε——应变（—）；

φ——孔隙率（—）；

σ——应力，Pa；

Φ——表面势能，J/kg；

γ——比表面能，$J/(kg \cdot m^2)$；

ν——泊松比（—）；

τ——上覆岩层应力，Pa；

ρ——密度，kg/m^3。

Reprinted and translated from International Journal of Coal Geology, Vol 85(3-4), Zhejun Pan, Luke D. Connell, Modelling of anisotropic coal swelling and its impact on permeability behaviour for primary and enhanced coalbed methane recovery, p. 257-267, Copyright (2011), with permission from Elsevier.

参考文献

Bentz, D. P., Garboczi, E. J., Quenard, D. A., 1998. Modelling drying shrinkage in reconstructed porous materials: application to porous Vycor glass. Modelling and Simulation in Materials Science and Engineering 6, 211-236.

Chikatamarla, L., Cui, X., Bustin, R. M., 2004. Implications of volumetric swelling/shrinkage of coal in sequestration of acid gases. 2004 International Coalbed Methane Symposium Proceedings, Tuscaloosa, Alabama. Paper 0435.

Clarkson, C. R., Pan, Z., Palmer, I., Harpalani, S., 2010. Predicting sorption-induced strain and permeability increase with depletion for coalbed-methane reservoirs. SPE Journal 152-159. doi:10.2118/114778-PA. March 2010.

Connell, L. D., 2009. Coupled flow and geomechanical process during gas production from coal seams. International Journal of Coal Geology 79, 18-28.

Connell, L. D., Detournay, C., 2009. Coupled flow and geomechanical processes during enhanced coal seam methane recovery through CO_2 sequestration. International Journal of Coal Geology 77 (1-2),222-233.

Cui,X. ,Bustin,R. M. ,2005. Volumetric strain associated with methane desorption and its impact on coalbed gas production from deep coal seams. American Association of Petroleum Geologists Bulletin 89 (9),1181-1202.

Cui,X. ,Bustin,R. M. ,Chikatamarla,L. ,2007. Adsorption-induced coal swelling and stress:implications for methane production and acid gas sequestration into coal seams. Journal of Geophysical Rsearch 112,B10202.

Day,S. ,Fry,R. ,Sakurovs,R. ,2008. Swelling of Australian coals in supercritical CO_2. International Journal of Coal Geology 74,41-52.

Fitzgerald,J. E. ,Pan,Z. ,Sudibandriyo,M. ,Robinson Jr. ,R. L. ,Gasem,K. A. M. ,Reeves,S. ,2005. Adsorption of methane,nitrogen,carbon dioxide and their mixtures on wet Tiffany coal. Fuel 84,2351-2363.

Gentzis,T. ,Deisman,N. ,Chalaturnyk,R. J. ,2007. Geomechanical properties and permeability of coals from the Foothills and Mountain regions of western Canada. International Journal of Coal Geology 69,153-164.

Gilman,A. ,Beckie,R. ,2000. Flow of coalbed methane to a gallery. Transport in Porous Media 41,1-16.

Gray,I. ,1987. Reservoir engineering in coal seams:part 1-the physical process of gas storage and movement in coal seams. SPE Reservoir Engineering 28-34 February 1987.

Gu,F. ,Chalaturnyk,R. ,2010. Permeability and porosity models considering anisotropy and discontinuity of coalbeds and application in coupled simulation. Journal of Petroleum Science and Engineering 74,113-131.

Jaeger,G. C. ,Cook,N. G. W. ,1969. Fundamentals of Rock Mechanics. Chapman and Hall Ltd and Science Paperbacks,London. 131 pp.

Karacan,C. O. ,2003. Heterogeneous sorption and swelling in a confined and stressed coal during CO_2 injection. Energy and Fuels 17,1595-1608.

Karacan,C. O. ,2007. Swelling-induced volumetric strains internal to a stressed coal associated with CO_2 sorption. International Journal of Coal Geology 72,209-220.

Larsen,W. J. ,2004. The effects of dissolved CO_2 on coal structure and properties. International Journal of Coal Geology 57,63-70.

Levine,J. R. ,1996. Model study of the influence of matrix shrinkage on absolute permeability of coal bed reservoirs. In:Gayer,R. ,Harris,I. (Eds.),Coalbed Methane and Coal Geology. Geological Society Special Publication No 109,London,pp. 197-212.

Liu,J. ,Chen,Z. ,Elsworth,D. ,Miao,X. ,Mao,X. ,2010. Evaluation of stress-controlled coal swelling processes. International Journal of Coal Geology 83,446-455.

Mahajan,O. P. ,1984. Physical characterization of coal. Powder Technology 40,1-15.

Mitra,A. ,Harpalani,S. ,2007. Modeling incremental swelling of coal matrix with CO_2 injection in coalbed methane reservoirs. SPE Eastern Regional Meeting,17-19 October.

Lexington, Kentucky. SPE 111184-MS.

Moffat, D. H., Weale, K. E., 1955. Sorption by coal of methane at high pressures. Fuel 34, 449-462.

Myers, A. L., 2002. Thermodynamics of adsorption in porous materials. AIChE J. 48 (1), 145-160.

Ozdemir, E., Morsi, B. I., Schroeder, K., 2004. CO_2 adsorption capacity of Argonne premium coals. Fuel 83, 1085-1094.

Palmer, I., Mansoori, J., 1998. How permeability depends on stress and pore pressure in coalbeds: a new model. SPE Reservoir Evaluation & Engineering, SPE 52607, Dec. 539-544.

Pan, Z., Connell, L. D., 2007. A theoretical model for gas adsorption-induced coal swelling. International Journal of Coal Geology 69, 243-252.

Pan, Z., Connell, L. D., Camilleri, M., 2010a. Laboratory characterisation of coal permeability for primary and enhanced coalbed methane recovery. International Journal of Coal Geology 82, 252-261.

Pan, Z., Connell, L. D., Camilleri, M., Connelly, L., 2010b. Effects of matrix moisture on gas diffusion and flow in coal. Fuel 89, 3207-3217.

Pekot, L. J., 2003. Matrix shrinkage and permeability reduction with carbon dioxide injection. Presented at Coal-Seq II Forum, Washington D. C., 6-7 March.

Pekot, L. J., Reeves, S. R., 2003. Modeling the effects of matrix shrinkage and differential swelling on coalbed methane recovery and carbon sequestration. Proceedings of the 2003 International Coalbed Methane Symposium. University of Alabama, Tuscaloosa. Paper 0328.

Pone, J. D. N., Hile, M., Halleck, P. M., Mathews, J. P., 2009. Three-dimensional carbon dioxide-induced strain distribution within a confined bituminous coal. International Journal of Coal Geology 77(1-2), 103-108.

Reucroft, P. J., Patel, H., 1986. Gas-induced swelling in coal. Fuel 65, 816-820.

Reucroft, P. J., Sethuraman, A. R., 1987. Effect of pressure on carbon dioxide induced coal swelling. Energy and Fuels 1, 72-75.

Robertson, E. P., Christiansen, R. L., 2005. Measurement of sorption-induced strain. Presented at the 2005 International Coalbed Methane Symposium, Tuscaloosa, Alabama, 17-19 May, Paper 0532.

Sawyer, W. K., Paul, G. W., Schraufnagel, R. A., 1990. Development and application of a 3D coalbed simulator. Presented at SPE International Technical Meeting, Calgary, June. SPE CIM/SPE 90-119.

Scherer, G. W., 1986. Dilation of porous glass. Journal of the American Ceramic Society 69 (6), 473-480.

Seidle, J. P., Huitt, L. G., 1995. Experimental measurement of coal matrix shrinkage due to gas desorption and implications for cleat permeability increase. SPE International

Meeting on Petroleum Engineering, Beijing, China, 14-17 November. SPE 30010.

Shi, J. Q., Durucan, S., 2004. Drawdown induced changes in permeability of coalbeds: a new interpretation of the reservoir response to primary recovery. Transport in Porous Media 56, 1-16.

Shi, J. Q., Durucan, S., 2005. A model for changes in coalbed permeability during primary and enhanced methane recovery. SPE Reservoir Evaluation & Engineering 8 (4), 291-299 SPE 87230-PA.

St. George, J. D., Barakat, M. A., 2001. The change in effective stress associated with shrinkage from gas desorption in coal. International Journal of Coal Geology 35, 83-115.

Tambach, T. J., Mathews, J. P., van Bergen, F., 2009. Molecular exchange of CH_4 and CO_2 in coal: enhanced coalbed methane on a nanoscale. Energy and Fuels 23, 4845-4847.

Wang, G. X., Massarotto, P., Rudolph, V., 2009. An improved permeability model of coal for coalbed methane recovery and CO_2 geosequestration. International Journal of Coal Geology 77, 127-136.

Wu, Y., Liu, J., Elsworth, D., Miao, X., Mao, X., 2010. Development of anisotropic permeability during coalbed methane production. Journal of Natural Gas Science and Engineering 2, 197-210.

一种改进的煤储层相对渗透率模型

Dong Chen, Zhejun Pan, Jishan Liu, Luke D. Connell
赵洋 译　杨焦生 校

摘要：本研究对常规的多孔介质两相流相对渗透率模型进行了改进,来描述煤储层的相对渗透率。我们考虑裂缝的几何形态,采用火柴棍模型推导相对渗透率模型,而非采用常规多孔介质中常用的概念模型——毛管束模型。因为煤储层孔隙率变化对相对渗透率有影响,故引入一个残余相饱和度模型和一个渗透率比率的函数——形状系数。在改进的相对渗透率模型中,相对渗透率的大小取决于相饱和度和孔隙率(或渗透率)变化。改进模型与相对渗透率实验数据具有极强的匹配程度。此外,在煤层气水—气两相流的耦合数值模拟中,我们将相对渗透率模型分别表示为浸润相饱和度的一元函数以及浸润相饱和度与渗透率比率的二元函数。实验结果表明,孔隙率变化引起的相对渗透率变化可显著影响浸润相饱和度和产气量。

1 引言

煤层是一种双重孔隙介质储层,由多孔基质和裂隙网络组成。大多数煤储层的孔隙和裂隙中存在水。煤基质中的水通过改变气体有效扩散系数和膨胀应变而影响气体运移,裂隙中的水通过相对渗透率效应影响气体流动(Chen 等,2012b)。相对渗透率是有效渗透率与绝对渗透率的比值,也是开采煤层气的一个重要参数。这是由于相对渗透率不仅决定能否实现经济的生产率,而且有助于预测脱水量以估算煤层气采出水处理所需的费用(Ham 和 Kantzas,2008)。相对渗透率曲线特征是煤储层两相流动特性研究(包括实验室、现场和模拟研究)的重要参数(Clarkson 等,2011;Shi 等,2008a)。

相对渗透率通常为浸润相饱和度的函数,其原因在于相对渗透率受相饱和度的影响显著。通常获得相对渗透率模型的方法是由毛管束压力模型积分而来(Chen 等,1999;Li 和 Horne,2008)。Purcell(1949)基于毛管束模型,提出了一种通过毛管压力计算渗透率的方法。Gates 和 Leitz(1950)对该方法进行了改进,利用毛管压力积分计算相对渗透率,即 Purcell 法。由于毛管之间并非总是相互平行,存在弯曲现象,Burdine(1953)引入了曲度系数将曲度的影响考虑到 Purcell 法中。除此之外,Mualem(1976)还推导出另一种积分算法来计算均质孔隙介质的相对渗透率。上述三种方法是通过毛管压力计算相对渗透率的最常用方法。文献调研显示,有许多毛管束模型均基于不同流体、不同多孔介质的岩芯驱替实验室数据(Brooks 和 Corey,1966;Brutsaert,1967;Corey,1954;Delshad 等,2003;Gardner,1958;Huang 等,1997;Jing 和 van Wunnik,1998;Kosugi,1994,1996;Lenhard 和 Oostrom,1998;Li,2010;Li 和 Horne model,2001;Lomeland 和 Ebeltoft,2008;Purcell,1949;Russo,1988;Skelt 和 Harrison,1995;Thomeer,1960;van Genuchten,1980)。在上述毛管束压力模型中,Brooks-Corey 模型(1966)和 van Genuchten 模型(1980)是两种应用比较广泛的模型。Brooks-Corey 模型广泛应用于固结多孔介质, van Genuchten 模型广泛应用于松散多孔介质(Li,2004)。两种常用相对渗透率模型为:BCB 相对渗透率模型(采用 Burdine 方法由 Brooks-Corey 模型积分而来)和 VGM 相对渗透率模型(采用 Mualem 方法由 van Genuchten 模型积分而来)(Brooks 和 Corey,1966;Chen 等,1999;van Genuchten,1980)。

过去数十年,为了测量不同煤层的毛管束压力,科学家们进行了很多相关的实验(Dabbous 等,1976;Kissell 和 Edwards,1975;Mazumder 等,2003;Ohen 等,1991)。Brooks 模型和 Corey 模型常作为相饱和度的函数用来表示毛管束压力数据。公开发表的关于煤层相对渗透率的数据很多(Dabbous 等,1974,1976;Durucan 和 Shi,2002;Gash,1991;Hyman 等,1992;Jones 等,1988;Meaney 和 Paterson,1996;Ohen 等,1991;Paterson 等,1992;Puri 等,1991;Reznik 等,1974;Shen 等,2011),BCB 模型常用于描述实验数据。尽管就部分煤层而言,BCB 模型能够拟合相对渗透率曲线,但是尚未证实该模型应用到煤储层的有效性,原因在于该模型由常规孔隙介质的毛管束模型推导而来。

煤层含有裂隙,实验表明,煤储层裂隙中的气体流动不能用毛管束模型描述,而应该用平板之间的流动来描述(Harpalani 和 McPherson,1986)。基于上述概念,Seidle 等(1992)用火柴棍模型来描述煤层裂隙网络中的流体流动。火柴棍模型已成为煤层研究中广泛认可的概念模型,许多绝对渗透率模型均以此发展而来(Gu 和 Chalaturnyk,2010;Seidle 和 Huitt,1995;Shi 和 Durucan,2004,2010)。可采用火柴棍概念模型建立相对渗透率模型和绝对渗透率模型。

此外,通常将常规毛管束压力模型和相对渗透率模型假定为饱和度的一元函数,这是由于它们明显受控于相饱和度变化。然而砂岩储层的实验中观察到上覆地层压力(导致孔隙率变化)对毛管束压力和相对渗透率的影响(Al-Fossail 等,1995;Ali 等,1987;Al-Quraishi 和 Khairy,2005)。与相饱和度一样,孔隙率是另一个重要参数,因此上述一元函数并不能很好地描述软岩石(如煤层)的毛管束压力和相对渗透率。煤孔隙率变化主要受控于两个竞争因素:有效应力和煤的膨胀/收缩性。这一结论已得到大量实验验证,同时也有许多描述煤层孔隙率变化的模型(Li 等,2011;Pan 和 Connell,2012)。因此,毛管束压力和相对渗透率可能受到有效应力或煤层膨胀性的影响。Gray(1987)认为裂隙开启或闭合可能改变相对渗透率和毛管束压力。Pittsburgh 和 Pocahontas 煤层样品实验结果的验证了 Gray 的结论,实验表明毛管压力和相对渗透率大小强烈取决于上覆岩层压力的大小(Dabbous 等,1974,1976;Reznik 等,1974)。关于煤层膨胀性对毛管压力和相对渗透率变化的影响,目前尚无可用数据。然而,在储层条件下,由于煤层膨胀性会影响孔隙率,因此也可能会改变毛管压力和相对渗透率的大小。

本次研究中,我们考虑了煤层裂隙宏观几何形态及应力变化与膨胀/收缩性导致孔隙率变化的影响,对相对渗透率模型进行了改进以用于煤层。随后用先前文献中的实验数据对本模型进行了验证。最后,应用一个耦合模型研究煤层孔隙率变化导致的相对渗透率变化如何影响煤层气生产。

2 煤层相对渗透率模型

计算相对渗透率模型的常用方法是通过毛管束压力模型积分而来。先前积分方法(如 Purcell 法和 Burdine 法)均以毛管束模型为基础,如图 1(a)所示。而实验结果却显示,煤层裂隙中的气体流动不能用毛管束模型描述,而应该用平板间的流动模型来描述(Harpalani 和 McPherson,1986)。火柴棍模型,如图 1(b)所示,是一种在煤层中广泛应用的概念模型。本研究采用类似于 Purcell(1949)的思路,应用火柴棍模型代替毛管束模型来推导适用于煤层的积分方法。具体的推导细节见附录 A,结果见公式(A17)和(A18)。

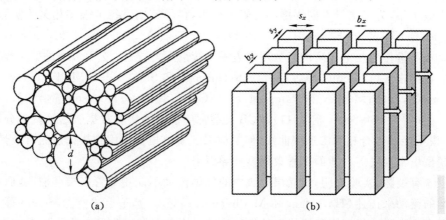

图 1 (a)毛管束模型(引自 Gates 和 Lietz,1950);(b)火柴棒模型(引自 Seidle 等,1992)

煤层不仅发育各种裂缝,还非常容易发生变形。因此,在煤层气开采过程中,煤层的孔隙率发生变化。所以毛管束压力模型和相对渗透率模型需同时考虑浸润相饱和度和孔隙率变化效应。孔隙率变化从两方面改变毛管束压力曲线:① 改变残余相饱和度;② 改变曲线曲率。

2.1 残余相饱和度变化模型

残余水饱和度定义为公式(1),残余水饱和度变化可解释为:由于上覆地层压力减小/增加所引起的卸载/加载,进而引起孔隙体积增加/减小。

$$S_{wr} = \frac{V_{wr}}{V_{void}} \tag{1}$$

式中,V_{wr} 和 V_{void} 分别表示煤层裂隙的残余水体积和孔隙体积。

残余相体积表示多孔介质中的残余相含量。如果残余水的含量与孔隙率变化一致,根据质量守恒:

$$\rho_w \varphi_0 S_{wr0} V_0 = \rho_w \varphi S_{wr} V \tag{2}$$

式中,ρ_w 表示水的密度;φ 表示孔隙率;V 表示多孔介质的总体积;下标"0"表示初始状态。

水的密度可看做常数,在忽略总体积变化的情况下,即 $V_0=V$ 时,公式(2)可简化为:

$$S_{wr} = S_{wr0} \left(\frac{\varphi}{\varphi_0}\right)^{-1} \tag{3}$$

与水相比,气体具有较强的可压缩性,因此残余气饱和度可通过以下公式计算:

$$S_{gr} = S_{gr0} \left(\frac{\varphi}{\varphi_0}\right)^{-1} \left(\frac{\rho_g}{\rho_{g0}}\right)^{-1} \tag{4}$$

式中,S_{gr} 表示残余气饱和度;ρ_g 表示气体密度。

由于煤层的渗透率比率与孔隙率比率之间具有三次方关系,如公式(5)所示(Gu,2009;McKee 和 Hanson,1975),因此,公式(3)和公式(4)可改写为公式(6)和公式(7)。

$$\left(\frac{k}{k_0}\right) = \left(\frac{\varphi}{\varphi_0}\right)^3 \tag{5}$$

$$S_{wr} = S_{wr0}\left(\frac{k}{k_0}\right)^{-\frac{1}{3}} \tag{6}$$

$$S_{gr} = S_{gr0}\left(\frac{k}{k_0}\right)^{-\frac{1}{3}}\left(\frac{\rho_g}{\rho_{g0}}\right)^{-1} \tag{7}$$

用公式(6)来描述 Pittsburgh 煤层实验数据中残余水饱和度随渗透率变化的情况(Dabbous 等,1976;Reznik 等,1974)。如图2中的实线所示,公式(6)可以预测残余水饱和度的变化趋势,却无法精确地描述实验数据。

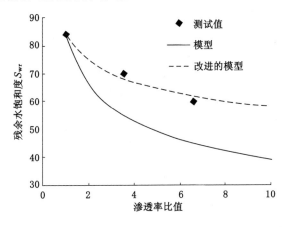

图 2 残余水饱和度随渗透率变化的实验数据匹配分析

造成不匹配的原因之一是该公式建立时假定随裂隙孔隙率变化,残余水体积未发生变化。而在实际条件下,残余水的总体积随孔隙率的变化而变化,这种现象在不饱和土壤的实验中观察到(Chen 等,2010c)。引起残余水体积变化的原因有两个:① 当煤层压实时,煤层的孔隙体积降低,进而导致小孔隙中的部分残余水被挤出;② 由压实作用引起的孔隙尺寸变化可导致毛管压力变化,进而引起残余水含量变化。我们假设残余水饱和度可用孔隙率/渗透率比率的幂函数来表示。考虑上述效应,公式(6)和公式(7)即可改进为:

$$S_{wr} = S_{wr0}\left(\frac{k}{k_0}\right)^{-\frac{1}{3}n_{wr}} \tag{8}$$

$$S_{gr} = S_{gr0}\left(\frac{k}{k_0}\right)^{-\frac{1}{3}n_{gr}}\left(\frac{\rho_g}{\rho_{g0}}\right)^{-1} \tag{9}$$

式中,n_{wr} 和 n_{gr} 为确定残余相饱和度和孔隙率比率关系的拟合参数。

改进的残余相饱和度模型可以更加灵活地描述实验数据。如图2中的虚线,改进的残余相饱和度模型能够与实验数据吻合(在本例中,$n_{wr}=0.49$)。应该注意的是,为了更好地了解孔隙率变化对残余水饱和度变化的影响,还需要更多的实验数据来证明。

通过结合残余相饱和度模型与标准浸润相饱和度公式,如公式(A16)所示,可将孔隙率变化对残余相饱和度的影响纳入毛管压力模型和相对渗透率模型。更新后的标准浸润相饱和度为:

$$S_w^* = \frac{S_w - S_{wr0}\left(\frac{k}{k_0}\right)^{-\frac{1}{3}n_{wr}}}{1 - S_{wr0}\left(\frac{k}{k_0}\right)^{-\frac{1}{3}n_{wr}} - S_{gr0}\left(\frac{k}{k_0}\right)^{-\frac{1}{3}n_{gr}}\left(\frac{\rho_g}{\rho_{g0}}\right)^{-1}} \tag{10}$$

2.2 曲率变化模型

受孔隙率变化的影响,除了残余相饱和度发生变化之外,毛管压力曲线的形状也会发生变化。如图3所示,根据Leverett's(1940)的J函数,随着渗透率(孔隙率)的变化,典型毛管压力曲线的形态也会发生变化。在Brooks-Corey模型中,毛管压力曲线的曲率取决于裂隙尺寸分布参数(λ),该参数会随着孔隙率变化而变化。同样,孔隙率变化对毛管压力曲线的影响也会影响相对渗透率曲线。

为了考虑上述效应,引入了一个形状参数,即J函数。我们用J函数来校正裂隙尺寸分布参数,裂隙尺寸分布参数控制着毛管压力曲线的形状。扩展的毛管压力模型就可表示为:

$$p_c = p_e (S_w^*)^{-1/(J \cdot \lambda)} \tag{11}$$

这里需要注意的是,J参数并不是一个常数,而是一个随孔隙率/渗透率变化而变化的函数。由于缺乏文献数据,在本研究中简单套用经验公式。今后需要做更多的研究来探讨孔隙率变化对毛管压力和相对渗透率变化的影响。此外,忽略了孔隙率变化导致的毛细管入口压力变化,原因在于当饱和度接近最大含水饱和度时,毛细管入口压力的变化可视为毛管压力曲线的局部效应,并不会显著影响毛管压力曲线的整体形态。

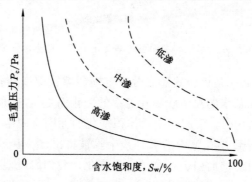

图3 渗透率量级大小对典型毛管压力形态的影响(据Purcell,1949)

类似地,扩展的相对渗透率模型可表示为:

$$k_{rw} = k_{rw}^* (S_w^*)^{\eta + 1 + 2/(J \cdot \lambda)} \tag{12}$$

$$k_{rnw} = k_{rnw}^* (1 - S_w^*)^{\eta} [1 - (S_w^*)^{1 + 2/(J \cdot \lambda)}] \tag{13}$$

目前,孔隙率变化对端点相对渗透率变化的影响处于被忽略的状态,主要因为缺少实验数据。此外,该因素一般不能显著影响甲烷的流速(Karacan,2008)。与端点相对渗透率值的变化相比,相对渗透率曲线形态的变化显得更加重要(Price和Ancell,1993,Young等,1992)。

2.3 毛管压力和相对渗透率模型与渗透率模型的联系

如前文所述,毛管压力和相对渗透率模型可以用浸润相饱和度和绝对渗透率的二元函数来表示。将毛管压力和相对渗透率模型与渗透率模型联系起来,主要是因为文献中存在很多可用的渗透率模型(例如Liu等,2011;Pan和Connell,2012)。本研究采用了一种应用

最广泛的渗透率模型,即 Shi-Durucan 模型(2004)。该模型可表示为:

$$\sigma - \sigma_0 = -\frac{\upsilon}{1-\upsilon}(p - p_0) + \frac{E\Delta\varepsilon_s}{3(1-\upsilon)} \tag{14}$$

式中,σ 表示有效水平应力;σ_0 表示原始储层压力下的有效水平应力;ε_s 表示总膨胀/收缩应变,由朗缪尔典型公式计算而来:

$$\varepsilon_s = \frac{\varepsilon_L p}{p + P_\varepsilon} \tag{15}$$

式中,ε_L 表示朗缪尔体应变常数,P_ε 表示 $1/2\varepsilon_L$ 时朗缪尔应变常数。

渗透率与有效水平应力的关系为(Seidle 等,1992):

$$k = k_0 e^{-3c_f(\sigma-\sigma_0)} \tag{16}$$

式中,c_f 表示与裂隙垂直的有效水平应力变化引起的裂隙压缩系数。

将公式(16)代入公式(8)~公式(10),即可将残余浸润相/非浸润相饱和度和标准浸润相饱和度改写为公式(17)~公式(19):

$$S_{wr} = S_{wr0} e^{n_{wr}c_f(\sigma-\sigma_0)} \tag{17}$$

$$S_{gr} = S_{gr0} e^{n_{gr}c_f(\sigma-\sigma_0)} \left(\frac{\rho_g}{\rho_{g0}}\right)^{-1} \tag{18}$$

$$S_w^* = \frac{S_w - S_{wr0} e^{n_{wr}c_f(\sigma-\sigma_0)}}{1 - S_{wr0} e^{n_{wr}c_f(\sigma-\sigma_0)} - S_{gr0} e^{n_{gr}c_f(\sigma-\sigma_0)} \left(\frac{\rho_g}{\rho_{g0}}\right)^{-1}} \tag{19}$$

3 利用实验数据验证模型

下面采用两组实验数据来验证第2节提出的模型。许多相对渗透率实验是在恒应力和吸附下进行的,孔隙率不会随着两相流动而变化,相对渗透率大小只受相饱和度的影响。为了解决上述问题,采用简化的相对渗透率模型(推导过程见附录A)来描述实验数据,这些实验数据归类为常孔隙率类。在其他实验中,相对渗透率在不同上覆压力下测定,此类实验的相对渗透率大小不仅受相饱和度的影响,而且还取决于上覆压力引起的孔隙率变化,此类实验数据归为孔隙率变化类,需采用第2节提出的二元函数来描述此类实验数据。

3.1 常孔隙率下的实验数据验证模型

应用不同煤层的多组相对渗透率实验数据(Conway 等,1995;Durucan 和 Shi,2002;Gash,1991;Meaney 和 Paterson,1996;Paterson 等,1992;Shen 等,2011)对相对渗透率模型进行验证。实验中围压和孔隙率压力不变或变化可忽略。实验数据如图4所示,大多数煤样的残余水饱和度相当高。因此,许多相对渗透率曲线位于高含水饱和度区,表明如果含水饱和度发生变化,则会引起相对渗透率发生显著变化。较高的含水饱和度是由于低渗透率,此种情况下毛管压力高,有更多的水以残余相束缚于煤层。图4表明在这种条件下煤表现出较强的亲水性。相对渗透率对含水饱和度的敏感性需要一个精确的相对渗透率模型来描述这些实验数据。如图4所示,本研究所提出的相对渗透率模型可以较好地描述这些实验数据。尽管英国的一组煤的相对渗透率与含水饱和度之间的关系曲线表现为线性关系[图4(g)],但大多数相对渗透率曲线与含水饱和度之间的关系曲线表现为上凹形。然而,相对渗透率曲线与气饱和度之间则无典型的形态,线性、上凹、上凸形态均存在。

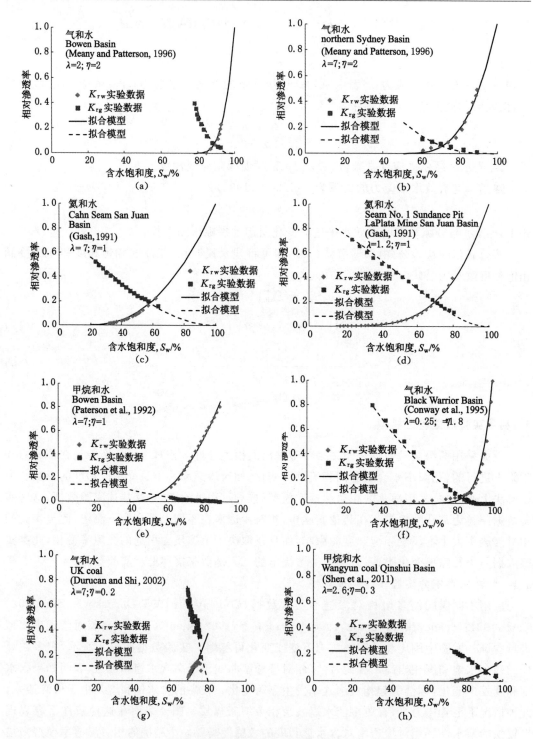

图 4 煤层相对渗透率数据与含水饱和度之间的关系

(a) Bowen 盆地；(b) 北悉尼盆地(Meaney 和 Paterson,1996)；(c)和(d)圣胡安盆地(Gash,1991)；
(e) Bowen 盆地(Paterson 等,1992)；(f) 黑勇士盆地(Conway 等,1995)；(g) 英国地区(Durucan 和 Shi,2002)
(h) 沁水盆地(Shen 等,2011)

3.2 变孔隙率下的实验数据验证模型

实验结果显示,随着上覆岩层压力增大,Pittsburgh 煤层、Pocahontas 煤层的毛管压力和相对渗透率曲线向残余水饱和度增加(较小的裂隙尺寸或者降低的孔隙率)的方向偏移(Dabbous 等 1974,1976;Reznik 等 1974)。实验中,渗透率、毛管压力和相对渗透率数据的测试条件为:三个径向上覆压力(p_{ov})分别为 200 psig(1.38 MPa)、600 psig(4.14 MPa)和 1 000 psig(6.90 MPa)。如图 5 所示,利用本文提出的模型,借助于渗透率比率,即可将 Pittsburgh 煤层的毛管束压力实验数据表示为浸润相饱和度和上覆压力的函数。图 6 和图 7 也表明,本文提出的相对渗透率模型也可匹配其他两个煤样的相对渗透率数据。上述结果证明,本文的模型能够用来描述毛管束压力和相对渗透率(作为浸润相饱和度和孔隙率/渗透率比率的函数)。由两个竞争的因素即有效应力导致的力学变形和气体吸附造成的膨胀/收缩会引起煤孔隙率变化(Gray,1987),毛管压力和相对渗透率可能也会受到煤层膨胀应变的影响。然而,目前尚缺乏因膨胀/收缩引起的孔隙率变化而导致毛管束压力和相对渗透率变化的实验数据。

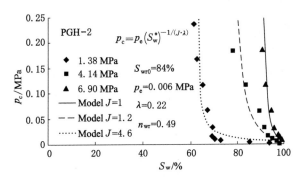

图 5 Pittsburgh 煤层的毛管压力(据 Dabbous 等,1974,1976;Reznik 等,1974)
作为浸润相饱和度和渗透率比率的函数进行模型匹配

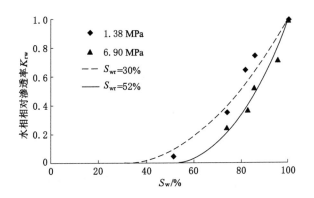

图 6 Pocahontas 煤层的相对渗透率数据(据 Dabbous 等,1974,1976;Reznik 等,1974)
作为浸润相饱和度和渗透率比率的函数进行模型匹配

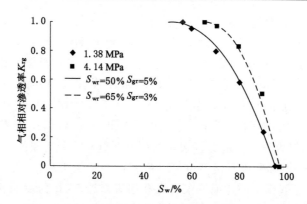

图 7 Pittsburgh 煤层的相对渗透率数据(据 Dabbous 等,1974,1976;Reznik 等,1974)
作为浸润相饱和度和渗透率比率的函数进行模型匹配

4 相对渗透率模型在储层模拟中的应用

为进一步研究不同相对渗透率模型(一元方程和二元方程)对煤层气开采的影响,通过储层模拟对两个案例进行比较。

案例 1:将毛管压力和相对渗透率作为浸润相饱和度的一元函数,如第 2 节所述。

案例 2:将毛管压力和相对渗透率作为浸润相饱和度和渗透率比率的二元函数,如第 3 节所述。

4.1 模型的构建

将 Shi 等(2008a,2008b)采用的两相、双孔隙率模型作为煤层中水和气运移的模型。本项工作的不同之处在于,所用的相对渗透率模型为本文提出的改进模型。

4.1.1 控制方程

煤层裂隙中水和气的质量守恒公式分别为公式(20)和公式(21):

$$\frac{\partial(\rho_w \varphi S_w)}{\partial t} = \nabla \cdot \left[\rho_w \frac{k k_{rw}}{\mu_w}(\nabla p_w - \rho_w g \nabla d) \right] - q_w \tag{20}$$

$$\frac{\partial(\rho_g \varphi S_g)}{\partial t} = \nabla \cdot \left[\rho_g \frac{k k_{rg}}{\mu_g}(\nabla p_g - \rho_g g \nabla d) \right] - q_g + q_d \tag{21}$$

式中,ρ_w 和 ρ_g 分别为水和气体的密度;S_g 是含气饱和度;μ_w 和 μ_g 分别为裂隙中水和气的动态黏度系数;g 是重力加速度;d 是储层高度;q_w 和 q_g 为水和气的产出率;q_d 为气体在煤层基质和煤层裂隙中的质量传递率,其公式如下:

$$q_d = -\rho_{ga} \rho_c \frac{dV}{dt} \tag{22}$$

其中,ρ_{ga} 为标准状态下气体的密度;ρ_c 为煤层密度,m^3/kg;$\frac{dV}{dt}$ 为煤层基质中剩余气体的平均含量,由煤层基质中气体扩散的准稳态方程计算得到(King 等,1986;Shi 等 2008a,2008b):

$$\frac{dV}{dt} = -\frac{1}{\tau}[V - V_E(p_g)] \tag{23}$$

式中,τ 是煤层基质的扩散时间常数;V_E(m^3/kg)是与裂隙气体压力平衡的含气量,由如下公式计算得到:

$$V_E(p_g) = \frac{V_L p_g}{p_g + P_L} \tag{24}$$

式中，V_L 是朗缪尔体积常数；P_L 是 $1/2V_L$ 下的朗缪尔压力常数。

含水饱和度与含气饱和度的关系，可用以下公式表示：

$$S_w + S_g = 1 \tag{25}$$

根据气体状态方程（EOS），气体密度是气体压力的函数，如方程（26）所示：

$$\rho_g = \frac{M_g}{ZRT} p_g \tag{26}$$

其中，M_g 是气体的摩尔质量；n_m 是煤基质中气体的摩尔量；R 是通用气体常数；T 是温度；Z 是气体压缩因子：(http://webbook.nist.gov/chemistry/fluid/)。

4.1.2 初始状态

煤层裂隙中，水和气的初始压力如下：

$$p_w = p_{w0} \tag{27}$$

$$p_g = p_{g0} \tag{28}$$

基质中气体的初始浓度为：

$$c = c_0 = \frac{p_{g0}}{RT} \tag{29}$$

4.1.3 边界条件

生产井产水和产气率计算如下（Peaceman，1978；Wei 和 Zhang，2010）：

$$Q_{wwell} = \rho_w \frac{kk_{rw}(\overline{p}_w - p_{wf})}{\mu_w (\ln \frac{r_e}{r_w} - \frac{3}{4} + S)} \tag{30}$$

$$Q_{gwell} = \rho_g \frac{kk_{rg}(\overline{p}_g - p_{wf})}{\mu_g (\ln \frac{r_e}{r_w} - \frac{3}{4} + S)} \tag{31}$$

式中，p_{wf} 是井底压力；r_e 是抽采半径；r_w 是井孔半径；S 是表面系数。

其他边界无流动，所有公式由 COMSOL 多物理场耦合分析软件求解（http://www.comsol.com/）。

4.2 模型描述

模型尺寸为 100 m×100 m，所用参数如表 1，来源于文献（Palmer 和 Mansoori，1998；Pan 等，2010；Shi 和 Durucan，2004，2008）和第 3 节的实验数据。案例 2 还需要其他两个参数：残余水饱和度变化的拟合参数（n_{wr}）采用 0.49；公式（11）～公式（13）中提到的形状参数（J）在案例 2 中以渗透率比率函数的形式输入，如图 8 所示。

表 1 案例 1 和案例 2 所用的参数

参数	数值
杨氏模量 E/MPa	2 900
泊松比 ν	0.35
Langmuir 体应变常数 ε_L	0.012 66
$1/2\varepsilon_L$ 时 Langmuir 压力常数 P_ε/MPa	4.31

续表1

参数	数值
初始渗透率 k_0/m^2	1.6e−14
初始孔隙率 $\varphi_0/\%$	0.085
裂隙压缩系数 c_f/MPa	0.29
Langmuir 体积常数 $V_L/(m^3/kg)$	0.027
$1/2V_L$ 时 Langmuir 压力常数 P_L/MPa	2.96
煤的密度 $\rho_c/(kg/m^3)$	1600
扩散时间 $\tau/$天	9
初始残余水饱和度 $S_{wr0}/\%$	84
初始残余气饱和度 $S_{gr0}/\%$	0
曲率 η	1
孔隙尺寸分布系数 λ	0.22
水的终点相对渗透率 k_{rw}^*	1
气的终点相对渗透率 k_{rg}^*	1
进口毛管压力 p_e/MPa	0.006
温度 T/K	305.15
井半径 r_w/m	0.1
井底压力 p_{wf}/MPa	0.3
表面系数 S	0
初始水压力 p_{w0}/MPa	6.41
初始水饱和度 $S_{w0}/\%$	95
煤层厚度 h/m	2
水的密度 $\rho_w/(kg/m^3)$	1000
水的黏度系数 $\rho_w/(Pa\cdot s)$	6.5e−4
气的黏度系数 $\mu_g/(Pa\cdot s)$	1.84e−5
气体摩尔质量 $M_g/(kg/mol)$	0.016
气体常数 $R/[J/(mol\cdot K)]$	8.314

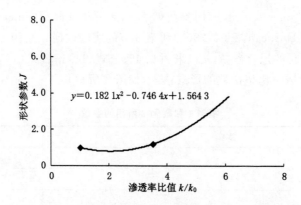

图8 Pittsburgh 煤层实验数据 J 函数与渗透率比率的关系

4.3 模拟结果

图 9 对两个案例中含水饱和度的变化做出了比较。在案例 1 中,毛管压力与相对渗透率模型一样,均是含水饱和度的一元函数,残余水饱和度保持 84%。图 9 表明在生产 200 d 后,含水饱和度缓慢下降。在案例 2 中,将毛管压力、相对渗透率定义为含水饱和度和渗透率比率的二元函数,进而将孔隙率变化的影响考虑在内。

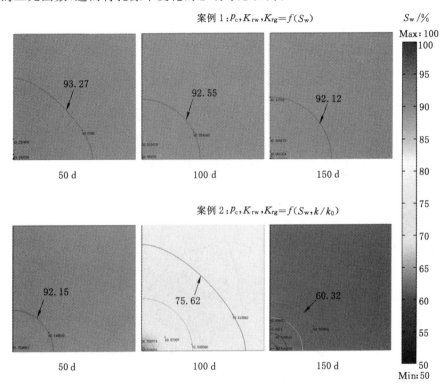

图 9　两个案例中含水饱和度的变化
案例 1,毛管压力和相对渗透率是含水饱和度的一元函数;
案例 2,毛管压力和相对渗透率是含水饱和度及渗透率比率的二元函数

煤层气生产过程中渗透率增大有助于降低残余水饱和度。与案例 1 相比,案例 2 中含水饱和度存在严重下降。

案例 1 中高含水饱和度可能会妨碍气体的生产。案例 2 中的低含水饱和度为气体的流动提供了更多的空间,有助于提高气体产量。如图 10 所示,案例 2 的产气率远高于案例 1。模拟结果显示,如果不考虑孔隙率变化对相对渗透率的影响,可能会低估产气率。

此外,通过模拟还对裂隙尺寸分布参数(λ)和曲率(η)的敏感性进行了研究。结果表明,产气量随 λ 增加或 η 降低而增加,如图 11 和图 12 所示。

需说明的是,该模拟结果以有限的实验数据为基础,结果表明孔隙率变化对相对渗透率的影响可能会对煤层气的开采有显著影响。因此,未来还需通过更多的实验和理论研究,来对裂缝性和变形性岩体(如煤和页岩)相对渗透率特征进行更深入地理解。随着认识不断深入,还需研究其对煤层气生产的影响。

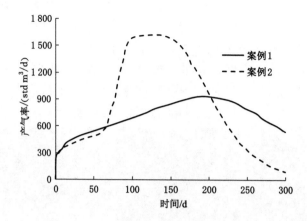

图 10 两个案例中气体生产率的对比

案例1,毛压力和相对渗透率是浸润相饱和度的一元函数;
案例2,毛管压力和相对渗透率是浸润相饱和度及渗透率比率的二元函数

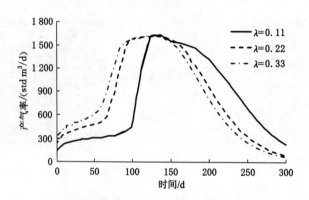

图 11 裂隙尺寸分布参数对产气率的敏感性研究

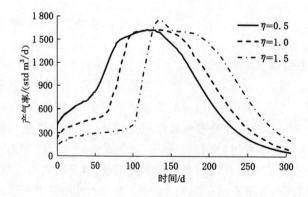

图 12 曲率对产气率的敏感性研究

5 讨论

5.1 润度的影响

本研究推导相对渗透率模型(附录 A)时,假定煤层是水浸润的,且液相或气相与固相的接触角(θ)为常数。

需要注意的是,在润湿性变化时,θ 角也容易变化。在 CH_4-水-煤层系统中,煤层作为本次研究的目标,应视为水湿,因此假定润湿性不变就比较合理。然而,在 CO_2-水-煤层系统中,煤层可能会变为气湿。Plug 等(2006)发现,在低压条件下,煤层亲水,而在高压条件下亲 CO_2。其他实验也观察到 CO_2 导致的润湿性变化(Chaturvedi 等,2009;Sakurovs 和 Lavrencic,2011)。因此,未来的研究中需在煤层润湿性变化对相对渗透率的影响开展更多工作,这对 CO_2 提高煤层气采收率具有重要意义。

5.2 温度的影响

尽管在研究油/气/水系统中温度对相对渗透率的影响已有许多相关实验(如 Ashrafi 等,2012;Ayatollahi 等,2005;Schembre 等,2005),但是对于煤层而言,这些工作极少。本文主要研究煤层气产出过程中煤层相对渗透率模型,温度不变。然而,在煤层气注气提高生产的过程中,常以一定温度将 CO_2、N_2 或其他混合物注入煤层,由温度变化产生的吸附作用将诱发膨胀,从而对裂隙开度及相对渗透率都有一定的影响。因此,未来的工作中,在注气提高煤层气生产方面,研究温度对相对渗透率的影响非常重要,同时还需将前面讨论的润湿性考虑在内。

6 结论

本研究所提出的改进相对渗透率模型可用于匹配相关实验数据。采用不同煤层的相对渗透率实验数据对模型进行了验证。结果表明该模型能够很好地拟合这些数据。

常规相对渗透率模型常假设相对渗透率是相饱和度的一元函数,与此不同的是,煤层相对渗透率常受孔隙率变化的影响。为研究因孔隙率变化引起的相对渗透率变化对煤层气生产的影响,将相对渗透率模型耦合至储层模拟模型。模拟结果表明,孔隙率变化显著影响润湿相饱和度,从而影响气体生产。然而,如需在有效应力和煤膨胀对相对渗透率的影响方面有更深入的理解,仍需开展更多的实验和理论研究。

致谢

感谢中国留学基金委—西澳大学奖学金、澳大利亚联邦科学与工业研究组织地球科学与资源工程奖学金提供资金支持。

附录 A 基于火柴棍模型推导相对渗透率模型

假设流动方向与裂隙面平行,如图 13 所示(Reiss,1980)。根据 Poiseuille 方程,沿单一裂隙层的流速(q_1)可表示为:

$$q_1 = -\frac{b^3 l}{12\mu}\frac{\Delta p}{L} = -\frac{V_1 b^2 \Delta p}{12\mu L^2} \tag{A1}$$

式中,b、l 和 L 是描述裂隙几何形态的参数,如图 13 所示;Δp 是压降;μ 是流体黏度系数,

$V_1 = b \cdot l \cdot L$ 是单一裂隙的体积。负号表示流向与压差方向相反。

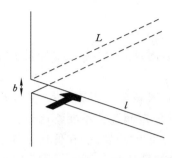

图 13　流体流经裂隙的示意图(据 Reiss,1980,修改)

与图 14(a)所示的单个毛细管中的压力不同,单一裂隙中的压力如图 14(b)所示。根据该概念模型,单一裂隙中毛管压力与表面张力关系可表示为:

$$p_c \cdot b \cdot L = 2L \cdot \sigma \cos\theta \tag{A2}$$

式中,σ 是界面的表面张力;θ 是界面上液相或气相与固相之间的接触角。

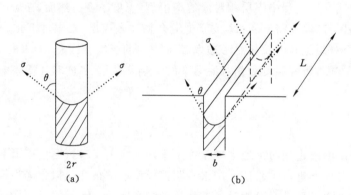

图 14　微观结构中毛细管压力的示意图
(a) 单一毛细管的毛细管压力;(b) 单一裂隙的毛细管压力

将方程(A2)代入方程(A1),即可得出:

$$q_1 = -\frac{(\sigma\cos\theta)^2 V_1 \Delta p}{3\mu L^2 (p_c)^2} \tag{A3}$$

假定 σ 和 θ 保持不变。在煤层含水的条件下,n 个裂隙的总流量可通过以下公式计算:

$$q_n = -\frac{(\sigma\cos\theta)^2 \Delta p}{3\mu L^2} \sum_{i=1}^{n} \frac{V_i}{[(p_c)_i]^2} \tag{A4}$$

式中,q_n 为 n 个裂隙的总流量。

通过裂隙的流量通常需符合达西定律:

$$q_n = -\frac{kA\Delta p}{\mu L} \tag{A5}$$

式中,k 表示裂隙的渗透率;A 表示横截面积。

结合方程(A4)和方程(A5),可得到:

$$k = \frac{(\sigma\cos\theta)^2}{3AL} \sum_{i=1}^{n} \frac{V_i}{[(p_c)_i]^2} \quad (A6)$$

方程(A6)还可以写成：

$$k = \frac{(\sigma\cos\theta)^2 \varphi}{3} \sum_{i=1}^{n} \frac{S_i}{[(p_c)_i]^2} \quad (A7)$$

式中，φ 表示孔隙率；S_i 表示第 i 个裂隙占总裂隙体积的百分数。

表 2 对 Purcell 法与本文推导方法的不同之处进行了总结。可以看出，两个不同的概念模型推导出来的方程可得到相似的方程式，但是两者的系数并不相同，原因在于两个概念模型的几何形态不同。

表 2　　Purcell 法与本文方法之间的差异

	Purcell 方法	本文方法
概念模型	毛细管束模型 Fig. 1(a)	火柴棍模型 Fig. 1(b)
毛细管压力模型	单一毛细管的毛细管压力 Fig. 14(a)	单一裂隙的毛细管压力 Fig. 14(b)
毛细管压力方程	$p_c \cdot r = 2\sigma\cos\theta$	$p_c \cdot b \cdot L = 2L \cdot \sigma\cos\theta$
Poiseuille 公式	$q_1 = -\frac{\pi r^4}{8\mu}\frac{\Delta p}{L}$	$q_1 = -\frac{b^3 l}{12\mu}\frac{\Delta p}{L}$
渗透率模型	$k = \frac{(\sigma\cos\theta)^2 \varphi}{2} \sum_{i=1}^{n} \frac{S_i}{[(p_c)_i]^2}$	$k = \frac{(\sigma\cos\theta)^2 \varphi}{3} \sum_{i=1}^{n} \frac{S_i}{[(p_c)_i]^2}$

公式(A7)进一步可以表示为(Purcell，1949)：

$$k = \frac{(\sigma\cos\theta)^2 \varphi}{3} \int_0^1 \frac{dS}{(p_c)^2} \quad (A8)$$

当裂隙含水且饱和度为 S_w 时，浸润相的有效渗透率可通过下式计算(Gates 和 Leitz，1950)：

$$k_w = \frac{(\sigma\cos\theta)^2 \varphi}{3} \int_0^{S_w} \frac{dS_w}{(p_c)^2} \quad (A9)$$

因此，当饱和度为 S_w 时，浸润相/非浸润相的相对渗透率可以表示为：

$$k_{rw} = \frac{k_w}{k} = \frac{\int_0^{S_w} \frac{dS_w}{(p_c)^2}}{\int_0^1 \frac{dS_w}{(p_c)^2}} \quad (A10)$$

$$k_{rnw} = \frac{k_{nw}}{k} = \frac{\int_{S_w}^1 \frac{dS_w}{(p_c)^2}}{\int_0^1 \frac{dS_w}{(p_c)^2}} \quad (A11)$$

式中，k_{rw} 和 k_{rnw} 分别为浸润相和非浸润相的相对渗透率。

方程(A10)和方程(A11)与 Purcell 法具有相同的形式。由此证明 Purcell 积分方程可应用于火柴棍模型。

煤层中存在两种裂隙——面裂隙和端裂隙,相互垂直且均垂直于层理(Laubach 等, 1998)。面裂隙更为连续,可用火柴棍模型来表示。然而,端裂隙通常不连续且止于面裂隙。由于火柴棍模型中假定所有的裂隙为相互平行的平直面,端裂隙不能用火柴棍模型表示。因此,需引入曲率来描述裂隙特征(Chen 等,2012a)。采用曲率将方程(A10)和(A11)改写为:

$$k_{rw} = (S_w^*)^\eta \frac{\int_0^{S_w} dS_w/(p_c)^2}{\int_0^1 dS_w/(p_c)^2} \quad (A12)$$

$$k_{rnw} = (1 - S_w^*)^\eta \frac{\int_{S_w}^1 dS_w/(p_c)^2}{\int_0^1 dS_w/(p_c)^2} \quad (A13)$$

当 $\eta=2$ 时,方程(A12)和方程(A13)可简化为与 Burdine 方法相同的形式,适用于各向同性和粒状多孔介质(Carman,1937)。在煤中,曲率不是一个常数,因为它不仅取决于裂隙网络的结构,还取决于流体流动方向。煤中曲率对相对渗透率测定的影响受煤芯制造和流动方向两者的制约。如果流动方向朝向面裂隙方向,曲率的影响并不明显。但当流动方向朝向端裂隙方向,曲率将会起到影响。

为了将相对渗透率模型与方程(A12)和方程(A13)相结合,我们将 Brooks 和 Corey(1966)模型作为毛细管压力模型:

$$p_c = p_e (S_w^*)^{-1/\lambda} \quad (A14)$$

式中,p_e 是毛细管入口压力;λ 是裂隙尺寸分布参数;p_c 和 S_w^* 分别代表毛细管压力和标准浸润相饱和度,其定义如方程(A15)和方程(A16)所示:

$$p_c = p_{nw} - p_w \quad (A15)$$

$$S_w^* = \frac{S_w - S_{wr}}{1 - S_{wr} - S_{nwr}} \quad (A16)$$

式中,p_w 表示润湿相压力;p_{nw} 表示非润湿相压力;S_w 表示润湿相饱和度;S_{wr} 表示残余润湿相饱和度;S_{nwr} 表示残余非润湿相饱和度。

将方程(A14)代入方程(A12)和(A13),可以得到裂缝性储层的相对渗透率模型:

$$k_{rw} = k_{rw}^* (S_w^*)^{\eta+1+2/\lambda} \quad (A17)$$

$$k_{rnw} = k_{rnw}^* (1 - S_w^*)^\eta [1 - (S_w^*)^{1+2/\lambda}] \quad (A18)$$

式中,k_{rw}^* 为润湿相的端点相对渗透率;k_{rnw}^* 为非润湿相的端点相对渗透率模型。

当 $\eta=0$ 时,不曲率的影响,相对渗透率模型可简化为与 Purcell 模型相同的形式。当 $\eta=2$ 时,相对渗透率模型可简化为与 BCB 模型相同的形式。当 $\eta=2$、$\lambda=2$ 时,相对渗透率模型可进一步简化为与 Corey 相同的形式。

在相对渗透率模型中,存在两个参数:裂隙尺寸分布参数(λ)和曲率(η)。裂隙尺寸分布参数是一个拟合参数,取决于煤层本身。在含有原生孔隙的多孔介质中,裂隙尺寸分布参数较大;而在含有次生孔隙的多孔介质中,该值相对较小(Brooks 和 Corey,1966)。两个参数的物理意义如图15所示。裂隙的大小不一定完全相同,它受裂隙尺寸分布参数的控制。除此之外,裂隙常呈迂曲状而非平直,这一影响受曲率的控制。

为了进一步直观地研究两个参数如何控制相对渗透率曲线的形态,图16和图17对两

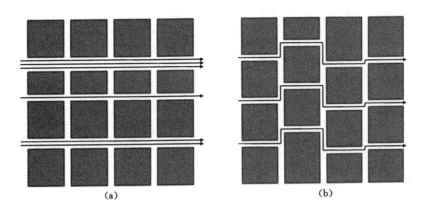

图 15 裂隙尺寸分布参数和曲率对流动的影响
(a) 孔隙尺寸分布的影响；(b) 曲率的影响

个参数进行了分析。图 16 表明，随着裂隙尺寸分布参数的增加，水的相对渗透率增大，而气的相对渗透率却减小。图 17 阐明了曲率对相对渗透率的影响。当 $\eta=0$ 时，曲率对相对渗透率没有影响，这就意味着裂隙平直。随 η 值增大，煤层裂隙变得迂曲，水相和气相相对渗透率也随之减小。

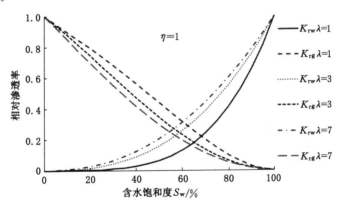

图 16 裂隙尺寸分布参数对相对渗透率曲线的敏感性研究

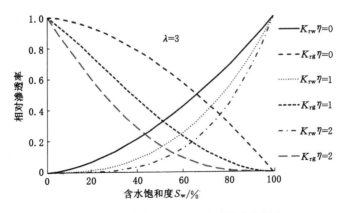

图 17 曲率对相对渗透率曲线的敏感性研究

Reprinted and translated from International Journal of Coal Geology, Vol 109-110, Dong Chen, Zhejun Pan, Jishan Liu, Luke D. Connell, An improved relative permeability model for coal reservoirs, p. 47-57, Copyright (2013), with permission from Elsevier.

参考文献

Al-Fossail, K. A., Al-Majed, A. A., Al-Adani, N. I., 1995. Capillary pressure data measurements. Proceedings of the 4th Saudi Engineering Conference, Jeddah, Saudi Arabia, Nobember, Vol. 5, pp. 309-316.

Ali, H. S., Al-Marhoun, M. A., Abu-Khamsin, S. A., Celik, M. S., 1987. The effect of overburden pressure on relative permeability. Middle East Oil Show, Bahrain, SPE 15730, March.

Al-Quraishi, A., Khairy, M., 2005. Pore pressure versus confining pressure and their effect on oil-water relative permeability curves. Journal of Petroleum Science and Engineering 48, 120-126.

Ashrafi, M., Souraki, Y., Torsaeter, O., 2012. Effect of temperature on Athabasca type heavy oil-water relative curves in glass bead packs. Energy and Environment Research 2, 113-126.

Ayatollahi, Sh., Lashanizadegan, A., Kazemi, H., 2005. Temperature effects on the oil relative permeability during tertiary gas oil gravity drainage (GOGD). Energy & Fuels 19, 977-983.

Brooks, R. H., Corey, A. T., 1966. Properties of porous media affecting fluid flow. Journal of Irrigation and Drainage Engineering 92 (2), 61-90.

Brutsaert, W., 1967. Some methods of calculating unsaturated permeability. Transactions of the American Society of Agricultural Engineers (ASAE) 400-404.

Burdine, N. T., 1953. Relative permeability calculations from pore size distribution data. Journal of Petroleum Technology 5 (3), 71-78.

Carman, P. C., 1937. Fluid flow through granular beds. Transactions of the Institution of Chemical Engineers 15, 150-166.

Chaturvedi, T., Schembre, J. M., Kovscek, A. R., 2009. Spontaneous imbitions and wettability characteristics of Powder River Basin coal. International Journal of Coal Geology 77, 34-42.

Chen, J., Hopmans, J. W., Grismer, M. E., 1999. Parameter estimation of two fluid capillary pressure-saturation and permeability functions. Advances in Water Resources 22 (5), 479-493.

Chen, H., Wei, C., Cao, H., Wu, E., Li, H., 2010c. Dynamic capillary pressure and its impact on the residual water content in unsaturated soils. GeoFlorida 2010, Advancedin Analysis, Modeling, and Design, West Palm Beach, Florida, February 20-24.

Chen, D., Pan, Z., Liu, J., Connell, L. D., 2012a. Characteristic of anisotropic coal permeability and its impact on optimal design of multilateral well for coalbed methane production. Journal of Petroleum Science and Engineering 88-89,13-28.

Chen,D. ,Pan,Z. ,Liu,J. ,Connell,L. D. ,2012b. Modeling and simulation of moisture effecton gas storage and transport in coal seams. Energy & Fuels 26,1695-1706.

Clarkson,C. R. ,Rahmanian,M. ,Kantzas,A. ,Morad,K. ,2011. Relative permeability of CBM reservoirs: controls on curve shape. International Journal of Coal Geology 88, 204-217.

Conway,M. W. , Mavor, M. J. , Saulsberry,J. , Barree, R. B. , Schraufnagel,R. A. , 1995. Multiphase flow properties for coalbed methane wells:a laboratory and field study. Joint Rocky Mountain Regional Meeting and Low-Permeability Reservoirs Symposium,Denver Colorado,March. Corey,A. T. ,1954. The interrelation between gas and oil relative permeabilities. Producers Monthly 19 (1),38-41.

Dabbous,M. K. ,Reznik,A. A. ,Taber,J. J. ,Fulton,P. F. ,1974. The permeability of coal to gas and water. SPE Journal 14 (6),563-572.

Dabbous,M. K. ,Reznik,A. A. ,Mody,B. G. ,Fulton,P. F. ,Taber,J. J. ,1976. Gas-water capillary pressure in coal at various overburden pressures. SPE Journal 16 (5), 261-268.

Delshad,M. ,Lenhard,R. J. ,Oostrom,M. ,Pope,G. A. ,Yang,S. ,2003. A mixed-wet hysteretic relative permeability and capillary pressuremodel in a chemical compositional reservoir simulator. SPE Reservoir Evaluation and Engineering 6 (5),328-334.

Durucan,S. ,Shi,J. Q. ,2002. Enhanced coalbed methane recovery and CO_2 sequestration in coal:an overview of current research at Imperial College. 1st International Forum on Geologic Sequestration of CO_2 in Deep, Unmineable Coalseams "Coal-Seq I", Houston, Texas,March.

Gardner,W. R. ,1958. Some steady state solutions of unsaturated moisture flow equations with application to evaporation from water table. Soil Science 85,228-232.

Gash,B. W. ,1991. Measurement of "rock properties" in coal for coalbed methane production. SPE Annual Technical Conference and Exhibition,Dallas,Texas,SPE 22909,October.

Gates,J. I. ,Leitz,W. J. ,1950. Relative permeabilities of California cores by the capillary pressure method. American Petroleum Institute (API) Meeting,Los Angeles,California,May.

Gray,I. ,1987. Reservoir engineering in coal seams:part 1—the physical process of gasstorage and movement in coal seams. SPE Reservoir Engineering 2 (1),28-34.

Gu,F. ,2009. Reservoir and geomechanical coupled simulation of CO_2 sequestration and enhanced coalbed methane recovery. PhD dissertation,Civil and Environmental Engineering,University of Alberta,October.

Gu,F. ,Chalaturnyk,R. ,2010. Permeability and porosity models considering anisotropy and discontinuity of coalbeds and application in coupled simulation. Journal of Petroleum Science and Engineering 74,113-131.

Ham, Y., Kantzas, A., 2008. Measurement of relative permeability of coal: approaches and limitations. CIPC/SPE Gas Technology Symposium Joint Conference, Calgary, Alberta, Canada, SPE 114994, June.

Harpalani, S., McPherson, M. J., 1986. Mechanism of methane flow through solid coal. The 27th U. S. Symposium on Rock Mechanics, Tuscaloosa, AL, June.

Huang, D. D., Honarpour, M. M., Al-Hussainy, R., 1997. An improved model for relative permeability and capillary pressure incorporating wettability. SCA International Symposium Calgary, Canada, No. 9718, September.

Hyman, L. A., Brugler, M. L., Daneshjou, D. H., Ohen, H. A., 1992. Advances in laboratory measurement techniques of relative permeability and capillary pressure for coal seams. Quarterly Review of Methane from Coal Seams Technology 9-16.

Jing, X. D., van Wunnik, J. N. M., 1998. A capillary pressure function for interpretation of core-scale displacement experiments. Proceedings of International Symposium of the Society of Core Analysts (SCA), the Hague, September, No. 9807.

Jones, A. F., Bell, G. J., Taber, J. J., Schraufnagel, R. A., 1988. A review of the physical and mechanical properties of coal with implications for coalbed methane well completion and production. In: Fasset, J. E. (Ed.), Geology and Coalbed Methane Resources of the Northern San Juan Basin, New Mexico and Colorado. Rocky Mountain Association of Geologists, pp. 169-181.

Karacan, C., 2008. Evaluation of the relative importance of coalbed reservoir parameters for prediction of methane inflow rates during mining of longwall development entries. Computers & Geosciences 34 (9), 1093-1114.

King, G. R., Ertekin, T., Schwerer, F. C., 1986. Numerical simulation of the transient behavior of coal-seam degasification wells. SPE Formation Evaluation 1 (2), 165-183.

Kissell, F. N., Edwards, J. C., 1975. Two-Phase Flow in Coalbeds. Bureau of Mines Report of Investigations, p. 8066.

Kosugi, K., 1994. Three-parameter lognormal distribution model for soil water retention. Water Resources Research 30, 891-901.

Kosugi, K., 1996. Lognormal distribution model for unsaturated soil hydraulic properties. Water Resources Research 32, 2697-2703.

Laubach, S. E., Marrett, R. A., Olson, J. E., Scott, A. R., 1998. Characteristics and origins of coal cleat: a review. International Journal of Coal Geology 35, 175-207.

Lenhard, R. J., Oostrom, M., 1998. A parametric method for predicting relative permeability-saturation-capillary pressure relationships of oil-water systems in porous media with mixed wettability. Transport in Porous Media 31, 109-131.

Leverett, M. C., 1940. Capillary behavior in porous solids. Transactions of AIME 142 (1), 152-169.

Li, K., 2004. Generalized capillary pressure and relative permeability model inferred from fractal characterization of porous media. SPE Annual Technical Conference and Exhibition, Houston, Texas, SPE 89874, September.

Li, K., 2010. More general capillary and relative permeability models from fractal geometry. Journal of Contaminant Hydrology 111, 13-24.

Li, K., Horne, R. N., 2001. An experimental and analytical study of steam/water capillary pressure. SPE Reservoir Evaluation and Engineering 4 (6), 477-482.

Li, K., Horne, R. N., 2008. Numerical simulation without using experimental data of relative permeability. Journal of Petroleum Science and Engineering 61, 67-74.

Liu, J., Chen, Z., Elsworth, D., Qu, H., Chen, D., 2011. Interactions of multiple processes during CBM extraction: a critical review. International Journal of Coal Geology 87, 175-189.

Lomeland, F., Ebeltoft, E., 2008. A new versatile capillary pressure correlation. International Symposium of the Society of Core Analysts, Abu Dhabi, UAE, October.

Mazumder, S., Plug, W. J., Bruining, H., 2003. Capillary pressure and wettabilitybehavior of coal-water-carbon dioxide system. SPE Annual Technical Conference and Exhibition, Denver, Colorado, U. S. A., SPE 84339, October.

McKee, C. R., Hanson, M. E., 1975. Explosively created permeability from single charges. SPE Journal 15 (6), 495-501.

Meaney, K., Paterson, L., 1996. Relative permeability in coal. SPE Asia Pacific Oil & Gas Conference, Adelaide, Australia, SPE 36986, October.

Mualem, Y., 1976. A new model for predicting the hydraulic conductivity of unsaturated porous media. Water Resources Research 12, 513-522.

Ohen, H. A., Amaefule, J. O., Hyman, L. A., Daneshjou, D., Schraufnagel, R. A., 1991. A systems response model for simultaneous determination of capillary pressure and relative permeability characteristics of coalbed methane. SPE Annual Technical Conference and Exhibition, Dallas, Texas, SPE 22912, October.

Palmer, I., Mansoori, J., 1998. How permeability depends on stress and pore pressure in coalbeds: a new model. SPE Reservoir Evaluation and Engineering 1 (6), 539-544.

Pan, Z., Connell, L. D., 2012. Modelling permeability for coal reservoirs: a review of analytical models and testing data. International Journal of Coal Geology 92, 1-44.

Pan, Z., Connell, L. D., Camilleri, M., 2010. Laboratory characterisation of coal reservoir permeability for primary and enhanced coalbed methane recovery. International Journal of Coal Geology 82, 252-261.

Paterson, L., Meany, K., Smyth, M., 1992. Measurements of relative permeability, absolute permeability and fracture geometry in coal. Coalbed Methane Symposium, Townsville, Queensland, Australia, November.

Peaceman, D. W., 1978. Interpretation of well-block pressures in numerical simulation. SPE Journal 18 (3), 183-194.

Plug, W. J., Mazumder, S., Bruining, J., Wolf, K. H. A. A., Siemons, N., 2006. Capillary Pressure and Wettability Behavior of the Coal-Water-Carbon Dioxide System at High

Pressures, Presented at the International CBM Symposium, Paper 0606. Tuscaloosa, Alabama, May 22-26.

Price, H. S., Ancell, K., 1993. Performance characteristics of high permeability saturated and undersaturated coals. Proceedings of the International Coalbed Methane Symposium, Birmingham, Alabama, pp. 497-509.

Purcell, W. R., 1949. Capillary pressures-their measurement using mercury and the calculation of permeability. Journal of Petroleum Technology 1 (2), 39-48.

Puri, R., Evanoff, J. C., Brugler, M. L., 1991. Measurement of coal cleat porosity and relative permeability characteristics. SPE Gas Technology Symposium, Houston, Texas, SPE 21491, January.

Reiss, L. H., 1980. The Reservoir Engineering Aspects of Fractured Formations. Editions Technip, France.

Reznik, A. A., Dabbous, M. K., Fulton, P. F., Taber, J. J., 1974. Air-water relative permeability studies of Pittsburgh and Pocahontas coals. SPE Journal 14 (6), 556-562.

Russo, D., 1988. Determining soil hydraulic properties by parameter estimation: on the selection of a model for the hydraulic properties. Water Resources Research 24, 453-459.

Sakurovs, R., Lavrencic, S., 2011. Contact angles in CO_2-water-coal systems at elevated pressures. International Journal of Coal Geology 87, 26-32.

Schembre, J. M., Tang, G.-Q., Kovscek, A. R., 2005. Effect of temperature on relative permeability for heavyoil diatomite reservoirs. SPE Western Regional Meeting, Irvine, CA, SPE 93831, March.

Seidle, J. P., Huitt, L. G., 1995. Experimental measurement of coal matrix shrinkage due to gas desorption and implications for cleat permeability increases. International Meeting on Petroleum Engineering, Beijing, China, SPE 30010, November.

Seidle, J. P., Jeansonne, M. W., Erickson, D. J., 1992. Application of matchstick geometry to stress dependent permeability in coals. SPE Rocky Mountain Regional Meeting, Casper, Wyoming, SPE 24361, May.

Shen, J., Qin, Y., Wang, G. X., Fu, X., Wei, C., Lei, B., 2011. Relative permeabilies of gas and water for different rank coals. International Journal of Coal Geology 86, 266-275.

Shi, J. Q., Durucan, S., 2004. Drawdown induced changes in permeability of coalbeds: a new interpretation of the reservoir response to primary recovery. Transport in Porous Media 56, 1-16.

Shi, J. Q., Durucan, S., 2010. Exponential growth in San Juan Basin Fruitl and coalbed permeability with reservoir drawdown: model match and new insights. SPE Reservoir Evaluation and Engineering 13 (6), 914-925.

Shi, J. Q., Durucan, S., Fujioka, M., 2008a. A reservoir simulation study of CO_2 injection and N_2 flooding at the Ishikari coalfield CO_2 storage pilot project, Japan. International Journal of Greenhouse Gas Control 2, 47-57.

Shi, J. Q., Mazumder, S., Wolf, K. H., Durucan, S., 2008b. Competitive methane desorption by supercritical CO_2 injection in coal. Transport in Porous Media 75, 35-54.

Skelt, C. H., Harrison, B., 1995. An integrated approach to saturation height analysis. Society of Petrophysicists and Well-Log Analysts (SPWLA) 36th Annual Logging Symposium.

Thomeer, J. H. M., 1960. Introduction of a pore geometrical factor defined by the capillary pressure curve. Journal of Petroleum Technology 12 (3), 73-77.

Van Genuchten, M. Th, 1980. A closed form equation for predicting the hydraulic conductivity of unsaturated soils. Soil Science Society of America Journal 44, 892-898.

Wei, Z., Zhang, D., 2010. Coupled fluid-flow and geomechanics for triple-porosity/dual-permeability modelling of coalbed methane recovery. International Journal of Rock Mechanics & Mining Sciences 47, 1242-1253.

Young, G. B. C., Paul, G. W., McElhiney, J. E., 1992. A parametric analysis of Fruitland coalbed methane producibility. SPE Annual Technical Conference and Exhibition, Washington, D. C., SPE 24903, October.